MANFRED RUMPL

Reisende in Sachen Relativität

Gedruckt nach der Richtlinie des
Österreichischen Umweltzeichens
„Druckerzeugnisse“,
Druckerei Theiss GmbH, Nr. 869

FSC
www.fsc.org
MIX
Papier aus verantwortungsvollen Quellen
FSC® C012536

Grafische Gestaltung: Dorothea Löcker, Wien
Umschlagabbildung: © Dorothee Haering
Druck und Verarbeitung:
Druckerei Theiss GmbH, St. Stefan im Lavanttal
ISBN 978-3-7117-2020-7

Informationen über das aktuelle Programm
des Picus Verlags und Veranstaltungen unter
www.picus.at

MANFRED RUMPL

Reisende in Sachen Relativität

ROMAN

PICUS VERLAG WIEN

As a matter of fact my early desire was to be a poet. ERWIN SCHRÖDINGER

Man kann vorhersagen, wann eine bestimmte Menge Popcorn aufgeplatzt sein wird, aber nicht, wann ein einzelnes Plopp macht.
VOLKSMUND

Man kann sich aber durch Verstoß gegen den guten Ton eine schöne Ungestörtheit verschaffen. ALBERT EINSTEIN

Wenns so wäre, könnt es sein; wenns so sein könnte, wär es; weils aber nicht so ist, isses auch nicht. Das ist logisch!
LEWIS CARROLL,
Alice hinter den Spiegeln

ALPBACH AROSA BERLIN DUBLIN DUINO GÖRZ GRAZ OXFORD PRINCETON SEMMERING **WIEN** ZÜRICH

Plötzlich leuchtete ihm alles ein, und er öffnete die Augen.

Da ist ein Rudel Rotwild, das reglos auf einer Lichtung des Tiergartens steht. Jetzt lösen sich einige Rehe aus ihrer Erstarrung und beginnen zu äsen, andere stehen weiter, wie unter Hypnose, mit erhobenen Köpfen im Schnee. Es ist, als würden sie auf etwas hinhorchen, das irgendwo dort drüben, keine fünfzig Meter entfernt, in der Luft liegt. Von Zeit zu Zeit zittern ihre Flanken, und ein jähes Zucken jagt über ihr Fell.

Zweifellos existierten sie nicht nur in seiner Einbildung. Er konnte ihren Atem sehen, wenn er sich konzentrierte, dessen Wärme von der kalten Luft absorbiert und in etwas anderes verwandelt wurde.

Während er nur so dalag und, zu einem Fenster des Lainzer Spitals hinaus, in den Tiergarten schaute, wo der erste Schnee fiel, beschlich ihn das Gefühl, sein Körper messe die Zeit, die ihm noch blieb. Wenn er seine Konzentration auf sich selbst richtete, drang er in sein eigenes Fleisch und Blut ein. Mit einem Ächzen warf er sich in die Pölster, die ihm Rücken, Nacken und Kopf stützten, und legte die vom Rheuma krummen, mit Flecken gesprenkelten Hände auf die Decke. Er schloss widerwillig die Augen.

Es ist wie eine Reise durch Haut, Fett, Muskeln, Nerven und Knochen, bis in die Zellen und Moleküle hinein. Dann weiter zu den Atomen, wo sich riesige Räume auftun und Impulse seine Zeit messen wie atomare Uhren, und immer weiter in die Tiefe, bis er in eine Art Raum-Zeit-Schaum gerät, wo alles gleichzeitig geschieht. Er strengt sich an, genauer hinzusehen. Doch sein Bewusstsein verändert die Dinge, indem es sie wahrnimmt, sodass er nicht weiß, ob sie einfach da sind, oder ob er selbst es ist, der sie erst hervorbringt.

Das Chaos am Grund der Dinge macht ihm Angst. Seine Hände auf dem Laken zucken, wie unter Strom, und sein Kopf windet sich, als möchte er sich aus einer Schlinge ziehen. Schweiß tritt ihm auf die Stirn: Sekrete, die nach den Medikamenten riechen, die er einnehmen muss, seit er hier gestrandet ist. Aber schaut er in der vibrierenden Dunkelheit hinter seinen geschlossenen Augen überhaupt bis auf den Grund der Dinge? Dieser Karneval der Kräfte, ein anarchischer Tanz von Wellen, die, wie aus dem Nichts, kommen und gehen, ohne irgendeiner bekannten Ordnung zu gehorchen. Eine Unterwelt voller Geister und Gespenster, die sich dem menschlichen Verständnis entzieht. Er kann ja nicht einmal sagen, was dort zuerst geschieht und was danach. Die Zeit selbst erscheint an diesem seltsamen Ort ohne jede Richtung.

»Alles löst sich auf«, stöhnte er, mehrere Male, und wälzte sich im Bett auf die Seite. Er wollte die Augen öffnen, um wieder in die Dimension der großen Dinge zu gelangen, doch seine Lider waren verklebt wie von einem Traum. Sein Bewusstsein befand sich im freien Fall, der Kopf dröhnte und sein Puls raste.

Mit der Kraft der Verzweiflung konzentrierte er sich noch einmal, um endlich die Rätsel seines Körpers zu durchdringen. Es muss doch einen Weg geben, dachte er, dort am Grund der Welt, wo die Kräfte des Chaos sich scheiden. Einen Ausweg, der endlich ins Freie führt, hin zu jenem Ort, an dem alles mit allem in einer logischen, um nicht zu sagen göttlichen Verbindung stünde.

Er spürte den Griff an seiner Schulter, wollte sich mit einem Ruck entziehen und fiel fast aus dem Bett. Eine entschlossene Hand hielt ihn zurück. Als er nun die Augen öffnete, war die Lichtung im Tiergarten drüben auf einmal leer. So leer wie ein weißes Loch in der Landschaft. Vom Rotwild war weit und breit nichts mehr zu sehen. Der dicht fallende Schnee hatte sich heimlich über alle Spuren gelegt. Hatte er das alles nur geträumt?

»Herr Professor Schrödinger!«

Diese Stimme kannte er doch. Sie zwang ihn dazu, ihr den Kopf zuzuwenden. Als er das besorgte Gesicht Schwester Helenes dicht über seinem sah, atmete er auf. Sie tupfte ihm mit einem Tuch Schweiß von der Stirn. Dann ordnete sie eine halbe Handvoll Tabletten auf einem Tablett zu einem lächelnden Kreis und stellte es ihm auf die Brust.

Seit Tagen und Nächten begleitete sie ihn schon durch die endlosen Korridore des Krankenhauses, von einer Abteilung zur nächsten, wo Hirn, Herz und Lungen, wie er immer mehr argwöhnte, bereits nach den Vorboten seines Todes untersucht wurden. Mehr oder weniger harmlose Scherze, und mochten sie nun auch ein wenig albern sein, wussten sie mittlerweile beide zu schätzen. Wie denn sonst sollte man hier dem Lauf der Dinge trotzen? Seinem Krankheitsverlauf, der nur allzu oft dort endete, wo er vor Minuten (oder Stunden, er wusste es nicht) in Gedanken (oder im Traum?) gewesen war. Wo sich jemand, möglicherweise er selbst, in seine kleinsten Teile auflöste, um derart ein weiteres Mal von den Kräften der Natur verwandelt zu werden.

Wenn er atmete und sich das Tablettengesicht auf seiner Brust hob und senkte, sah es aus, als würde es über seine Bedenken lächeln. Als er das Lächeln erwidern wollte, überkam ihn wieder einer dieser lästigen Anfälle. Er röchelte, hustete und zuckte, bis die Tabletten abhoben und in alle Richtungen flogen. Schwester Helene sammelte auf, was sie noch finden konnte.

»Sie wissen aber schon«, sagte er mit gerötetem Gesicht und belegter Stimme, »wie leicht sich Patienten in ihre Krankenschwestern verlieben?«

»Wenn Ihre Frau erst da ist, ist Schluss mit solchen Reden!« Mit Nachdruck stellte sie ein Glas Wasser auf das Metalltischchen neben seinem Bett.

Auch das nur ein Spiel und Zeitvertreib im sterilen Klima des Krankenhauses. Sein Leben lang war er den Frauen zugetan gewesen, und jetzt, da es auf das Ende zuging, bereute er das genauso wenig wie seine Leidenschaft für Physik, Philosophie, Kunst und Literatur. Er war sogar davon überzeugt, dass alles auf irgendeine Weise zusammenhing. Eins ohne das andere wäre in seinem Fall gar nicht möglich gewesen. Und ob das, was ihn erwartete, überhaupt das Ende sein würde, stand ja noch in den Sternen.

»Meine Frau wird Sie ebenso mögen wie ich«, sagte er. Anny erholte sich nur langsam von einem Asthmaanfall, der sie fast umgebracht hätte. Wenn er sich, wieder einmal, fragte, warum ihre Ehe war, wie sie nun mal war, ein Auf und Ab und Hin und Her all die Jahre lang, kam er zu keiner Erklärung. Beide hatten es mit der Treue nicht so genau genommen, und die Frage, wer damit angefangen hatte, war mit der Zeit verblasst; obwohl er sich ja selbst im Verdacht hatte, wenn er an seine jungen Jahre dachte. Doch wer hatte den Tod auf den Plan gerufen? Diesen Gleichmacher, der hier durchs Haus schlich und sein Zimmer suchte. »Weil Sie sich so aufopfern für einen alten Narren wie mich«, sagte er zur Schwester, während er sich in Erinnerungen verlor.

»Sie sind ein berühmter Mann«, sagte sie. »Man würde sich überall gut um Sie kümmern.«

»Davon war in diesem Land lange Zeit nicht viel zu spüren«, sagte er. »Wie halten Sie es eigentlich mit der Physik, Schwester?«

Oft wusste sie nicht, wie sie mit ihm dran war. Ein Blick in seine trotz seines Zustands sehr lebhaften Augen hinter den blitzenden Brillen verriet ihr, dass er die Frage ernst zu meinen schien. »Physik bedeutet für mich vor allem«, sagte sie nach einem Zögern, »dass ich das Gewicht meines müden Körpers spüre, wenn ich in der Nacht aufstehen und mich um Sie kümmern muss.«

»Setzen Sie sich zu mir?« Er rückte ein Stück zur Seite und strich das Laken über der Matratze glatt.

»Ich hab aber zu tun«, sagte sie, während sie sich zu ihm aufs Bett setzte. War es nicht ihre Aufgabe, dem Patienten zuzuhören, wenn der das Bedürfnis hatte, sich mitzuteilen? Dass dafür im Dienstbuch keine Rubrik vorgesehen war, durfte sie nicht davon abhalten, den Kranken auch Zeit zu widmen, die nichts mit Hygiene oder der Einnahme der Medikamente zu tun hatte. Sie riskierte einen diskreten Blick auf ihr modernes Gerät, nicht im Geringsten ahnend, dass es das praktische Ding ohne die Gleichung dieses Mannes gar nicht geben würde. Das Gerät blinkte lautlos vor sich hin.

»Von Einstein haben Sie doch schon gehört, oder?«

»Sie meinen den, der Schuhe ohne Socken trug?«

»Das war wohl so was wie eine Nebenwirkung, Schwester. Ein Spleen, der ihm half, sich und seine Bestimmung besser zu spüren. So vergaß er jedenfalls nicht, dass er trotz seines Ruhmes ein Außenseiter blieb.«

»Hat er Ihnen auch die Zunge gezeigt?« Sie lachte auf, als sie sich vor Augen führte, dass ein Mann derart kindisch sein konnte, ein weltberühmter Wissenschaftler noch dazu.

»Wir waren Freunde«, sagte er und fixierte eine Tanne im

Tiergarten, um sich zu erinnern. Bald war wieder Weihnachten, das er nach all den Jahren noch immer nicht mochte. Der Baum trug schwer an der Last des Neuschnees, seine Äste sackten immer tiefer ab. »Wir wollten verstehen, wie das alles zusammenhängt, das Kleinste und das Größte, das Schwerste und das Leichteste, das Schnellste und das Langsamste, das Stärkste und das Schwächste, das Nächste und Fernste, und es in einer einzigen Theorie zum Ausdruck bringen.«

»Das ist mir zu hoch, Professor.« Sie langte nach seiner Stirn und fühlte seine Temperatur. »Aber muss nicht alles zusammenhängen, wenn Gott es erschaffen hat? Sie sollten schlafen, bis ich die Tabletten wieder bringe.«

Dieses routinierte Mitleid in ihrem Blick mochte er nicht. Sie gefiel ihm besser, wenn sie mit ihm scherzte und dabei frivol wurde. »Glauben Sie an Gott?« Was für eine Frage, dachte er, während er sie noch stellte. Die Lichtung drüben blieb leer, das Wild war verschwunden. Sie nahm seine Hand wie früher seine Frau, die Stunden an seinem Krankenbett verbracht hatte und nun selbst fast ihrem Asthma zum Opfer gefallen wäre. Sie hatten, ihren Kritikern zum Trotz, ein gemeinsames Leben gehabt, das bezweifelte er nicht, auch wenn sie beide, auf anderen Wellenlängen gleichsam, noch je eins für sich gelebt hatten.

Warum dachte er über das Leben nach, als wäre es schon vorbei? Noch einmal fragte er die Schwester, die jetzt auch auf die Lichtung im Tiergarten drüben starrte, als wäre da etwas, ob sie an einen Gott glaube.

»Ist es nicht wichtiger«, fragte sie, »ob Gott an mich glaubt? Hier, wo mitunter Kinder sterben und üble Typen gerettet werden, liegen die Dinge wohl anders als in einer Kirche oder in einem Labor. Glauben Sie denn, als jemand, der sich sein Leben lang mit Wissenschaft beschäftigt hat, glaube ich an Gott?«

Er schloss die Augen, seufzte. Sein Herz schlug so laut, dass er fast nicht hörte, was er sagte, und jeder Schlag kam so zögernd, als würde es bald ganz aussetzen, und versetzte ihm einen Stich, der ihn durchbohrte. Alpbach kam ihm in den Sinn, jener Ort in den Tiroler Bergen, wo er vor Kurzem einen Bericht über Leben und Arbeit verfasst und nebenbei seine Tuberkulose (oder war es umgekehrt?) auskuriert hatte, die nach vierzig Jahren erneut akut geworden war. In den Bergen war er fast immer glücklich, ob er nun arbeitete, Ski lief, wanderte oder krank war. Als wäre er dort der Schwerkraft, die das Leben auf seiner Bahn anhäufte, völlig enthoben.

Nachdem er vergessen zu haben schien, was sie ihn gefragt hatte, erhob sich die Schwester und legte seine Hand aufs Laken zurück. »Versuchen Sie zu schlafen. Ich komme bald wieder vorbei.« Sie brachte ihren weißen Kittel in Ordnung, glättete ihn mit beiden Händen an Hintern, Hüften und Schenkeln, und nahm das Tablett mit den Essensresten vom Tisch. »Sie sollten mehr essen«, sagte sie, »schlafen *und* essen, wenn Sie wieder zu Kräften kommen wollen.«

Er strengte sich an, seiner Stimme jene Festigkeit zu geben, die er vergeblich suchte, seit es ihn hierher verschlagen hatte. »Warten Sie doch, Schwester! Ich denke, nun, das sind doch alles bloß Worte.«

Sie hielt, eine Hand an der Tür, inne, machte auf dem Absatz kehrt, blickte ihn fragend an und sagte: »Worte?«

»Wörter, Begriffe, Metaphern, Zahlen, Formeln. Modelle für etwas, meine ich, von dem wir vielleicht nie sagen können, was es wirklich ist, weil wir nicht nur reine Beobachter, sondern immer auch Mitspieler im universellen Spiel sind. Und das ist ja weder gut noch schlecht, es ist halt einfach nur so.«

»Hat das auch Ihr Freund Einstein gedacht?«

»Wir wollten es damals ganz genau wissen«, sagte er, lächelte und schweifte mit seinem Blick nach draußen ab, um sich zu vergewissern. »Und dabei ist es mir nicht erspart geblieben, ihn zwei Mal zu enttäuschen. Ein Mal in privater Hinsicht und ein anderes Mal in beruflicher. Aber gehört das nicht zum Leben, Schwester, die Helden seiner Jugend zu verraten? Und mögen sie Grillparzer, Einstein, der eigene Vater oder Gott sein. Eine Art Mord, den jeder begeht, dieser Vatermord. Freud hat es uns oft genug gesagt. Haben Sie Freud gelesen, Helene?« Etwas Aggressives kam auf einmal in seinen Tonfall, während er noch immer zum Fenster hinausschaute. »Können Sie mir die *Traumdeutung* von Freud besorgen? Aber ein bisschen plötzlich, Helene, bevor es zu spät ist! Ich habe seltsame Träume, seit ich an diesem Ort hier gelandet bin!«

Meinte er das ernst? Sie war sich nicht sicher. Jedenfalls hatte das nicht mehr viel mit den Scherzen zu tun, die sie bisher gemacht hatten, um ihre Rollen in diesem öden Stück Realität zu relativieren. »Ich hole jetzt die Tabletten«, sagte sie, »dann schlafen Sie besser und träumen nicht so wirres Zeug. Morgen müssen noch einige Untersuchungen gemacht werden.«

»Der Traum der Vernunft gebiert Ungeheuer!« Er wusste nicht mehr, wer das gesagt hatte, als er es ihr nachrief, und er wusste auch nicht, warum er das tat.

Mit der Nacht kamen die Träume in Schüben. Immer wieder fuhr er aus einem Traum hoch (oder waren es Erinnerungen?), in dem er zu ersticken drohte, um Luft ringend, bis sich Herz und Atem wieder beruhigten. Atman, dachte er, Atem, Fluss des Lebens, der mich nicht mehr trägt. Wo würde es ihn an Land spülen, an welchem Ufer würde er wohl stranden? Oder würde er untergehen, im Strudel der Zeit auf den Grund sinken und in Nichts zerfallen für immer? Etwas würde geschehen, zweifellos, und er würde vielleicht niemals erfahren, was es war.

Der Schnee auf der Lichtung leuchtete blau im Schein des Mondes. Das Blau erinnerte ihn an eine Nacht in Duino, als er fast über die Klippen in die Brandung gestürzt wäre. Er war so jung gewesen, und obwohl seine Liaison mit Ella gescheitert und Boltzmann gestorben war, damals, vor mehr als fünfzig Jahren, voller Hoffnung, Wissbegier und Leben. Jetzt aber lag er hier, ausgeliefert, schlaflos oder von Träumen bedrängt, wartete auf etwas (die Verwandlung?) und fand eine Menge Fragen statt Schlaf; aber auch Angst.

Wäre nur Anny da! Sie war ihm immerhin geblieben. Was würde sie tun und sagen? Dass er sich keine Sorgen machen müsse, schon gar nicht um sie! Das würde sie sagen, um ihn zu trösten, weil die Zeit weder umkehrbar noch rückgängig zu machen war. Die Zeit der Menschen jedenfalls. Sie würde an seinem Bett sitzen, schöner nach all den Jahren, als sie früher gewesen war. Wie eine seltene Spezies, die im Leid über sich selbst hinauswächst. Sie würde seine papierene Hand halten, die hier immer leichter wurde, von Nacht zu Nacht, und er würde wissen, dass alles in Ordnung war, so wie es war. Wie es Ruth gehe, das könnte er zum Beispiel fragen. Als würde er sich, wie so oft, nach der Tochter erkundigen, die sie nicht miteinander gehabt hatten und die es dennoch gab.

Er konzentrierte sich auf den Fluss seines Atems, um sich zu entspannen und einzuschlafen. Bevor er ins tiefe Schwarz fiel, stieg immer irgendetwas in ihm hoch und hielt ihn wach, Bilder, Geschehnisse, Szenen, Gesichter, Gedanken, aber auch Dinge, die er vergessen geglaubt hatte: der Geruch Tante Minnies, die ihn hochhebt und an ihre Brust drückt, Freund Fränzel, der sich auf Gott beruft, Lise und er bei der Entgegennahme des Ordens Pour le Mérite, die Krankheit der Mutter, Eindrücke aus dem Kaleidoskop seines Lebens, die funkeln wie Kristalle im Licht, Sheila vor dem Grün irischer Hügel im Hochland bei

Regen, und auf einmal sind da sogar drei Töchter, von denen ihm zwei abhandenkommen … Landstriche, Städte, Wohnungen, wo er in all den Jahren gelebt hat, Gesichter von Frauen, die sich nicht mehr zu erkennen geben, das Lächeln Lottes, der ersten Liebe, in sich selbst verstrickt, wie es zu Mayas Mund wird, der sich auf einmal in ihr Geschlecht verwandelt, wo sie ein Kind versteckt … Einsteins Enttäuschung über ihn, der Gipfel des Weisshorns im Schneetreiben, aber auch Einsteins Erleichterung über seine Gleichung, der Sog des schwarzen Lochs Schlaf, der dem Tod ähnelt, dem er sich nicht anvertraut, weil ihn der Krieg davon abhält, dieses Pfeifen der Granaten, das Flugbahnen beschreibt, die nie bei ihm enden … Der Campus in Princeton im Frühling, das Misstrauen an der mit Nazis verseuchten Grazer Universität, dann die Vergrößerung einer Zelle im Mikroskop, ein Vexierbild, das in den ersten Bezirk umschlägt, so wie man ihn sieht, wenn man vom Glockenturm des Doms auf Wien hinabschaut …

Er öffnete die Augen und starrte lange ins Dunkel des Krankenzimmers. Alle möglichen Eindrücke suchten ihn heim, aber der Schlaf schlich immer wieder an ihm vorüber. Als er an Hamlet dachte, gelang ihm ein Lächeln im Dunkeln. *Schlafen, nur schlafen, vielleicht ein bisschen träumen* … Aber Hamlet ist jung und ein Heißsporn! Er jedoch war ein alter Mann, der sein Drama gehabt hatte und endlich zur Ruhe kommen sollte.

Er wälzte sich im Bett herum, um die Lichtung im Blick zu behalten. Falls die Tiere doch noch auftauchten, wollte er sie auf keinen Fall versäumen.

Er überlegte lange, ob er nach der Schwester klingeln und sie um ein stärkeres Schlafmittel bitten sollte. Wenn er sie jetzt mitten in der Nacht weckte, nur weil er nicht schlafen konnte, wäre sie womöglich nicht mehr so freundlich zu ihm wie bisher.

Er schlug die Decke weg, zog sich am Bügel, der über seinem Kopf baumelte, hoch, setzte sich auf und schlüpfte, ohne hinzusehen, in die Pantoffeln, die genau da waren, wo sie zu sein hatten. Dann machte er das Licht auf dem Nachttisch an und startete die Suche, planmäßig und akribisch, wie er früher im Labor gearbeitet hatte. Er gliederte den Raum in ein Raster und arbeitete ein Feld nach dem anderen ab. Als er fertig war, hatte er alle Tabletten zusammen, die von der Schwester übersehen worden waren. Elf Stück. Die für Lungen und Herz sortierte er aus. Übrig blieben Beruhigungspillen, Schlaftabletten und Schmerzmittel, die Morphium enthielten. Mit denen, die er aus der Schublade des Nachttischs holte, hatte er wieder elf Stück.

Er legte sich ins Bett, machte es sich bequem, so gut es eben ging, und spülte die Tabletten mit einem großen Schluck kaltem Tee hinunter. Dann machte er das Licht aus und wartete darauf, dass der Schlaf stärker sein würde als jede Erinnerung, die ihn wach hielt; stärker vor allem aber auch als jene Träume, die ihn in das Innere seines kranken Körpers schickten. Er wartete darauf, in ein Reich weit jenseits dieser Tagträume und Albträume zu reisen. Dorthin, wo es keine Zeit gab und damit auch keinen Schmerz in der Zeit.

Er wartete auf seine Verwandlung.

Die Zeit löste sich auf. Und mit der Zeit verschwanden auch die Erinnerungen und Bilder, die ihn um den Schlaf gebracht hatten. Die Gesichter der Frauen, die in seinem Leben eine Rolle gespielt hatten, verblassten nach und nach. Nur die Gestalt Mayas, wie er sie aus Arosa in Erinnerung hatte, sinnlich, selbstbewusst und dabei ein Rätsel verkörpernd, das er erst zehn Jahre später lösen sollte, stand noch eine Weile vor seinem geistigen Auge, bis auch sie verblasste. Alles entwickelte sich rückwärts.

Alles zog sich ganz in sich selbst zurück, bis es verschwand. Bis nur mehr blieb, was er sich nicht vorstellen konnte, so sehr er es auch versuchte.

Stattdessen stellte er sich vor, wie sich die Funktionen im Körper entkoppelten und von Alter und Krankheit beschädigte Verbindungen immer weiter aufgespalten wurden. Würde sein Geist am Ende, das dann gar kein echtes Ende wäre, womöglich recycelt werden? Seinen Körper und die seit Langem an ihn gefesselten Schmerzen spürte er jedenfalls nicht mehr.

Er hatte kein überirdisches Strahlen erwartet, auch keinen Tunnel aus Licht, der ihn retten würde, keinesfalls aber hatte er diesen Abgrund erwartet, der nun auf ihn zustürzte.

Als alles zum Stillstand kommt, ist er noch immer da. Er schwebt in einem Raum, der sich offenbar in einem etwas größeren Raum befindet. Er kann sich weder rühren, noch auch nur spüren. Beim Versuch, sich zu orientieren, entdeckt er, dass er immerhin seine Augen bewegen kann. Nach und nach treten nun Konturen aus dem Dunkel, das ihn umgibt. Es wird heller, doch ein Zwielicht bleibt. Er kann nicht genau sehen, wo er ist und was ihn umgibt, aber er sammelt die Eindrücke, um sie in eine Ordnung zu bringen. Nachdem er alles vermerkt hat, was er aus seinem begrenzten Blickwinkel ausmachen kann, schließt er die Augen, um sich zu konzentrieren.

Die Stille, in der er schwebt, entspricht keinem Ort im Koordinatensystem, das er in seinem Geist aufspannt, um die Dinge darin zu ordnen. Es ist auch keine Stille im herkömmlichen Sinn, sondern vielmehr die Abwesenheit von Schall. Als wäre der kleine Raum in den großen Raum und alles zusammen in ein Vakuum gepackt. Dem Modell, das er im Kopf baut, fehlt jedoch das, was er im Zwielicht nur erahnen konnte. Als er damit beginnt, die fehlenden Elemente hinzuzufügen, formiert sich in seinem Be-

wusstsein ein neuer Raum, und je vollständiger sich dieser Raum gestaltet, desto besser versteht er, wo er sich befindet, und desto größer wird sein Unbehagen.

Auf einmal weiß er, was das hier ist und soll. Kein Wunder, dass ihm die Dinge jetzt alle bekannt vorkommen, und nicht nur das, auch die Anordnung dieser Dinge und der Zweck dieser Anordnung.

Er ist selbst Teil einer Versuchsanordnung, die er vor fünfundzwanzig Jahren entworfen hat. Um Einstein zu unterstützen, der mit Kollegen im Wettstreit lag, die den Zufall als fixe Größe in der Physik etablieren wollten. Radioaktives Material wird in diesem Raum in der nächsten Stunde mit fünfzigprozentiger Wahrscheinlichkeit ein Quantum Strahlung an einen Detektor abgeben, der in der Folge einen Schlag auf ein mit Giftgas gefülltes Glas auslösen und ihn töten wird.

Und jemand, der nur in diesen Raum blickte, um nach ihm zu sehen, würde allein durch die Beobachtung einen Quantensprung auslösen und ihn damit, indem exakt derselbe Vorgang abliefe, gleichfalls töten.

Seine Zeit tickt in den Atomen, und er kann sich nicht bewegen, um etwas dagegen zu tun! Wenn er die Schwester zu Hilfe ruft, wird sie ihn umbringen, indem sie die Tür zu seinem Raum öffnet, vorausgesetzt, sie käme überhaupt, nachdem er sie womöglich beleidigt hat; und falls er es nicht schafft, seine Lippen zu bewegen und um Hilfe zu rufen (oder sie einfach nicht kommt, weil sie tatsächlich beleidigt ist), hängt sein Leben eine Zeit lang am Faden der Wahrscheinlichkeit, mit der Atome zerfallen.

Was auch passieren wird, alle Möglichkeiten und Wahrscheinlichkeiten sprechen letztlich gegen ihn. Er lebt noch und ist doch schon so gut wie tot. Halb tot und halb lebendig. Man hat ihn mit der Katze vertauscht, die in seinem Entwurf vorgesehen war, und in sein eigenes Experiment gesperrt!

»Das war doch nur ein Gedankenexperiment!«

Er schrie es hinaus. In die Dunkelheit des Krankenzimmers, nachdem es ihm gelungen war, Luft zu holen. Und als er begriff, dass er sich wieder bewegen konnte, rief er um Hilfe, immer wieder und wieder, bis die Tür aufflog und Schwester Helene ins Zimmer stürmte, gefolgt von zwei Pflegern, die ihn sanft ins Kissen drückten, als er aufbegehrte. Mit routinierten Handgriffen zogen sie ihm eine Zwangsjacke an.

Die Schwester beugte sich über ihn. Mit dem Strahl einer Stablampe versuchte sie, seinen Blick zu fixieren, der aber immer wieder nach der Lichtung abschweifte. Inzwischen zog ein Pfleger eine Spritze auf.

»Was für ein Tag ist heute? Wie ist Ihr Name, Professor? Welches Jahr haben wir?« Während sie so auf ihn einredete, stach sie ihm die Spritze in den Arm und drückte den Kolben durch.

»Neunzehn … sechzig«, murmelte er, »glaube ich. Bald ist doch schon wieder Weihnachten, oder?«

Er war klatschnass geschwitzt und zitterte am ganzen Körper.

Während ihn die Pfleger stützten und hinausführten, erhaschte er einen Blick auf den Tiergarten. »Da«, sagte er und wollte hinzeigen, doch seine Arme steckten in dieser verdammten Jacke.

»Da ist nichts«, sagte einer der Pfleger, ohne überhaupt hinzuschauen, »rein gar nichts!«

Aber es war da! Das Rudel Rotwild stand wieder auf der Lichtung, regungslos, und schaute mit erhobenen Köpfen zu ihm herüber. Alles war erleuchtet, vom Licht des Mondes, das der Schnee reflektierte, und vom Funkeln der Blicke, in dem er das Wesen jeder Kreatur zu erkennen glaubte.

Auf dem Weg durch die Stadt bis in die psychiatrische Klinik der Universität beruhigte er sich allmählich. Wien zeigte sich aus einer Perspektive, die er seit seiner Kindheit nicht mehr wahrgenommen hatte. Alles erschien ihm viel größer als es war. Größer, geheimnisvoller und wirklicher. Sie fuhren über den Ring, am Volksgarten entlang. Gedanken an Minnie, an deren Hand er als Bub hier oft herumspaziert war, zauberten ein zaghaftes Lächeln in sein verwirrtes Gesicht.

Ohne hinzusehen tastete er nach der Hand der Tante, die in ihrer Tasche nach dem Schlüssel kramte. In Gedanken war er bei den Geschichten, die sie ihm, wie fast jeden Abend, auf Englisch vorlesen würde: Storys, die ihm mitunter mehr kindisch als kindlich vorkamen; besonders wenn er daran dachte, wie sie die Welt sahen, die ihn umgab. Ging es in diesen biblischen Erzählungen zu wundersam her, verdunkelte sich sein Blick und seine neugierige Miene wich spöttischer Skepsis.

Der kleine Erwin ließ sich nicht gerne für dumm verkaufen. Ein Dreikäsehoch halt, wie Tante Minnie bisweilen bemerkte, der erst fünf Jahre alt war, aber schon einen ganz eigenen Kopf hatte.

Bis auf ihn und den Vater, der mehr im Geschäft als zu Hause war, gingen in der Wohnung im letzten Stock des Hauses Gluckgasse 3 meist Frauen aus und ein. Die Mutter. Tanten, Emily vor allem, die Minnie gerufen wurde. Und Freundinnen des Hauses. Die Dienstmädchen nicht zu vergessen. Es dauerte ein paar Jahre, bis er sich mit der Vorstellung abfand, dass nur eine davon seine Mutter sein konnte. An der Hand Minnies jedenfalls, die vierzehn Jahre älter und viel mit ihm zusammen war, kam er sich schon ganz schön mutig, klug und auch ziemlich groß vor.

Niemals würde er vergessen, wie ihm diese Hand während einer Kundgebung inmitten einer tobenden Menge auf dem Stephansplatz abhandengekommen war. Er war wie gelähmt, konnte weder atmen noch schreien, umstellt von einem Wald aus Beinen, hoch droben eine Hydra aus Tausenden Köpfen: Parolen skandierend und johlend, wenn der Redner, den er nicht sehen, aber hören konnte, eine Pointe nach der andern über den Platz brüllte. Der Hass der Vielen, der sich, soviel er mitbekam, gegen *die Juden* richtete, flößte ihm Angst ein. Er hörte zwar die Parolen, doch sie entbehrten jeder Logik und ergaben in seinem Kopf gar keinen Sinn. Das aggressive Wogen der Menschen, hin und her, vor und zurück, drückte ihn beinah zu Boden. Niemand im Tumult nahm von dem Kleinen da unten Notiz. Als von irgendwoher Minnies Hand wieder auftauchte und ihn aus der Menge fischte, bevor er zu Boden ging, war er bereits den Tränen nahe.

»Erwin!«

Sie hob ihn hoch, küsste ihn auf die Wangen und flüsterte ihm Schwüre ins Ohr. »Wie dumm von mir, ausgerechnet jetzt über den Platz zu wollen!« Erleichtert drückte sie den Buben an ihr klopfendes Herz. Sie haderte mit sich, ihrem Egoismus und der Kundgebung, die, wie sie schimpfte, alle Ignoranten der Stadt ins sonst so ruhige Zentrum gelockt habe. »Komm, mein Schatz, schnell weg von hier.«

In einer der engen Gassen abseits des Doms verebbte der Druck der Masse. Minnie setzte Erwin ab, ließ ihn aber bis zum Geschäft nicht mehr aus den Augen. Kurz nur hatte sie sich einer Bekannten zugewandt, und schon war der Bub weg gewesen. Ihr Herz raste noch immer. Erwin schien sich zum Glück wieder gefangen zu haben. »Ich verrat dich eh nicht, Minnie«, flüsterte er, als sie das kühle Kontor der Manufaktur des Vaters betraten.

Während Minnie das englische Buch mit den biblischen Geschichten suchte, erinnerte er sich genau an diesen Vorfall.

Dann war da auch das Gesicht des Vaters, das sich ihm im dunklen, kühlen Geschäft eingeprägt hatte wie noch nie: Der Blick des von seiner Arbeit in seinem eigenen Büro in die Enge getriebenen Mannes, in dem sich Sorge, Müdigkeit und Zuneigung mischten. Wenn der Vater ihn hochnahm, um mit ihm zu reden und ihm einen Kuss auf die Wange zu drücken, wobei ihn der Bart kitzelte, erzählte er ihm immer etwas über die Natur. Über jene Phänomene, die es zu ergründen galt, wollte man alles besser verstehen. Aber es sollte noch ein paar Jahre dauern, bis er zum ersten Mal einen jungen, noch fast unbekannten Mann erwähnte, der Einstein hieß.

Was? Warum? Wie? Woher? Wozu? Weshalb? Warum vor allem. Warum dies? Warum das? Warum jenes? Und warum nicht? Warum doch? Warum *warum?* Warum warum *warum?* Dies und ähnliches fragte er mit blankem Blick, wenn Minnie ihn mit seiner eigenen Methode drankriegen wollte. Fragen zogen ihn in ihren Bann, und während er noch zuhörte und schon verstand, tauchten sie bereits auf: Fragen nach dem, was blieb, wenn eine Frage beantwortet wurde. Überhaupt Fragen nach dem, wonach andere, aus für ihn wiederum fragwürdigen Gründen, einfach nicht fragen wollten.

Minnie machte es sich mit dem Wälzer auf dem Kanapee im Salon bequem. Erwin legte sich dabei, wie fast immer, auf den Perserteppich mitten im Raum, auf den Rücken manchmal, meist aber auf den Bauch. Mit in die Hände gestütztem Kopf und geschlossenen Augen lauschte er der suggestiven Stimme der Tante, während die Mutter am anderen Ende der Wohnung an ihrem Geigenspiel feilte. Die Schallwellen ihres nervösen Stakkatos pflanzten sich durchs ganze Haus fort. Auf verschlungenen Wegen gelangten sie sogar bis auf den Dachboden. Dort war Erwin an der Hand des Vaters, auf der Suche nach einem Mikroskop, Zeuge des patriarchalischen Unmuts über das Musizieren seiner Mutter geworden.

Wie immer wollte Minnie die Nacherzählung der Geschichte hören. Mühelos wiederholte er die Story, indem er die Aussprache theatralisch überbetonte, aber nur bis zum ersten kritischen Punkt. Wo immer im Buch von Wundern die Rede war, die gegen Naturgesetze verstießen, warf Erwin seine gut geölte Fragemaschine an und löcherte die Tante, bis sie aufgab.

Dann nahm sie sein Tagebuch und eine Feder zur Hand, öffnete das Fässchen mit Tinte und ließ sich von ihm in altklugem Tonfall diktieren, was er an diesem Tag alles erlebt hatte. Als er damit fertig war, klappte sie das Buch vor seinen Augen mit einem Klatschen der Seiten zu, dass ihm die blonden Locken wie von einem Sturm aus der Stirn geblasen wurden. In diesen Momenten konnte er sich nie beherrschen und musste einfach loslachen. Er trug das Buch in sein Zimmer wie eine Hostie und verbarg es vor dem Blick dessen, der angeblich alles sieht.

Die Mutter erschien wieder einmal nicht zum Abendessen. Als der Vater aus dem Geschäft nach Hause gekommen war, war ihr Spiel abrupt verstummt. Sie schien seinen Widerstand gegen ihre musikalischen Ambitionen zu akzeptieren, was aber vielleicht dazu beitrug, dass es ihr immer wieder gar nicht gut ging. Von einer Sekunde auf die andere laborierte sie an ihrer mysteriösen Migräne. Auch jetzt war sie, wie so oft in den letzten Monaten, in die Dunkelheit ihres Zimmers geflüchtet, dessen Fenster mit Tüchern aus der Manufaktur der Familie verhängt waren.

Während sie Eis löffelten, brachte der Vater das Gespräch auf die Astronomie. Er wusste, wie gern Erwin über die Weiten des Kosmos, die Sterne und seltsamen Geschehnisse da draußen fabulierte. Durfte er in der Sommerfrische am Semmering einmal länger aufbleiben, tat er nichts lieber, als in den sternhellen Nachthimmel zu schauen, bis ihm schwindlig wurde und er ins Gras fiel. Dass die Milchstraße hieß, wie sie hieß, entzückte ihn jedes Mal aufs Neue. Myriaden von Sternen, die aussahen, als hätte dort oben jemand Milch verschüttet. Wenn er nur lange genug hochsah, begann sich alles zu drehen, und er war auf einmal mittendrin. Das war noch aufregender, als mit an die Seiten gepressten Armen über einen Abhang zu kullern, bis man Gefahr lief, sich eine Darmverschlingung zu holen. Über dem Sonnwendstein leuchteten in diesen klaren Nächten die Sterne wie Münzen aus einem Schatz.

»Was tut sich denn da draußen, mein Großer?« Obwohl er für sein Alter eher klein war, nannte ihn sein Vater gern so.

»Wartet, ich zeig's euch!« Als hätte er nur darauf gewartet, ließ er vom Eis ab und nahm Minnie bei der Hand. Er zog sie in die Mitte des Zimmers und befahl ihr, dort stillzustehen. »Du bist die Erde, ich bin der Mond!« Er umkreiste sie und rief dabei immer wieder, sie solle sich in einem bestimmten Abstand mit und zu ihm um die Stehlampe bewegen. »Das ist die Sonne!« Sie kreischten und kreiselten dabei so lange durchs Esszimmer, bis sie von der Gravitation der Sonne eingefangen wurden. Und dann kollidierten sie mit ihr. Glas klirrte, das Licht der Lampensonne erlosch.

Einen Augenblick später entflammte der Lüster an der Decke und erhellte die Szene, die im Chaos zum Stillstand gekommen war. Minnie verschluckte sich fast vor Lachen, der Vater schmunzelte, Tante Rhoda runzelte wohlwollend die Stirn.

Die Mutter war aufgestanden und stand lächelnd in der Tür. Ihr Gesicht, das von der Migräne entstellt gewesen war, war wieder klar und liebevoll. Erwin rappelte sich auf und flog förmlich in ihre Arme.

Jahre später wichen die fürsorglichen Hände Minnies und die trockene Hand des Vaters dem meist feuchten Händchen Lottes, seiner Liebsten. An der Hand des Vaters hatte er gelernt, die Phänomene der Natur zu untersuchen, und das hieß, sie nicht nur zu betrachten, sondern hinter ihre Masken, Kulissen und Erscheinungen zu blicken, wo sein Staunen noch viel größer war. An Lottes Hand ging die Zuneigung nach innen und spürte widersprüchlichen Gefühlen nach.

War er zum ersten Mal verliebt? Er wusste es nicht. Seine Verwirrung mochte andere Ursachen haben. Doch immer, wenn er sie sah, fiel es ihm schwer, Worte zu finden, die das sagten, was er für sie empfand.

»Fragst du deine Eltern, ob du mit mir ins Theater gehen darfst?«

»Wieso willst du mit mir allein sein?« Sie fragte so naiv, dass er nicht anders konnte, als sie vor den Kopf zu stoßen.

»Um mit dir zu schlafen?« Die Gegenfrage war ihm schon peinlich, während er sie noch aussprach. Wenn er sie anschaute, verstohlen wie in diesem Augenblick, erschien sie ihm unnahbar, während sie aber doch, wie er wusste, nur unerfahren war und an Dinge glaubte, die ihn nur ein Achselzucken kosteten. Er wusste so viel mehr als sie, kam ihm vor, doch was ihr Körper zu wissen schien, war ihm wiederum ein Rätsel. Ihr Körper, der sich in den letzten Monaten vor seinen Augen in den Körper einer jungen Frau verwandelt hatte, wusste mehr als sie beide zusammen.

»Du willst also mit irgendeiner Frau schlafen?« Sie lächelte und wandte sich ab, so als ob sie dafür nicht infrage käme, und er wurde ganz rot im Gesicht, weil seine Klappe wieder einmal größer gewesen war als sein Mut, etwas zu tun.

Jetzt, wo es raus war, war es auch schon egal. »Nicht mit irgendeiner«, sagte er, »nur mit dir!«

»*Nur?*«

»So war's nicht gemeint, Lotte. Mit keiner andern eben.«

Kaum ein Wort, das sie auch so verstand, wie er es wirklich meinte. Mit einem instinktiven Misstrauen nahm sie alles, was mit ihm zu tun hatte, zur Kenntnis. Sie nörgelte an dem, was er sagte, so lange herum, bis es etwas bedeutete, was er gar nicht gemeint hatte. Am liebsten hätte er sie bloß ganz fest an sich gedrückt und geküsst, damit sie endlich ruhig wäre. In dieser Stille dann hätten sie einander näherkommen können.

Sie kicherte, schaute ihn mit vor den Mund gehaltener Hand groß an. »Willst du denn im Theater machen, wovon du offenbar schon die ganze Zeit träumst?«

Wie wunderbar, dachte er, sind dagegen doch die in der Natur verborgenen Rätsel und Gesetze, die ihre Einfachheit offenbaren, je tiefer man in sie eindringt – nicht ahnend, dass ihn das Gegenteil dieser naiven Vorstellung von der Natur noch sein Leben lang beschäftigen würde.

Seit er ein Gymnasiast gewesen war, mochte er das Theater: Grillparzer vor allem, aber auch Shakespeare, Schiller und Schnitzler. Das Schauspiel der Natur jedoch liebte er über alles. Jenes Stück, das die Natur aufführte, dauerte immerhin bereits Milliarden Jahre, und obwohl die schärfsten Kritiker schon Beachtliches über dieses Drama ans Licht gebracht hatten, blieb es unberechenbar, spannend und geheimnisvoll wie am jüngsten Tag.

In diesen Monaten blieb es ihm nicht erspart, die Beziehungen zwischen den dramatischen Formen und seinem eigenen Leben zu ergründen. Mit seinen siebzehn Jahren war er mitunter gewillt, im Schauspiel der Natur, mit seinem ewigen Fressen und Gefressenwerden, eine grausame Tragödie zu sehen, während das Drama der ersten Liebe immer mehr einer Tragikomödie glich, in der Lotte Rella, die Schwester seines Freundes Tonio, die Hauptrolle spielte. Sie wollte ihn ja. Aber nicht so, wie er sie wollte. Diese Gegensätze im Wollen der beiden führten in der Praxis automatisch zur Form des Tragikomischen. Weil ihnen immer nur das Romantische gelang und nie das Physische, flüchtete er in den Schutz einer wissenschaftlichen Ironie. Von diesem Standpunkt aus wirkte, was er erdulden musste, weil er sich über alle Maßen gedulden musste, immer auch etwas komisch. Was blieb ihm übrig, als von Zeit zu Zeit Hand an sich zu legen? Es gab eben Dinge, über die musste man reden, um Klarheit zu erlangen. Und es gab Dinge, die musste man einfach tun, wenn man sie begreifen wollte! Nicht nur physikalische Theorien verlangten nach Experimenten, auch die Rätsel des Sexus: Phantasmen, die sein von Hormonen befallener Körper Tag und Nacht produzierte.

In den Ferien fuhr er, seinen Rucksack und die Botanisiertrommel auf dem Rücken, mit der Bahn auf den Semmering. Vom Bahnhof wanderte er zum Gasthof Küb, wo ihn Tonio und Lotte, hierorts auch *Weibi* genannt, bereits erwarteten. Die Rellas betrieben das Landgasthaus seit Generationen in den Sommermonaten. Lotte küsste ihn derart förmlich auf die Wange, als dürfte ihr Bruder, der natürlich im Bilde war, auf keinen Fall mitkriegen, was sie mit ihm verband. Die Freunde umarmten einander stürmisch, ohne irgendwelche Bedenken. Sie befanden sich an der Schwelle jenes Alters, wo dies noch angehen mochte.

Von der Mutter des Freundes bekam er ein Zimmer unter dem Dach zugeteilt. Der karge Raum, von mächtigen Balken durchzogen, die er beim Eintreten mit dem Schädel rammte, lag vom Zimmer Lottes weiter weg als jeder andere im Haus; doch der Ausblick vom kleinen Balkon entschädigte ihn für beides. Frühmorgens tauchte die aufgehende Sonne das tiefe Tal unter ihm in silbriges Licht. Erst nach und nach nahmen überall Konturen Gestalt an. Die Dinge traten wie aus dem Nichts ins Licht des neuen Tages. Als wäre er Zeuge der Entstehung der Welt und würde selbst ein weiteres Mal auf die Welt kommen.

Wenn sie nicht in der Wirtschaft halfen, streiften sie meist durch die Gegend. War er allein unterwegs, folgte er den Spuren des Vaters, mit dem er hier als Kind botanisiert hatte. Er sammelte die Pflanzen in seine Trommel hinein. Dabei erinnerte er sich oft an die Lektionen über Darwin und die Evolution, die ihm sein Vater ganz spielerisch erteilt hatte. Wie zufällige Mutationen in den Individuen zur Anpassung der Population an die Umwelt führten, war ihm aber nach wie vor ein Rätsel, ob nun bei Pflanzen, Tieren oder Menschen. Was passierte da im Innersten der lebendigen Materie tatsächlich? Der Alte hatte auch stets Wert darauf gelegt, der Herren Wallace und Lamarck zu gedenken, die zu Unrecht in Darwins riesigem Schatten übersehen wurden.

Auf dem Balkon nahm er im scharfen Abendlicht die Bestimmung der Beute und das mühsame Abzeichnen vor, bevor er die Pflanzen im Herbarium fixierte.

Lotte trat lautlos in die Kammer, lehnte sich an einen Balken und schaute ihm beim Zeichnen zu. Er spürte ihre Anwesenheit in seinem Rücken, verharrte jedoch weiter in seiner Konzentration, bis die ersten Worte fielen.

»Kommst du, wenn alle schlafen?«

»Weshalb?« Er mimte den Naiven, wollte damit aber andeuten, dass er nicht besonders scharf darauf war, sich ein weiteres Mal frustrieren zu lassen.

»Wir können reden, über uns.«

Er setzte nur den Kohlestift ab und lachte kurz auf. Was sollte er nun dazu sagen?

»Reden können wir doch hier und jetzt«, sagte er endlich. »Bis ich in deinem Zimmer bin, habe ich das ganze Haus aufgeweckt. Über diese Dielen und Treppen hier kommt doch niemand, ohne bemerkt zu werden. Das alte Holz spricht Bände, und die Wände haben Ohren!« Nach allem, was er mit ihr in Wien bereits erlebt hatte, vermied er es, so gut es ging, mit ihr allein zu sein. Ihre Mutter hielt sie zwar an, mit ihm spazieren zu gehen, hatte ihrem Weibi aber jede Menge exotische Ängste vor allem eingeimpft, was mit dem menschlichen Körper zu tun hatte, insbesondere dem männlichen.

»Ich will dich aber spüren. Neben mir«, setzte sie hinzu, damit er nicht auf falsche Gedanken kam.

Er ließ von seinem Zeichenblock ab, drehte sich zu ihr um. Etwas lag ihm auf der Zunge, doch er sprach es nicht aus. Er konnte sie noch immer nicht ansehen, ohne sie zu begehren. Mit ihren fast schwarzen Augen und dem südländischen Teint erinnerte sie ihn an ein Porträt von Caravaggio, das er in den letzten Ferien an der Seite seines Vaters in Florenz gesehen hatte. »Mal sehen«, sagte er und wandte sich seiner Zeichnung zu, um zu verbergen, wie ihm Blut ins Gesicht schoss. Dabei nahm er sich vor, darauf zu warten, bis sie endlich reif genug sei, so zu schmecken, wie er es sich wünschte.

Trotzdem wusste er, dass sie es war, die ihn warten ließ. Sie hatte sich in einem Kokon verpuppt.

Während der letzten Tour dieses Sommers, auf das Plateau des Schneebergs, fanden sie einfach ihr Tempo nicht. Anstatt sich, wie erfahrene Wanderer, die sie ja waren, nur auf das Atmen und Gehen zu konzentrieren, redeten sie drauflos, bis sie Seitenstechen bekamen.

Sie waren lange nicht mehr gemeinsam unterwegs gewesen und hatten sich zu viel zu sagen. Der Kaiser war nun seit Jahrzehnten im Amt, was ein, wenn auch ziemlich fragwürdiger, Weltrekord war. Unisono stimmten sie Victor Adler zu, die Donaumonarchie sei doch nichts als eine durch Schlampigkeit gemilderte Despotie. Dass aber nun Einsteins Theorie über die Beschaffenheit von Raum und Zeit nicht mehr länger ignoriert werden konnte, war eine der erfreulichen Tatsachen dieser Tage. Dann kamen sie auf Lise Meitner zu sprechen. Erwin war über ihre Forschung auf dem Gebiet der Radioaktivität bestens informiert.

Als sie auf die Uhr schauten, war es schon zu spät, um noch auf den Gipfel zu steigen. Es dämmerte, als sie sich an den Abstieg machten. Die letzten Stunden irrten sie in völliger Finsternis über Stock und Stein bergab. Das Schauen aufzugeben, um sich nur aufs Hören zu konzentrieren, war beunruhigend. Immer wieder vernahmen sie ein Pfeifen, das sie an Flugbahnen von Geschossen denken ließ, bevor es sich als das Fiepen eines Nagers entpuppte. Konnte man *verstehen*, was die Tiere des Waldes *sagen* wollten? Zirpen, fiepen, pfeifen, gurren, fauchen, schnarren, heulen, knurren und keckern.

Die Dunkelheit ließ viele Ahnungen Gestalt annehmen, und doch ahnten sie nicht im Geringsten, dass bei den Aufnahmeprüfungen an der Akademie der bildenden Künste gerade ein Mann durchgefallen war, der ihr Leben und das von Millionen anderer noch maßgeblich beeinflussen würde.

Lotte tat so, als wären sie ein Paar. Weder ihr Vater noch ihre Mutter stießen sich an dieser, wie Erwin dachte, Vorspiegelung von Tatsachen. Händchenhalten im Verborgenen, verschämte Anspielungen, und immer wieder diese Blicke, die sie ihm zuwarf, all das brachte ihn der Erfüllung seiner Sehnsucht nicht näher. Er machte gute Miene zum harmlosen Spiel. Es gelang ihm, ihr aus dem Weg zu gehen, ohne sich dem Verdacht der Unhöflichkeit auszusetzen. Mit ihrem Bruder unterwegs zu sein, war noch am unverfänglichsten.

Mitten in der letzten Nacht, bevor er nach Wien zurückmusste, erwachte er aus einem Traum, in dem auch Lotte aufgetaucht war. Das Licht des Vollmonds tauchte die Finsternis draußen in ein dunkles Blau. An der Wand gegenüber zeichnete sich ein Muster ab: Streifen mit diffusen Rändern. Durch zwei Schlitze der Vorhänge an der verglasten Balkontür fiel Licht in die Kammer. Wenn aber Licht aus Teilchen bestand, wie konnte es dann so ein Muster erzeugen? Das war doch nur möglich, wenn sich Wellen an bestimmten Stellen überlagerten.

Er stand auf, zog den Vorhang weg, öffnete die Tür und trat auf den Balkon hinaus. Dabei blickte er über die Schulter und sah, wie das Interferenzmuster durch die Bewegung seines Armes weggewischt wurde. Teilchen oder Wellen? Was macht uns derart sicher, fragte er sich, dass die Natur so und nur so funktioniert? Er war nackt, fröstelte an der frischen Bergluft und erschauerte beim Gedanken an das, was es noch zu verstehen galt.

Der Trabant stand am Himmel wie eine geschälte Kartoffel. Alles schwamm in seinem fahlen Licht: die Wiese vor dem Haus, die Wälder, die Gipfel, der Himmel, das tiefe Tal unter ihm. Würde er abreisen, ohne der Einladung Lottes zu folgen, wäre es wohl endgültig aus zwischen ihnen.

Er schlüpfte in seine Badehose, zog sich ein Hemd über und schlich auf nackten Sohlen durchs Haus.

Es war unmöglich, die Schritte so zu setzen, dass nicht irgendeine Diele einen Laut von sich gab, den die Stille ringsum noch verstärkte. Obwohl er schlich wie ein Apache, ächzten manche der alten Bohlen, als könnten sie Schmerz empfinden. Das Ticken der Pendeluhr in der Gaststube war das einzige Geräusch im Haus. Es war selbst so sehr Teil der Stille, dass er es erst bemerkte, als er vor Lottes Zimmer stand und nicht länger die Luft anhielt. Er legte ein Ohr an die Tür, atmete ein paar Mal tief durch und klopfte ein leises SOS.

Lotte empfing ihn, als hätte sie ihn erwartet. Er fragte sich, woher sie diese Zuversicht nahm. Suchte er in ihrem Gesicht nach Zeichen dafür, fand er wieder nur sein eigenes Verlangen, das lästiger war als eine schwierige Gleichung, von der er immerhin wusste, dass er sie irgendwann lösen würde.

Sie legte die Arme um seinen Nacken, zog sich an ihm auf die Zehen hoch und drängte sich an seine Brust. Durch das Nachthemd konnte er ihre Brüste spüren. Seine Hände suchten einen neutralen Ort auf ihrem Rücken und wanderten dabei zwischen Taille, Hüften und Schulterblättern auf und ab. Was war nur mit ihm los? Endlich warf sie sich ihm an den Hals, und nun wusste er nicht, wie er damit umgehen sollte. Was ihm bisher zu zögerlich erschienen war, ging ihm jetzt auf einmal zu schnell. Sie verschloss ihm den Mund mit einem keuschen Kuss, bis ihm die Luft wegblieb. Er spürte, wie er sich von Kopf bis Fuß versteifte.

Im Bett war sie bis zum Morgengrauen fest entschlossen, mit allen Mitteln zu verhindern, dass er bekam, was ihm die Signale ihres Körpers in Aussicht stellten. Es war ein Kampf, in dem die Lust immer wieder zu Boden ging und angezählt wurde, um am Ende nach Punkten zu verlieren. Er durfte Lotte von hinten umschlingen, indes sie mit dem zwischen ihre Knie geklemmten Nachthemd verhinderte, dass er ans Ziel seiner Wünsche kam. Wanderten seine Hände ihre Schenkel aufwärts, war an den Hügeln ihrer Hüften Schluss. Alle Versuche, von hinten an ihre Brüste zu kommen, waren zum Scheitern verurteilt: Diese Brüste, die sie ihm doch schon mit ihrer Umarmung versprochen hatte! Er durfte sie nur in den kitzligen Nacken küssen und manchmal, wenn sie sich umdrehte und ihm zur Sicherheit ihre Knie in den Bauch rammte, auch auf Gesicht und Mund.

Er schlich in seine Kammer wie ein geprügelter Hund. Müde. Enttäuscht. Und wütend auf sich selbst. Man sollte die Natur nicht derart an der Nase herumführen! Hatte er erwartet, dass sich Lotte über Nacht in eine Frau verwandeln würde? Eine, wie sie die Romane der Dichter bevölkerten? Aber sie war ja fast noch ein Kind, mochte sie auch schon im Körper einer jungen Frau stecken. In Verlangen und Selbsthass verstrickt, wälzte er sich von einer Seite auf die andere, bis er sich endlich mit rhythmischen Handbewegungen von allem erlöste und einnickte.

Er sitzt auf dem Gipfel eines sehr hohen Berges und schaut um sich. Sein Rundblick lässt die Erde fast wie eine Scheibe erscheinen. Dieser Ort, zwischen Himmel und Erde, vermittelt ihm das Gefühl, in große Zusammenhänge eingebunden zu sein. Oben und unten sind austauschbar. Er ahnt Kräfte, die bis ans Ende von Raum und Zeit reichen. Undenkbar, dass nicht alles mit allem verbunden ist. Aber wie? Er kann es spüren, aber nicht sagen. Es liegt ihm auf der Zunge, doch da er selbst Teil des Rätsels ist, gelingt es ihm nicht, sich in einem größeren Rahmen zu begreifen. Er hockt auf dem Gipfel, und der dunkle Kosmos, hinter dem blauen Schleier des Himmels, lastet auf ihm. Einstein hat den Äther für null und nichtig erklärt, aber etwas muss es doch geben, das auch in der Leere wirkt. Dieses Nichts erscheint ihm nun nicht mehr ganz leer, sondern als ein Raum voller Möglichkeiten. Das Vakuum steckt voller Überraschungen! Es tut nur so, als wäre es nichts, dabei kann es alles. Es ist wie dieses Loch in der Erde, das Alice betritt: Wunderland voller Möglichkeiten. Warum wann was wie passiert, lässt sich an diesem Ort nie vorhersagen. Diese Gesetze sind nicht bekannt. Noch nicht jedenfalls. Die Erde dreht sich weiter, die Sonne sinkt unter den Horizont.

Auf einmal wird ihm kalt. An einen Abstieg vom Gipfel ist nicht mehr zu denken. Er packt seinen Pullover aus und zieht ihn über. Vielleicht wird ihm die Nacht zu neuen Einsichten verhelfen. Schon beginnen die ersten Sterne über ihm zu funkeln. Er muss, wird ihm klar, nicht nur ins Weite und Große hinausdenken, sondern ins Unsichtbare und Kleinste hinein, um endlich zu verstehen, wie beides zusammenhängt. »Boltzmann hat recht«, sagt jemand irgendwo. »Und wenn man ihn noch so sehr verspottet, der Mann ist auf der richtigen Spur: Atome gibt es wirklich! Sie zeigen sich zwar noch nicht, stecken aber hinter allem.« Er staunt. »Ham's denn eins g'sehn?«, sagt eine andere Stimme und lacht spöttisch.

Plötzlich sitzt ein alter Mann neben ihm auf dem Gipfel. Unter ihnen ist es bereits finster, doch über ihnen leuchten die Galaxien. »Sie wollen also Physik studieren?« Er erkennt den Mann, am Bart und der traurigen Gestalt, die er auf Zeitungsfotos gesehen hat. »Professor Boltzmann«, sagt er. »Sie hier?« Der alte Mann lässt es zu, dass ein Lächeln über sein Gesicht huscht. »Ich? Nun, ich werde bald ganz woanders sein«, sagt er.

Er will ihm in die Augen schauen, um zu begreifen, was diese Worte bedeuten. Aber da ist er schon wieder weg, ruck zuck, von einem Moment auf den anderen, wie er in Erscheinung getreten ist. Er ruft nach ihm, ein paar Mal, bis ihn das Echo aus allen Richtungen trifft und plötzlich aus dem Schlaf reißt.

Schweiß perlte über seine Stirn. Er lief ihm über Schläfen und Wangen und tropfte in Intervallen von seinem Kinn auf das Kissen. Draußen stand die Sonne schon ziemlich hoch. Es musste fast Mittag sein. Unter dem Balkon rief Lotte nach ihm.

Seit Tagen wartete Privatdozent Schrödinger auf diese Einladung. Mittlerweile hatte er darüber sogar das Drama von Grillparzer vergessen, das bald am Burgtheater gegeben würde; und es gab in seinem Leben zur Zeit nicht vieles, was diesem Dichter den Rang ablief.

Das mochte durchaus mit Felicie zu tun haben, die er vor Monaten auf einmal, wie vom Blitz getroffen, mit anderen Augen gesehen hatte, obwohl er sie kannte, seit sie ein Mädchen war. Bald danach, im Tumult auf dem Eislaufplatz Engelmann, hatte sie ihm anvertraut, dass es ihr mit ihm schon viel länger so ging. An ihrer Seite spürte er nichts von dem Unbehagen, das ihn gelähmt hatte, wenn er mit Lotte zusammen gewesen war.

Felicie war vom Gedanken einer Verlobung begeistert gewesen, und sie hatten, ohne ihre Eltern zu fragen, schmale Ringe besorgt und einander, an einem Mittwoch in der Universität, an die Finger gesteckt. Die Charakterköpfe der Wissenschaftler, deren Büsten durch das Zwielicht der profanen Stille der Aula leuchteten, schienen jedenfalls nichts dagegen zu haben.

Was ihr für Lieder haltet, es sind Klagen/ gesprochen in ein freudenloses All/ Und Flammen, Perlen, Schmuck, die euch umschweben/ Gelöste Teile sind's von seinem Leben.

Während er noch im Souterrain verharrte, um den Brief zu öffnen, fielen ihm plötzlich diese Worte aus dem Gedicht *Abschied von Gastein* ein. Wie aus dem Nichts. Er horchte ins Stiegenhaus hinein, bis in den letzten Stock hinauf, wo sich das Echo der Worte verlor, die er, ohne es zu wollen, laut ausgesprochen hatte. Er riss das Kuvert ein, schlitzte das Papier auf und entfaltete das Schreiben.

Sehr geehrter Herr Kollege Schrödinger!

Der Vorstand des Instituts für Physik der Universität Wien entbietet Ihnen hiermit die offizielle Einladung zur Jahresversammlung der Gesellschaft Deutscher Naturforscher. Wir freuen uns auch sehr, Ihnen mitteilen zu dürfen, dass in diesem Jahr die Vorträge endlich alle in den ganz neu erbauten Räumlichkeiten des Instituts stattfinden werden. Wir hoffen auf großes Interesse und vor allem auch eine rege Beteiligung der heimischen Wissenschaftler an den Beiträgen der internationalen Physikergemeinde.

Mit vorzüglicher Hochachtung, Professor Franz Exner, Rektor

Voller Ungeduld überflog er die Liste der Vortragenden, bis er endlich auf jenen Namen stieß, der ihn geradezu hypnotisierte: Albert Einstein. Da stand es, schwarz auf weiß, Professor an der Technischen Hochschule in Zürich. Am kommenden Dienstag würde der Mann, den er für den größten Zeitgenossen seiner Zunft hielt, den heiß ersehnten Vortrag halten. Titel: *Der gegenwärtige Stand des Problems der Gravitation.*

Es war ein unter Physikern umstrittenes Rätsel, wie etwas wirken konnte, ohne dass zwischen Ursache und Wirkung Zeit verging; was bei der Schwerkraft der Fall zu sein schien. Wenn nichts schneller als das Licht sein konnte, musste es doch Zeit brauchen, bis die Masse eines Sterns auf die Masse eines anderen Sterns einwirkte, auf ein Objekt also, das sehr weit weg war. Am Ende des Universums womöglich sogar.

In Gedanken verloren, stapfte Schrödinger in die Wohnung im fünften Stock hoch. Die Vorfreude auf Einsteins Referat wurde von Sorgen um Felicie getrübt, die vor Kurzem von ihrer Mutter dazu gezwungen worden war, die Verlobung mit ihm zu lösen. Ein Freidenker und ziemlich mittelloser Wissenschaftler, noch dazu ohne das Wörtchen *von* vor dem Namen, ging einfach nicht an: einer, der wahrscheinlich nicht einmal an Gott glaubte. Wie sollte Frau von Krauss auch verstehen, dass der Geliebte der Tochter an etwas ganz anderes als nur einen Gott glaubte. Mathematik? Logik? Physik? Wissenschaft? In den blassblauen Augen der Baronin alles nicht viel mehr als ungeheuerliche Anmaßungen.

Er wäre sogar dazu bereit gewesen, seine Laufbahn als Physiker aufzugeben und in die Manufaktur des Vaters einzusteigen, um den finanziellen Ansprüchen der Familie von Krauss annähernd gerecht zu werden. Sein Vater, der seine Karriere als Chemiker für das Wachstuchgeschäft aufgegeben hatte, zweifelte nicht am Talent des Sohnes und beschwor ihn, auf keinen Fall denselben Fehler zu begehen wie er selbst in jungen Jahren. Felicie war nun aber bereits einem anderen Mann zugedacht, einem Baron und Leutnant der k.u.k österreichisch-ungarischen Armee.

Aus den Augen, aber noch lange nicht aus dem Sinn, dachte Schrödinger. Er schaute finster drein, während er die Tür aufsperrte. Die Mesalliance war abgewendet worden. Ein Beweis dafür immerhin, dass Vorurteile (wie im Falle der Baronin) und Wohlwollen (wie im Falle des Vaters) zum gleichen Ergebnis führen konnten. Dass das Veto der Eltern noch immer die Zukunft der Kinder determinieren konnte, hielt er für überholt, und dass es ausgerechnet Felicie und ihm passierte, für ein Ärgernis, das sich der Welt von gestern verdankte, die ihre verstaubten Privilegien mit einer Sturheit behauptete, die so gar nichts Wissenschaftliches an sich hatte. Felicie hatte am Ende den Mut und die Kraft nicht aufgebracht, sich mit ihm gegen die Tradition zu stellen, und war lieber in das fürsorgliche Gefängnis der Familie zurückgegangen, als mit ihm das Weite zu suchen. Er war wütend gewesen, ja, und wie, dann hilflos, dann traurig, so als wäre jemand gestorben, den er liebte.

Dann fing er sich wieder, in Gesprächen mit seinem Freund Fränzel vor allem, und warf sich mit der Kraft und dem Mut der Verzweiflung auf all jene Probleme, physikalische und biologische, die zur Zeit die Fachwelt umtrieben.

Die offiziellen Empfänge am kaiserlichen Hof und im Rathaus waren für den jungen Wissenschaftler vernachlässigbare Größen. Am Abend vor Einsteins Vortrag verschlug es ihn ins neue physikalische Institut, wo getanzt und gefeiert wurde. Ein lauer Abend Ende September. Nichts deutete auf den ersten Blick darauf hin, dass es Krieg geben könnte. Wer jedoch genau hinhörte und die Zeichen der Zeit zu deuten wusste, konnte durchaus auf Gedanken kommen.

Er war in diesen Tagen ganz bei Einsteins revolutionären Arbeiten, während aber seine rastlosen Augen bei jeder Gelegenheit immer noch nach Felicie Ausschau hielten. Insgeheim hatte er gehofft, sie würde das Institutsfest besuchen, und zwar aus denselben Gründen wie er. Nach einer Weile deprimierte ihn die Stimmung, das Tanzen, Trinken und Tratschen, was Felicies Abwesenheit nur noch zu verstärken schien, und er verließ betrübt das Fest.

Sie könne nicht anders, hatte sie bei ihrem letzten Treffen mit Tränen in den Augen gesagt. Er hatte sie angeschaut wie jemanden, den er vielleicht nie mehr sehen würde. Ihre Gestalt, ihre Bewegungen und ihr Gesicht. Und er hatte gespürt, dass egal war, was er jetzt noch sagen würde. Der Argumente seit Monaten überdrüssig, brachte er nicht mehr heraus, als dass er dann wohl auch nichts mehr tun könne.

Anstelle der Erleichterung, die ihm die Trennung von Lotte

irgendwann trotz allem bereitet hatte, befiel ihn eine Bestürzung, die ihn verfolgte wie ein Schatten. Noch so viele Spekulationen über die Phänomene der Röntgenstrahlen verschafften ihm keinerlei Durchblick im Dunkel seiner Gefühle. Es blieb ihm schließlich nichts anderes übrig, als sich am eigenen Schopf aus dem Sumpf zu ziehen, in den er auf Freiersfüßen geraten war. Er ersuchte um Asyl im Reich der Logik, Mathematik und Physik. Wie schwer es ihm noch lange fiel, die Geister Felicies von sich fernzuhalten, um sich auf anderes zu konzentrieren, ließ er sich kaum anmerken.

Am nächsten Morgen war er, um sich einen guten Platz zu sichern, einer der Ersten im Hörsaal. Ganz vorne Platz zu nehmen, was er zunächst versuchte, erschien ihm irgendwie zu aufdringlich; also setzte er sich in die hinteren Ränge. Schließlich war er doch, bei allem Respekt vor dem Vortragenden, kein unkritischer Jünger, sondern ein junger Kollege, dessen kritischer Verstand eine gewisse Distanz brauchte, um sich zu entfalten.

Im Nu füllte sich der Hörsaal mit drei Generationen von Wissenschaftlern und Journalisten. Die paar Frauen fielen unter den zahlreichen Bartträgern angenehm auf. Als würde ihre Anwesenheit dafür bürgen, dass es in der Folge nicht nur einigermaßen wissenschaftlich, sondern auch respektabel zuging.

Lise Meitner drängte, völlig außer Atem, als eine der Letzten in den Saal. Sie schaute sich suchend um, fand aber nur noch einen Stehplatz nahe beim Eingang. Vor das Bild Felicies, das sich ihm wieder einmal aufdrängte, schob sich zum Glück die Erscheinung der Studentin, die er vor Kurzem nach einer Vorlesung *(Schopenhauer und Reinkarnation)* kennengelernt hatte. Er fragte sich, wie die es wohl geschafft hatte, zu einer Einladung zu kommen. Als sich ihre Blicke, über die Menge hinweg, endlich kreuzten, fiel ihm ihr Name ein. Hieß sie nicht Maya?

Wie der Schleier über dem Urgrund, der den Blick auf die Welt trübt. Ihr Anblick ließ seine Erinnerung an den Kummer mit Felicie schwinden.

Pünktlich um neun Uhr betrat Einstein, eine schwarze Mappe unter dem Arm, mit einem gleichsam lächelnden Schnauzer das Podium. Getuschel wehte durch den Hörsaal. Das aber sofort erstarb, als Einstein seine Unterlagen ausbreitete, die Menge musterte, sich räusperte und das Wort ergriff.

Es dauerte, bis er den ersten Eindruck der Erscheinung Einsteins verarbeitet hatte. War das etwa eine Art Understatement? Oder, noch um einiges gefinkelter, gar so etwas wie Hybris, die sich als Understatement ausgab?

Nachdem er den Star der theoretischen Physik eingehend inspiziert hatte, kam er zum Schluss, dass man es hier mit einer äußerst seltenen und wohl auch seltsamen Mischung zu tun hatte: Bescheidenheit, gepaart mit kindlicher Neugier, verspielter Raffinesse und einem scharfen, freien und sehr konkreten Verstand. Als er die Augen schloss, um sich ganz auf den Vortrag zu konzentrieren, stellte er fest, dass Einsteins Stimme etwas zutiefst Menschliches innewohnte. Der Mann redete über Physik wie über etwas, das mit Humanismus zu tun hatte! Das war ebenso neu wie seine Art, die kosmische Wirklichkeit zu interpretieren.

Leicht gebeugt, die Hände auf dem Rücken, skizzierte Einstein die Konturen einer Theorie, welche die Phänomene des Elektromagnetismus *und* der Gravitation mit einem Satz von Formeln beschrieb. Er forderte Sparsamkeit in den Prämissen, gepaart mit Einfachheit und, nicht zu vergessen, Eleganz in den Folgerungen. Diese Idee einer großen *Theorie von fast Allem* erschien Schrödinger derart kühn, dass er, als er die Folgen für die Physik überdachte, sogleich eine Gänsehaut bekam.

Am Ende des Vortrags schlug Einstein, wie es sich für einen Wissenschaftler gehörte, ein Experiment vor. Eine konkrete Versuchsanordnung, um seine Thesen, die ja durch die Bank mit dem gesunden Menschenverstand kollidierten, zu untermauern.

Tatsächlich sei es ja so, behauptete er, dass die Schwerkraft auch Lichtstrahlen krümme, was Wellen der Zustimmung, aber auch der Ablehnung durch die Reihen des Hörsaals laufen ließ. Dass dies wirklich geschehe, könne aber nur die Beobachtung von Sternen zeigen, die der Sonne während einer Sonnenfinsternis sehr nahe kämen. Im nächsten Jahr schon könnte also anhand einer Sonnenfinsternis auch bewiesen werden, dass diese Ergebnisse nicht nur in den Gleichungen auftauchten!

Er selbst sei, schloss Einstein mit einem Lächeln, an dem Augen, Lachfalten, Mund und Schnurrbart beteiligt waren, von der Allgemeinen Relativität mittlerweile derart überzeugt, dass er sich von diesem Experiment nur mehr eine Bestätigung seiner Hypothesen erwarte.

Als hätte er sich bloß irgendwie auf das Podium verirrt, klemmte er sich seine Unterlagen unter den Arm und trat ab, ohne noch auf den Applaus zu warten, der nach Äonen respektvoller Stille zu einem Tosen anschwoll, in dem die Gegenstimmen untergingen.

Schrödinger überließ sich der Menge, die ihn aus dem Saal schob. Plötzlich fand er sich an der Seite Mayas wieder, die nichts dagegen hatte, noch mit ihm zu kommen, um etwas zu trinken. Das gelobte Land der Physik zu verlassen, um wieder im Alltag anzukommen, war an der Seite dieser Frau bestimmt nur halb so schlimm, dachte er. Dass sie einander wiedersähen, könne doch nur Zufall sein, sagte sie und hakte sich bei ihm unter, um sich über die belebte Straße führen zu lassen. Wenn man das wüsste, sagte er, was nun Zufall und was Schicksal sei, könnte man vieles ganz anders einschätzen.

Im Studentencafé gegenüber des Instituts ging es drunter und drüber. Man redete und diskutierte, von Tisch zu Tisch sogar, wild durcheinander. Über der Szene waberten Schwaden von Rauch, sodass sie bisweilen alles wie im Nebel wahrnahmen. Auch sie rauchten, tranken Kaffee und Wein und redeten über alles Mögliche. Maya schien ganz frei von den Konventionen, die wie ein Klotz am Bein Felicies gewesen waren. Von der Wissenschaft, gestand sie, verstand sie nicht viel, umso mehr aber von Literatur, Philosophie und Kunst; was ihn mindestens so sehr für sie einnahm wie ihre Erscheinung. Selbstbewusst, attraktiv und so schleierhaft, dass er nicht müde wurde, sie zu betrachten und sich Gedanken über sie zu machen. Über ihren Augen lag ein feuchter Film, in dem sich alles spiegelte. In ein paar Stunden wusste sie mehr über ihn, als Lotte und Felicie je hatten wissen wollen.

Und sie? Sie war der Liebling ihres Vaters, eines Künstlers, Mitglied der *Wiener Werkstätte*, und hätte, nach bereits zwei Schwestern, eigentlich ein Bub werden sollen; während er noch bis zu seinem fünften Geburtstag von der Mutter, Tante Rhoda und Minnie in Mädchenkleider gesteckt worden war. Es stellte sich heraus, dass ihr die Kunst des Zeichnens schon als Kind beigebracht worden war. Ihr Vater könne mit der Hand sehen, sagte sie, und werfe Skizzen aufs Papier, ohne hinzusehen. Je länger sie einander gegenübersaßen, redend, Worte, Blicke und Gesten riskierend, desto stärker wurde das Gefühl, dass sie einander bereits kannten. Aus einer andern Zeit, einem andern Leben vielleicht. Dass etwas derart Unwahrscheinliches möglich schien, machte es nur noch erstaunlicher.

»Sehen wir uns wieder?« Eine bloß rhetorische Frage, so hoffte er, während er sie noch stellte, lässig an die Laterne vor dem Café gelehnt. Sie hörte nicht auf, sich ihm zu nähern, immer näher und näher kam sie, bis er das Parfum auf ihrer Haut und ihren Atem roch. Einen Moment lang blitzte die Befürchtung in ihm auf, dass sie sich aus den Augen verlieren könnten.

»Das überlassen wir einfach dem Schicksal, was meinst du?« Sie ließ es zu, dass er sie in die Arme nahm und mit seiner lange gehegten Zuneigung bedrängte, die, was sie nicht wissen konnte, immer noch auch Felicie galt. Dann entwand sie sich ihm, stieg in die Straßenbahn und fuhr davon, ohne sich umzudrehen.

Obwohl er weder ihren ganzen Namen wusste noch ihre Adresse oder eine Telefonnummer, war er sich auf einmal sicher, wenngleich ohne jeden vernünftigen Grund, dass er sie bald wiedersehen würde. Die Sentenz eines Schriftstellers fiel ihm ein, als er ihr nachsah: *Lass es rutschen, rutschen bis an den Rand, was fällt, lass fallen, was aber bleibt, halte fest in der Hand!*

An diesem Abend gingen sie eine Verbindung ein, ähnlich lose und rätselhaft wie die zwischen den Elementen Sauerstoff und Wasserstoff. Sie trennten sich leicht, jedoch nur, um sich erneut immer wieder zu verbinden. Meist ließen sie es einfach darauf ankommen, ob, wie und an welchem Ort sich ein Wiedersehen ergab.

ALPBACH **AROSA** BERLIN DUBLIN DUINO GÖRZ GRAZ OXFORD PRINCETON SEMMERING WIEN ZÜRICH

Als nach Tagen und Nächten kein Schnee mehr fiel, war die Stille in den Bergen um Arosa vollkommen. Das Rauschen in seinem Kopf, das ihn geraume Zeit verfolgt hatte, war mit einem Mal weg: Frequenzen, die einander überlagert und die, so kam es ihm jetzt vor, etwas gestört hatten, das sich dahinter verbarg. Etwas Tiefes, Klares und Schönes. Ob dies nur ein Bild war, ein Begriff oder ein Satz von Formeln, konnte er aber noch nicht sagen.

Er genoss die Ruhe, die sich auf der Fahrt von Zürich bis hier herauf in ihm ausgebreitet hatte. Es tat gut, vor lästigen Verpflichtungen im Zentrum wegzufahren, um an der Peripherie bei sich und seinen Gedanken anzukommen. Am Grund seiner Unruhe lauerte etwas Rätselhaftes. Würde er es erkennen, fragte er sich immer öfter, wenn die Widersprüche, die ihn seit Jahren quälten, endlich zum Erliegen kämen?

Neun Monate war er hier oben gewesen, um sich bei einer Liegekur von einer Tuberkulose zu erholen, die seine Lungenspitzen befallen hatte. Was sich 1922 in der Abgeschiedenheit angekündigt hatte, wollte er jetzt, drei Jahre später, auf den Punkt bringen. Die Leidenschaft, die ihn mit der in Decken und Pelze gehüllten Gefährtin verband, mochte dazu beitragen, die in der Natur und seinem Geist verborgenen Rätsel zu befreien.

Als könnte Maya irgendwie spüren, was ihn beschäftigte, schälte sie sich auf einmal aus ihrem Kokon, blinzelte ins Licht und blickte ihn verschlafen und fragend an.

»Es schneit nicht mehr«, sagte sie nur, als er schwieg.

»Wir sind bald da«, sagte er, hustete, zog sie an sich und drückte ihr einen kalten Kuss auf die Wange.

Eine halbe Stunde später wollte der Fiaker vor der Villa Doktor Herwig halten, wo Schrödinger seine Krankheit auskuriert hatte. In einem Flügel dieser Villa war er damals mit seiner Frau Anny abgestiegen. Er gab dem Mann auf dem Kutschbock eine Adresse bekannt, die am anderen Ende des Ortes lag. Der entgegnete etwas auf Schwyzerdütsch und trieb die Pferde ein letztes Mal an. Er verstand bereits genug Alemannisch, um im Bild zu bleiben. Kollege Einstein, dessen Lehrstuhl an der ETH jetzt er innehatte, gebrauchte gerne Worte und Wendungen aus diesem Idiom, wenn er emotional wurde. Nichts, mit Ausnahme Mayas, beflügelte ihn in diesen Tagen, nach Monaten des Zauderns, mehr als die Vorstellung, dem kosmischen Puzzle, an dem Einstein arbeitete, ein Stück hinzuzufügen.

Schrödinger und der Fiaker trugen das Gepäck ins Haus. Das Trinkgeld nahm der Mann mit einem Blick in Empfang, in dem sich keine Dankbarkeit, dafür aber die Bereitschaft spiegelte, auf jeden Fall Diskretion walten zu lassen.

Er brachte einen Vorrat an Brennholz in die Stube und heizte nach, während Maya die Koffer auspackte. Mit wenigen Handgriffen verstand sie es, einem Raum eine persönliche Note zu geben. Seit Langem fragte sie sich wieder einmal, warum sie hier war: Diese Kinderfrage, die sie sich doch verboten hatte, um sich nicht der eigenen Vernunft ans Messer zu liefern, die ihre Gefühle in Stücke schneiden würde. Sie kannte ihn länger, als er verheiratet war, diesen ziemlich seltsamen und so überaus begabten Mann, der manchmal war wie ein Kind, raffiniert und unschuldig, und war ja mittlerweile selbst verheiratet, wenn auch mehr auf dem Papier als im Himmel, wo gute Ehen angeblich geschlossen wurden. Sie fragte sich, ob sie nur geheiratet hatte, weil er eine andere geheiratet hatte. Damals, nach dem Krieg, als sie einander, wieder einmal, aus den Augen verloren hatten. Sie haderte mit sich, weil sie, ihrem Mann und den Konventionen zuliebe, ihr Kunststudium und das Zeichnen aufgegeben hatte. Hier, in den Bergen, dachte sie, war vielleicht der richtige Ort, um wieder mit dem Zeichnen zu beginnen. Die Zeit war längst reif.

Die Hände in den Taschen und eine Zigarette im Mund, schritt er die Räume unten und im Stock ab. Das Haus war demnach größer, als es von draußen wirkte. In der dunklen, sehr kühlen, mit Vorräten bestückten Speisekammer verharrte er für Momente und schloss die Augen. Mit Mühe unterdrückte er einen Hustenreiz. Dieser Husten verfolgte ihn. Ob als Folge seiner chronischen Bronchitis oder übermäßigen Zigarettenkonsums, darauf wollte er sich nicht festlegen. Warum nicht beides? Aber was war die Ursache der Bronchitis, wenn nicht die Zigaretten? Womöglich das unstete Leben aus dem Koffer, das ihn dazu gezwungen hatte, sich innerhalb von zwei Jahren nacheinander in Jena, Stuttgart und Breslau niederzulassen, bis er endlich in Zürich Fuß fassen konnte.

Ein Schwindel erfasste ihn. Nichts Unangenehmes. Eher das Gefühl, sich hier in der Gesellschaft Mayas ganz fallen lassen zu können. Was Anny in Zürich machte, mochte er sich gar nicht vorstellen, obwohl er es sich denken konnte, und wenn er an Maya dachte, kam ihm sogar vor, es gehe ihn gar nichts mehr an. Etwas verbarg sich in seiner inneren Dämmerung. Er konnte es spüren, aber nicht sehen. Die Glut der Zigarette! Dieses Aufleuchten, wenn er einen Zug machte und der Sauerstoff die Hitze befeuerte. Bestand dieses Licht aus Teilchen oder aus Wellen? Warum nicht beides? Wie bei seinem Husten. Wäre das zu abwegig?

Er dachte an die Strahlung von schwarzen Körpern. Das

Lichtspektrum von Eisen, das erhitzt wird, verändert sich plötzlich, gemäß den Quantensprüngen in seinen Atomen. Bis er an Tuberkulose erkrankt war, hatte er diese Überzeugung noch geteilt, dann aber war der Verdacht in ihm gewachsen, dass *die elende Quantenspringerei*, wie Einstein das Phänomen nannte, nicht unbedingt der Weisheit letzter Schluss sein musste.

Die Glut fiel auf den Lehmboden der Speisekammer und erlosch. Maya rief nach ihm, mit dieser gewissen Stimme, die versprach, worauf er so große Lust hatte, seit sie aus Wien angereist war. Er möge doch kommen und sich das Schlafzimmer anschauen, das über den Kachelofen von der Stube aus so praktisch zu beheizen sei! Er lächelte im Dunkeln und stieg dann, in Gedanken versunken, über die an einigen Stellen knarrenden Stufen hoch.

Was sie brauchten, fanden sie in dem alten Blockhaus: Essen, Wärme, Ruhe, Schutz und Zweisamkeit. Der Bauer, dem das Haus gehörte, hatte dem Wunsch des Physikers entsprochen und eine Kiste erstklassigen Wein eingelagert. Maya kochte auf dem großen Tischherd Wiener Spezialitäten, die Erwin auf den Speisekarten in Zürich vergeblich gesucht hatte. Seit sie wieder mit dem Zeichnen begonnen hatte, hörte sie auf, infrage zu stellen, dass sie da war, an der Seite dieses Mannes, der die meiste Zeit über seinen Notizen brütete.

Wenn er ihr, eins seiner Notizbücher auf den Knien, von seinem Platz am Kachelofen aus beim Kochen oder Schreiben zusah, erwachte über kurz oder lang sein Begehren. Ihre Figur, pubertär fast, obwohl sie Mitte zwanzig war. Glattes, glänzendes Haar. Ein liebes Gesicht mit einem ironischen Zug um den Mund und diese Augen, über die sich oft ein rätselhafter Schleier legte. Und ihre Bereitschaft, sich auf alles Mögliche einzulassen, wenn es nur Freude und Lust versprach. Ihre Stimme sandte Frequenzen aus, die sonst den Sirenen vorbehalten waren.

Anny vermochte ihn schon lange nicht mehr in diesen Zustand vollkommener Leere zu versetzen, in dem alles möglich schien. In dieser Leere konnte sich jederzeit die Natur der Dinge zeigen. Dass Anny sich in einen Kollegen verliebt hatte, mochte auch damit zu tun haben, dass sie inzwischen mehr wusste, als er ahnte.

Je länger er da stand, vor dem Schlafzimmer, desto stärker wurde die erotische Gravitation, die von dem Raum hinter der kleinen und roh gezimmerten Tür ausging. Verflixte Komplementarität, dachte er und trat ins Zimmer, um beim Anblick Mayas jedoch sogleich von der physikalischen auf die physische Ebene zu wechseln.

Anny suchte in der Zürcher Clique an der Seite Weyls ihre Erfüllung; dessen Frau sich wiederum einen jungen Gefährten zugelegt hatte. Nicht bloß Vorlesungen über Farbenlehre, Gastheorie und Statistik, sondern auch Wanderungen, Picknicks und Poolpartys waren in diesen Tagen in Zürich angesagt. Während Hitler für einen Putschversuch in einem deutschen Gefängnis einsaß, diskutierten in Zürichs Cafés, Bädern und Tavernen Anarchisten, Wissenschaftler, Künstler und Reisende aus ganz Europa die Themen der Zeit.

Er machte zwar mit, wurde dabei aber das Gefühl nie los, sich damit vor etwas zu drücken, das niemand sonst zustande bringen konnte. Ließ er seine Möglichkeiten weiterhin ungenutzt, würde ihn die Zeit übergehen und jemand andern mit dieser Aufgabe beauftragen. Die Wahrheit drängte ans Licht, wenn die Zeit dafür reif war. Irgendein Medium fand sich dann schon, in dem sie sich ausdrücken konnte. Der um einiges jüngere Franzose Louis de Broglie hatte ja mit seinen letzten

Arbeiten ($\lambda = h/mv$), wie Einstein es formuliert hatte, immerhin *bereits eine Ecke des großen Schleiers gelüftet.*

Bis er sich entschlossen hatte, Maya einzuladen, ihn nach Arosa zu begleiten, und zwar inkognito, hatten ihn die Probleme der Quantenphysik in Unruhe versetzt. Diese Unruhe war überhaupt nur während einer der gelegentlichen Bergpartien auf den Uetliberg verschwunden. Bei Schönwetter und Sonnenaufgang konnte man vom Hausberg der Zürcher aus beobachten, wie, einer nach dem andern, die Gipfel von Eiger, Mönch und Jungfrau ins Licht des Tages traten. In diesen Augenblicken war er sich gewiss, dass das Licht der Erkenntnis bald auch sein noch im Dunkeln liegendes Problem erhellen würde.

ALPBACH **AROSA** BERLIN DUBLIN DUINO GÖRZ GRAZ OXFORD PRINCETON SEMMERING WIEN ZÜRICH

Hier oben gab die Natur den Rhythmus der Tage vor. Sie standen mit der Sonne auf und gingen früh zu Bett.

War Maya nicht mit Aufräumen, Kochen oder Zeichnen beschäftigt, pflegte sie ihren Körper oder las *Die Welt als Wille und Vorstellung* von Schopenhauer. Ein paar Mal staffelte sie mit ihm den Hang hinter der Hütte hoch. Obwohl sie sehr sportlich war, war sie das Abfahren im Tiefschnee nicht gewohnt. Nachdem Erwin sie zum dritten Mal ausgebuddelt und ihr auf die zittrigen Beine geholfen hatte, gab sie es entnervt auf.

Er sorgte dafür, dass Brennholz im Haus war und das Feuer nicht ausging. Bevor er sich seinem Notizbuch widmete, wusch er immer noch das Geschirr ab. Dabei, sagte er einmal, als sie ihm zuvorkommen wollte, könne er sich gut auf die mathematischen Probleme einstimmen, die ihm noch Sorgen bereiteten. Wenn er beim Kachelofen hockte, um an seiner Theorie zu feilen, steckte er sich Perlen in die Ohren, um von nichts und niemandem abgelenkt zu werden.

Die Konzentration verwandelte ihn. Dieser Mann kam Maya irgendwie fremd vor. Entrückt. Unnahbar. Beinah unwirklich. In solchen Momenten zweifelte sie an den sinnlichen Erfahrungen, die sie schon überall im Haus geteilt hatten. Im Bett, auf dem Tisch der Stube, im Keller sogar, wo der von Hand beheizbare Ofen mit dem verbeulten Boiler stand. Versuchte sie, seinen Blick einzufangen, wenn er von seinen Notizen aufsah, scheiterte sie meist an den Spiegelungen seiner Brillengläser. Dieser Blick war erschreckend klar, fast leer und unendlich weit weg.

Nach der Arbeit wollte er immer sehen, was sie gezeichnet hatte. Sie verstehe es, sagte er einmal, als sie ihm Zeichnungen zeigte, die ihn selbst darstellten, mit ein paar scharfen Strichen das Nichts zu beleben. Über seine Arbeit sprach er so gut wie nie, und wenn überhaupt, dann in Andeutungen und Scherzen. Sie wusste, dass es nur wenige Fachleute gab, die in der Lage waren, ihm in die letzten Winkel seiner Überlegungen hinein zu folgen.

»Was hältst du von dieser Metaphysik?« Er brachte einen Schwall Kälte von draußen mit herein. Ließ einen Haufen Scheiter von seinen Armen in die Holzkiste neben dem Herd rumpeln und sah sie an.

Sie legte ihr Lesezeichen zwischen die Seiten, klappte den Band zu und stand auf, um das Weihnachtsessen auf den Tisch zu bringen: Rindssuppe, Truthahn mit Kastanien und Semmelknödel. Zum Nachtisch würde es mit Marmelade und Nüssen gefüllte Äpfel aus dem Backrohr geben. Er machte sich daran, ein Flasche Wein zu öffnen. Zweifellos eine Aufgabe, die er mit derselben Gewissenhaftigkeit erledigte wie sonst seine physikalischen Experimente.

»Ich mag, was Schopenhauer schreibt, wie er denkt und wie er es ausdrückt«, sagte sie, »aber ich kann beim besten Willen nicht verstehen, welches Problem er mit den Frauen hatte.«

»Kein großer Geist ohne einen großen Schatten.« Er hob den Korken wie in Zeitlupe aus der Flasche. »Mit Hegel und den Frauen ist Schopenhauer nicht so gut zurechtgekommen.« Geräuschlos öffnete er den Rotwein und schnüffelte zufrieden am Kork. »Was Hegel angeht, kann ich ihn ja verstehen. Aber die Frauen?« Er selbst war als Kind von mehreren Frauen umsorgt worden, die das kleine Genie gebührend verwöhnt hatten. Er zog Maya an sich, als sie zum Backrohr wollte, um den Zustand des Puters zu prüfen. Mit gespielter Entrüstung entwand sie sich dem Zugriff.

»Mir gefällt, was er über Tiere schreibt. Meines Wissens ist er einer der ersten Denker, der derart für die Rechte der Tiere eintritt«, sagte sie, wich vor dem Dampf aus dem Rohr zurück und stach den Vogel mit einer Gabel an. Er war fast gar. Der Duft des Bratens zog durch die warme Stube.

»Jaja, die Tierliebe und der Weihnachtsbraten«, erwiderte er, goss Wein in ein Wasserglas, andere Gläser gab es hier nicht, und ließ die rubinrote Flüssigkeit kreisen. Er hielt sie gegen das weiße Licht des Gasglühstrumpfs und studierte sie von allen Seiten wie eine chemische Probe.

»Fleisch zu essen schließt nicht aus, die Tiere bis zu ihrem Tod anständig zu behandeln«, sagte sie und begann den Tisch zu decken.

»Alles, was da kreucht und fleucht«, sagte er, »ist es wert, anständig behandelt zu werden, weil nichts auf Dauer ohne das andere existieren kann. Was hat den guten Schopenhauer in puncto Frauen wohl mit einer solchen Ignoranz geschlagen?«

»Seine Mutter war viel mit Goethe zusammen«, sagte sie, »und hat den kleinen Arthur immer wieder dem Vater überlassen, der ihn auf Geschäftsreisen durch halb Europa mitnahm. Auf einer dieser Reisen soll das Kind eine Hinrichtung gesehen haben, worüber er sich später immer nur mit Abscheu geäußert hat. Vielleicht hat er sich von seiner Mutter im Stich gelassen gefühlt, zum Teil aber verdankt sich diese Misogynie wohl auch dem Zeitgeist.«

»Nobody is perfect, wie es heißt.« Er, der aufgrund seiner Verwandtschaft in England zweisprachig erzogen worden war, deutete damit auch an, dass er sich lieber der Suppe widmen würde als noch länger den Neurosen Schopenhauers.

Später kam Maya auf eine Überlieferung aus den *Upanischaden* zu sprechen. Obwohl er Naturwissenschaftler war, stand er diesen Lehren, die eine Einheit alles Seienden behaupteten, so nahe wie der Philosoph Schopenhauer. Der im Westen oft mit Gewalt verfolgte Glaube an die Wiedergeburt hatte im Laufe der Zeit viele Anhänger gefunden: Pythagoräer, Kabbalisten, Empedokles, ja sogar Christen und Mohammedaner. Und war nicht selbst Jesus von den Toten auferstanden?

»Die Seelenwanderung, die unter physikalischen Gesichtspunkten kaum Sinn macht«, sagte sie in Erwartung einer Erwiderung.

»Das würde ich nicht sagen«, widersprach er. Mit vom Essen, vom Wein und von der Debatte rotem Gesicht und zu lauter Stimme verteidigte er seine Sicht der Dinge. Diese Leute ohne Eigenschaften, sagte er, seien doch nicht einmal in der Lage gewesen, die Katastrophe des großen Krieges zu verhindern!

»Aber was hat das, was du jeden Tag in dein Notizbuch schreibst, mit all dem zu tun? Formeln und Gleichungen.«

Sein Nachdenken schien die Zeit in der Hütte zum Stillstand zu bringen. Die Finsternis draußen war ein Schweigen für sich. Und bald würden, der Überlieferung zufolge, die Tiere in den Ställen zu sprechen beginnen.

Wie aus dem Nichts irritierten die Schläge der Pendeluhr an der Wand das Kontinuum der Zeit in der Stube. Er schaute nach der Uhr und konnte seinen Blick nicht mehr abwenden. Maya sah, wie er immer mehr in sich zusammensackte. Als würden die Schläge dieser Uhr ihn ganz persönlich treffen. Auf einmal legte sich eine unsägliche Trauer über sein Gesicht. Sie war Zeugin einer Veränderung, wie sie hier oben sonst nur dem Wetter vorbehalten war.

Es dauerte eine Weile, bis er seine Sprache wiederfand. Inzwischen räumte sie den Tisch ab, schenkte Wein nach und brachte Kekse.

»Ich mache mir ganz unterschiedliche Notizen.«

Der Mann erwachte also wieder zum Leben.

»Wie meinst du das?«

»In erster Linie will ich herausfinden, *wie* Materie wirklich beschaffen ist. Wie sich Energie von Elektronen verhält und im Raum eines Atoms mit der Zeit verteilt. Und zwar nicht nur abstrakt, wie Heisenberg, sondern wirklich. Ich will verstehen, wie man einander durchdringende Wellen darstellen kann.« Er verstummte, starrte in eine Ferne, in die sie ihm nicht zu folgen vermochte. Alles scheine aus Wellen zu bestehen, sagte er, und Teilchen seien wohl nichts anderes als jene Orte, an denen Wellen sich in großer Dichte überlagern.

»So«, sagte sie nur. »Und in zweiter Linie?«

Ihre Frage provozierte in ihm nur eine Vorstellung jenes roten Fadens, den er mittlerweile verloren hatte. Er gab sich einen Ruck, als ihm einfiel, was er noch hatte sagen wollen. Er mache sich Gedanken und auch Notizen darüber, wie und was das Lebendige sei, im physikalischen und biologischen Sinn. Skeptisch knabberte er ein Kipferl an, bevor er es sich in den Mund steckte. Er denke nicht dauernd nur über Probleme der Physik im Sinne Boltzmanns, Machs und Einsteins nach, sondern auch darüber, wie das Leben funktioniere.

Sie mochte es, wenn er sich öffnete und auch über seine andere Arbeit redete, was er selten tat. Und trotzdem wurde sie das Gefühl nicht los, dass er sich damit vor etwas drückte. Die Uhr an der Wand hatte es ihm in Erinnerung gerufen.

Vielleicht lag es am vielen Wein, möglicherweise auch am Flüstern der Tiere in den Ställen der Bauern ringsum, wahrscheinlich aber an seinem Vater, der vor sechs Jahren am Weihnachtsabend verstorben war. Ohne ihr Zutun kam er, nachdem die Uhr Mitternacht geschlagen hatte, auf den Tod des Vaters zu sprechen.

Er nehme es mit der Schuld im Leben nicht so genau wie die Eiferer, sagte er, trotzdem quäle er sich seit damals mit Selbstvorwürfen, und das Gefühl, den Vater in seinen letzten Monaten im Stich gelassen zu haben, verfolge ihn wie ein Schatten. Den geliebten Vater, der ihn auch in Zeiten großer materieller Not nach dem Krieg immer darin bestärkt habe, der Physik treu zu bleiben, weil er selbst seinerzeit eine wissenschaftliche Karriere, wenn auch der Familie zuliebe, dem Geschäft und dem Geld geopfert habe: dem Mammon, der aber dann, Ironie des Schicksals, wiederum der Inflation zum Opfer gefallen sei. Diesem Vater, der in ihm schon als Kind die Begeisterung für das Wandern und Botanisieren, für Chemie, Phylogenetik und die Theorie Darwins geweckt habe, habe er, der Sohn, als es darauf angekommen sei, nicht viel zurückgeben können. Gleichgültig gegen die Misere des Individuums laufe die Zeit nach den Gesetzen der Thermodynamik in nur eine Richtung ab und lasse sich nicht umkehren! Er hielt inne. Stimmte überhaupt, was er da im Überschwang der Gefühle unter dem Einfluss von Alkohol behauptete?

»Im Großen und Ganzen«, fuhr er schließlich fort. Im ganz Kleinen zeige der Zeitpfeil aber möglicherweise in beide Richtungen. Horribile dictu! In die Zukunft *und* in die Vergangenheit. Was naturgemäß bedeuten könne, dass unser Konzept der Zeit nicht viel mehr sei als eine menschliche Illusion.

Nun wurde sie Zeugin eines anderen Prozesses. Wie nämlich der Drang eines Menschen nach Erkenntnis (oder war es ein Zwang?) sich gegen ein tiefes Gefühl der Trauer behauptete. Sie spürte, wie sehr er das jetzt brauchte, und ließ ihn reden, bis auch seine Sätze, wie der Pfeil der Zeit im Mikrokosmos, zwischen Vergangenheit und Zukunft oszillierten. Das Haar hing ihm in Strähnen über Stirn, Brille und Blick, die Zunge kämpfte mit der Schwerkraft, und seine Bewegungen erzählten etwas ganz anderes als er.

Nachdem noch eine Flasche geleert war, brachte sie ihn ins Schlafzimmer. Sie stützte ihn über die steile Stiege nach oben, wobei er immer wieder versuchte, sie zu küssen. Als sein Kopf endlich ins Kissen fiel, schlief er schon. Um ihn auszuziehen, musste sie eine Menge Kraft aufbringen. Wie konnte ein so schmächtiger Mann nur so schwer sein!

Sie hielten sich von jeder Ablenkung fern. Mieden die Gassen des Zentrums, die Cafés, Wirtshäuser und andere Orte, an denen sich das gesellschaftliche Leben bemerkbar machte. Das Wetter in diesen Tagen, ein konstantes, kaltes, trockenes Blau, motivierte ihn zu langen Ausflügen in die Umgebung. Das Klima hier oben tat ihm gut, und bald verschwand sein lästiger Husten. Wenn er nach Sonnenaufgang aus einem der winzigen Fenster des Schlafzimmers schaute, stand da der Gipfel des Weisshorns wie ein Zeichen der Ewigkeit in der flüchtigen Zeit.

Manchmal fuhr er Ski oder stapfte einfach durch die Gegend, während sie in der Hütte blieb und zeichnete. Von nichts und niemandem abgelenkt, konnte er sich gut konzentrieren. Wohin er auch schaute, bald schon fiel sein Blick auf etwas in der Natur, das ihn zum Denken zwang. Die Metamorphosen des Wassers versetzten ihn immer wieder in Erstaunen. Wie sich Schnee unter Druck in Eis verwandelt, das in der Mittagssonne schmilzt, um sich dann als Dunst in die Luft zu erheben, oder ganz einfach wieder zu gefrieren. So offensichtlich dieser Vorgang war, so geheimnisvoll war er auch. Wasser? Je mehr er darüber wusste, umso rätselhafter erschien ihm das Element.

Die Durchdringung der Natur mit den Mitteln der Physik und Mathematik störte in seinen Augen die Schönheit der Natur keineswegs. Diese Attraktivität, dachte er, besteht vielmehr aus den Gesetzen, die sich den Sinnen entziehen, als aus den sich wandelnden Erscheinungen. Solche Rätsel konnte nur jemand lösen, der auch zwischen den Dingen zu lesen verstand. Idylliker, die sentimental vor der Natur standen, erbebten ja im Grunde vor etwas, das gar nicht sichtbar war. Vor Kräften und Energien, Symmetrien und Emergenzen. Doch was verbarg sich hinter diesen Begriffen? Was dirigierte das ominöse Walten der verborgenen Gesetzmäßigkeiten wirklich?

Seit er mit Maya in den Bergen war, nahm er überall Wellen wahr. Sein Geist, der selbst aus Wellen bestand, wie er vermutete, war außer sich und fahndete nach Analogien. Die Wellen des kalten Windes auf seiner Haut. Die Wellen der weißen Baumwipfel, wenn eine starke Bö darüber hinfuhr. Wellen von Übelkeit, die ihn nach dem vielen Wein am Christtag geplagt hatten. Jene Wellen der Erregung, die durch Mayas Körper zuckten, wenn sie kam. Sodass sie sich zu einer Welle aufbäumte, die sich sukzessive ausbreiten wollte, während er seine Energie in einer Überlagerung von unzähligen Wellen in sie hinein verströmte: Wellen, die sich zu einem Kamm formierten, um schließlich in einem Punkt zu kulminieren; und dann wiederum in Form von Wellen zu verebben. Wellen transportierten Informationen, während sie selbst stillstanden. Existieren sie, hatte er sich bei so manchem Blick auf die bewegte Oberfläche eines Meeres bereits gefragt, vielleicht überhaupt nur als eine Art Form der Natur?

Über die Hügel streunend zeichnete er Linien in die Landschaft, die Wellen glichen. Das Auf und Ab beim Gehen im Tiefschnee und der gleichmäßig fließende Atem in der Kälte machten es sogar sichtbar. Wenn er Leute traf, war er freundlich, doch kurz angebunden. Die Bauern waren in der Regel sehr wortkarg, lüpften nur ihre Hüte, wenn sie ihm begegneten, hoben die Hand zum Gruß und wunderten sich über den Sonderling, der hier durch den Winter stapfte wie niemand sonst. Ohne Ziel und Zweck, scheinbar. Sie selbst bewegten sich von A nach B, um zu arbeiten, vielleicht noch, um sonntags in die Kirche zu gelangen. Bewegung an sich war in ihren Augen nutzlos, wertlos und also auch sinnlos. Dabei bestand das Universum aus nichts als Bewegung. Zeit war nur eine Eigenschaft dieser Bewegung. Sogar im Inneren der stabilen Materie brodelte es, wie sich immer mehr zeigte. Dass auch er arbeitete, der Herr Professor, wenn er, in Selbstgespräche vertieft, durch die Gegend streifte, entging ihnen.

Die Jagd nach Erkenntnis konnte auch gefährlich werden, wenn die Spannung bis zum Zerreißen stieg. Einige waren ihr bereits zum Opfer gefallen. Auch Ludwig Boltzmann, der sich in Duino das Leben genommen hatte. Dieses Denken hinterließ aber nicht nur Spuren in den Köpfen der Denker, sondern auch konkrete Wege in der Welt: Wege, die an jene Orte führten, wo noch nie jemand gewesen war. Wege in Abgründe, doch auch auf Höhen und Gipfel mit wunderbaren Aussichten.

Waren die Menschen frei, fragte er sich bisweilen, selbst zu entscheiden, wohin sie wollten? Dann wäre er wohl nicht vor zehn Jahren gegen seinen Willen in diesen sinnlosen Krieg gezwungen worden.

ALPBACH AROSA BERLIN DUBLIN DUINO **GÖRZ** GRAZ OXFORD PRINCETON SEMMERING WIEN ZÜRICH

Noch immer tönten die Schlachten am Isonzo in ihm nach. In jenen Nächten vor allem, wenn er kaum Schlaf fand, durch die Zeit reiste oder von ihr heimgesucht wurde.

Beim Kampf um Görz hatte er eine Marinebatterie befehligt. Der Lärm der Geschütze an der Front blieb in seinem Kopf gespeichert: das Pfeifen der Granaten. Bald wettete er darauf, wo sie einschlagen würden. Wetten gegen den Tod. Wetten gegen sich selbst und gegen den Zufall, um all dem einen Sinn abzupressen.

Abertausende fielen dem Wahn von einem gerechten Krieg zum Opfer, dem Kampf für ein Reich, das es womöglich gar nie wirklich gegeben hatte. Es trottelt halt weiter, kannst nix machen. Scheußlich! Das schrieb er in diesen Tagen in sein Notizbuch. Im malerischen Ort Prosecco, in den Hügeln des Karsts, wo der Blick über den Golf von Triest nicht mit der Aussicht auf ein langes Leben harmonierte.

Das Leben eines jeden wurde ganz von der Maschinerie in Besitz genommen. Tag für Tag und Stunde für Stunde bekamen sie es Stück für Stück zurück. Splitter. Fetzen. Amputate. Ihr Leben wurde schließlich so irreal, dass es ihn kaum erstaunt hätte, wenn es plötzlich verschwunden wäre. Damals erwachte der Verdacht in ihm, dass sich der Code eines Bewusstseins nach dem Tod erneut formieren könnte. Zu einer andern Zeit an einem andern Ort. Um sich vom großen Sterben abzulenken, überschlug er, wie wahrscheinlich das war. Diese Grübeleien verliehen ihm eine Aura der Unverletzlichkeit.

Das Fleisch der Rationen im endlosen Endkampf bestand zum Teil aus Maden, so wie die Körper der Soldaten, über die sie auf Schritt und Tritt stolperten, wenn sie nicht aufpassten, was die Generalität zu der Feststellung veranlasste, Proteine seien in dieser Situation ohnehin das Beste, was man bekommen könne.

Es trottelte weiter, bis es seinen Lehrer Fritz Hasenöhrl das Leben kostete, der ihn seinerzeit, neben Einstein und Boltzmann, zum Studium der Physik verführt hatte. Ein theoretischer Physiker, dem die Folgen der Äquivalenz von Masse und Energie um ein Haar vor Einstein eingeleuchtet hätten.

Eines Tages begann er, an der Peripherie des Geschehens, die Ausbreitung von Druckwellen zu berechnen, die Menschen durch die Luft wirbelten wie Puppen. Was Christian Doppler Jahrzehnte vor ihm über die Frequenz von Licht herausgefunden hatte, studierte er anhand der Schallwellen von Granaten, die davon kündeten, wie nahe der Tod war. In den Kampfpausen hielt er sich abseits und füllte Seite um Seite seiner Notizbücher mit Überlegungen zur Relativitätstheorie.

Irgendwann konnte er sich kaum noch vorstellen, wer und was der Feind war. Je länger der Krieg dauerte, umso mehr Vorstellungen zerrannen zu verschmierten Bildern: Aquarelle, auf denen nicht mehr viel zu erkennen war. Seine nächtlichen Visionen ähnelten immer mehr der von Geschossen zerpflügten und mit Leichen gedüngten Landschaft, in die sie starrten, bis sie nicht mehr wussten, wo sie waren. Das Inferno ließ die Welt zu einem trostlosen Ort schrumpfen. Schlamm. Kälte. Nässe. Und Tod. Und dieser Geruch nach Menschenfleisch, der über allem lag und jeden Gedanken zu ersticken drohte.

Blieb die Flucht durch Raum und Zeit. Die Fahrkarten für diese Ausflüge löste er in seinem Kopf. Wo die Abwesenheit

Gottes noch für die letzten Gläubigen ruchbar wurde, suchte er Trost in der Vorstellung, dass alles sich in Verwandlung befand, um irgendwann andernorts anders wieder in Erscheinung zu treten. Wo alles hässlich war, suchte er nach der Schönheit einer Theorie. Wo fast alles falsch war, jedes Wort, jede Handlung, jede Hoffnung, wollte er etwas Wahres entdecken. Die Dummheit der Situation, in der sie sich befanden, wurde erträglicher, wenn er seinen Willen auf eine andere Wellenlänge einstellte als die des Kämpfens.

Rare Momente absoluter Stille.

Nachts, wenn der geschäftige Tod schlief, vom Handwerk erschöpft, kamen sie zu ihm: Felicie, Ella, Maya und Lotte. Damals hatte er es nicht vermocht, den Knoten der kindlichen Erotik zu lösen, der das Mädchen umfing. Er wurde ja selbst fast zum Kind, an der *Hand der Albernen*, wie er im Tagebuch notierte. Wieder und wieder hingehalten, verlor er sich an das kindliche Sehnen, bis ihn die reifere Ella aus diesem Dilemma erlöste. Mittlerweile hatte er andere Frauen gehabt, doch dieses Verlangen ließ ihn nicht los und verfolgte ihn bis nach Görz in seine Tagträume, Träume und Albträume hinein. Träume vom Gelingen der ersten Liebe.

Maya aber, die ihm kaum je etwas schuldig geblieben war, stand ihm immer wieder bei. Wo mochte sie nun sein? Wenn die Feldpost sie in Wien nicht erreichte, war sie vielleicht in der Provinz bei Verwandten, wo die Not noch nicht so groß war wie in der Hauptstadt. Er hatte lange nichts mehr von ihr gehört. Ihre Postkarten, die ihm Mut gemacht hatten, Botschaften aus einer anderen Welt mit mikroskopischen Zeichnungen, die nur er verstand, waren irgendwann ausgeblieben. Sie ist es, dachte er immer öfter, die mir hier Halt und Hoffnung gibt, an diesem Unort, im Schlund des Orkus. Wenn alles nur noch sinnlos war, entführte ihn die Erinnerung an Maya an einen besseren Ort, in eine bessere Zeit.

Aber Lotte, die Halbwüchsige, ein Geschöpf wie ein physikalisches Problem, war nie zur rechten Zeit am richtigen Ort gewesen. Sie ließ sich einfach nicht in sein Verlangen nach Symmetrie integrieren, noch nicht einmal nach Jahren. Dass sie ihm immer wieder in den Sinn kam, nachdem er sie schon aus den Augen verloren hatte, zwang ihn dazu, sich einzugestehen, dass ihnen nichts geglückt war; obwohl sie sich eine Zeit lang sehr nahe gewesen waren. Je mehr er dem nachhing, in der gefährlichen Stille zwischen zwei Angriffen, umso eher war er bereit, sich damit abzufinden, dass sie einem Missverständnis aufgesessen waren: falschen Vorstellungen vom je andern, die sich so hartnäckig hielten, weil sie von einer starken Sehnsucht nach dem Idealen angetrieben wurden.

Mitunter fragte er sich, ob es noch andere Welten gab, wo alles restlos aufging: Wirklichkeiten auf anderen Wellenlängen, die von unseren Messungen nicht erfasst wurden. Wie sich der Mikrokosmos verhielt, je tiefer man in ihn eindrang, war auch das nicht ganz auszuschließen.

Vielleicht, dachte er in einem Moment entsetzlicher Ruhe, der dem Einschlag einer Granate vorausging, hätte er, und zwar gegen den Willen ihrer Familie, Felicie doch heiraten sollen, um das Gespenst namens Lotte endgültig zu vertreiben. Jene bezaubernde Felicie, auf die er schon als junger Mann auf Kinderfesten aufgepasst hatte, in deren Nähe alles immer ganz einfach und selbstverständlich erschienen war. Die ihm das Gefühl vermittelt hatte, an ihrer Seite wäre ein Leben möglich, das nach Gesetzen verlief, die ähnlich dauerhaft waren wie mathematische Axiome. Der Krieg hatte diese Ansprüche mittlerweile ad absurdum geführt, und manchmal dachte er sogar, dass es gerade diese Vermessenheit gewesen war, die dafür gesorgt hatte, dass er sich hier wiederfand. Inmitten von Dreck, Tod und Verzweiflung. Auf der anderen Seite dieser fehlerhaften Gleichung. Ihm fiel ein, wie die ganze Welt auf die Dimension eines gemütlichen Zimmers schrumpfte, wenn sie nur da war. Ihr liebes, zufriedenes und, das konnte er hier nicht länger ignorieren, auch etwas leeres Wesen, das sich einer Selbstbeschränkung verdankte, die ihm bei aller Zuneigung nie ganz geheuer war. Felicie, deren so dünkelhafte Mutter allerdings den weder adligen noch vermögenden Physiker für eine unmögliche Partie gehalten hatte.

Er lachte ein Lachen, das in einem Hustenanfall kulminierte. Andere, überall um ihn her, schreckten aus ihrem seichten Schlaf hoch. Wie eine Welle lief nun die Unruhe durch die Baracke und verebbte wieder. Ein paar Kameraden stimmten in seinen Husten ein.

Um sich abzulenken fragte er sich, wie es nach dem Krieg weitergehen würde. Ob es ihm gelingen würde, an dem neuen Weltbild mitzuwirken, das Einstein in Angriff genommen hatte. Aber um in diesen Dingen überhaupt etwas zu unternehmen, musste er erst das hier überleben, und die Wahrscheinlichkeit dafür war nicht eben berauschend. Plötzlich erinnerte er sich daran, dass hier ganz in der Nähe, im malerischen Duino, wo er vor einigen Jahren gewesen war, Ludwig Boltzmann sein Leben gelassen hatte.

ALPBACH AROSA BERLIN DUBLIN **DUINO** GÖRZ GRAZ OXFORD PRINCETON SEMMERING WIEN ZÜRICH

Die Reise nach dem Süden trat der angehende Student wie ein Tourist an. Dem Kommilitonen und Freund Fränzel gegenüber hatte er nur das Bedürfnis nach Sonne, Luft und Meer, aber weder das wahre Motiv noch auch nur das Ziel der Reise erwähnt. Dabei waren in letzter Zeit Dinge passiert, die einen jungen Mann, wie er einer war, schon in die Flucht schlagen konnten. Einen Suchenden, Liebenden und Zweifelnden.

Die Suche nach einem Lehrer, bei dem er in den kommenden Jahren studieren wollte, war kurz vor dem Ziel gescheitert. Boltzmann hatte sich umgebracht und ihm damit fast jede Hoffnung genommen. Fragen über Fragen befielen ihn und ließen ihn nicht mehr los. Was hatte einen solchen Mann dazu bringen können, sich das Leben zu nehmen? Einfach so. Wie hatte es überhaupt so weit kommen können? Boten die Sphären der Wissenschaft keinen Schutz vor einem solchen Ende? In Wien waren ja jede Menge Gerüchte in Umlauf. Dort waren zu viele der Meinung, dass man sich ohnehin immer zu spät umbrachte. Eine solche Morbidität widerte ihn an. Wenn ein Mann wie Boltzmann den Tod wählte, dann gab es bestimmt andere, die sich etwas vorzuwerfen hatten.

Sein Verhältnis mit Ella hatte er unter dem Vorwand beendet, nach England reisen zu müssen, um Verwandte der Mutter zu besuchen. Nachdem sie die meiste Zeit miteinander im Bett verbracht hatten, verrückt vor Lust, war es so ansatzlos zu Ende gegangen, wie es auf einem Fest beim Kommilitonen Salpeter begonnen hatte: eine Art Feuerwerk, das eine Kettenreaktion auslöste, die einfach ablief, ohne von ihnen kontrolliert werden zu können. Es prasselte, zischte, leuchtete in allen Farben, verpuffte und erlosch. Aschefetzen gaukelten noch eine Zeit lang durch die Luft, die der raue Wind des Alltags schließlich verblies, und es blieb dieses Gefühl der Trauer, der Leere und des Staunens, das ihn manchmal noch immer daran zweifeln ließ, ob das mit Ella überhaupt wirklich gewesen war.

Er wusste nicht warum, aber er wollte nicht, dass jemand mitbekam, wohin er wollte. Das Gefühl, den Spuren seiner Enttäuschung zu folgen, ohne etwas erklären zu müssen, setzte Kräfte frei, die sich den Zweifeln an seiner Zukunft widersetzten.

Er war allein im Coupé und hatte das Fenster geöffnet. Eine Brise trocknete den Schweiß auf seiner Stirn. Es roch nach Meer und den Kräutern, die überall auf den Hängen zur See hin wucherten. Bald würde er in Triest sein. Von dort müsste er einen Zug zurück nehmen, der dann auch in Duino hielt, das nun linkerhand an ihm vorbeizog.

Der Golf von Triest spiegelte das Blau des Himmels wider. Die Ebbe zog das Meer glatt wie ein Tuch. Weit draußen auf dem Horizont lastete ein Kriegsschiff. Träg. Dunkel. Und unbeweglich. Wie eine Bedrohung aus der Zukunft. Er wunderte sich, dass es nicht einfach versank. Ganz im Gegensatz zu den weißen Tupfern der Segelboote, die über die blaue Fläche zu schweben schienen. Schloss Miramare war eine Krone aus hellem Stein über dem Meer. Die hohen Fenster funkelten im klaren Licht dieses Tages wie Brillanten.

In Triest hieß es mehr als zwei Stunden auf den Zug nach Duino warten. Er schlenderte durch den Park vor dem Bahnhof. Dann setzte er sich vor eine Bar und bestellte Kaffee und Sandwich.

»Un caffè macchiato e un panino al prosciutto per favore.« Er ließ sich die simple Bestellung förmlich auf der Zunge zergehen. Es tat gut, die Worte der fremden Sprache zu gebrauchen, mochte seine Aussprache den Cameriere auch schmunzeln machen. Er aß, weil er essen musste, und schlürfte den Kaffee. Bisweilen fragte er sich, ob er mit Ella nun nachgeholt hatte, was ihm Lotte vor Jahren vorenthalten hatte. Dann schaute er sich verloren um. Andere Menschen, Worte, Mienen und, das war kaum zu übersehen, wenn er Begegnungen auf der Straße verfolgte, auch ein ganz anderer Habitus.

Das Fremde lenkte ihn von der Verstörung ab, die ihn seit der Nachricht vom Tod des Professors umtrieb. Hier war er Boltzmanns Ende viel näher als in Wien, und dennoch lastete es an diesem Ort weniger schwer auf ihm. War der Professor erst hier, in der Fremde, frei genug gewesen, endlich zu tun, wozu er sich zu Hause nicht hatte überwinden können? Sich von jener Krankheit zu kurieren, und zwar mit letzter Konsequenz, die er sich im Laufe seines Lebens im geistigen Klima Wiens geholt hatte. Eine Erkrankung der Psyche mit etwa folgenden Symptomen: Trägheit, Willensschwäche, Zynismus, Selbstzweifel, Selbsthass und Selbstmitleid. Anekdoten und Überlieferungen wussten allerdings, dass der Professor in jungen Jahren und noch lange danach ein ganz anderer gewesen war. Ein Wiener, der jedoch, eigenen Angaben zufolge, nur in seiner Grazer Zeit richtig glücklich gewesen war. Ein Realist voll Lebenslust, der jene Fächer, die Erwin besonders mochte, statistische Mechanik und Thermodynamik, zur Blüte gebracht hatte: die Beziehungen zwischen dem sehr Kleinen und dem ganz Großen, den Atomen und Molekülen hier und den Gasen, Flüssigkeiten und Körpern da. Einer, der es gewagt hatte, hinter der Metaphorik Demokrits mehr zu sehen als nur ein vages Bild vom Atom. Einer jedoch auch, der auf Darwins

Spuren über die Evolution zu staunen vermochte, die der Materie Leben eingehaucht und den Menschen geschaffen hatte. Jenen Menschen, der zur Liebe, zum Mitleid und zur Kreativität fähig ist. Aber auch einer, der von sich behauptet hatte, dass er im Fasching geboren worden sei, wirke sich auf seine Stimmung aus, die großen Schwankungen unterworfen sei.

Die Silhouette einer Frau, die ihn an Ella erinnerte, riss ihn aus den Gedanken. Die große Uhr hinter dem Bahnhofspark trieb ihn zur Eile an. Fast hätte er die Zeit übersehen. Innere und äußere Zeit. Auch wenn die Zeit, wie er dachte, seit Kant in unserem Kopf tickt, verkörpern die Zeiger dieser Uhr ein Argument, dem sich der Lokführer fügen wird. Worauf also warten? Er stülpte den Inhalt seiner Hosentasche mit dem Kleingeld von der letzten Italienreise auf das Marmortischchen und spurtete los. Was ihm der verdutzte Kellner nachrief, verstand er schon nicht mehr.

Am Morgen weckte ihn das Geschrei des Fischhändlers, der mit einem Karren durch die Gassen Duinos zog und lautstark »Pesco fresco!« feilbot. Er stand auf, ging zum offenen Fenster und sah zu, wie eine Frau gegenüber an einem Seil einen Korb herabließ. Der Händler nahm einen Geldschein aus dem Korb, legte ein paar Fische, Kräuter und Wechselgeld hinein, und die Frau zog ihn hoch, was beide mit einem lebhaften Gezeter begleiteten.

Sein Italienisch reichte gerade aus, um zu verstehen, dass es um Neuigkeiten ging, die in der Zeitung standen. Es erinnerte ihn an das, was gestern in der *Wiener Zeitung* gestanden hatte, wo von dubiosen Kampagnen gegen Mahler als Operndirektor die Rede gewesen war. Er bezweifelte nicht, dass hinter dieser Aktion ein weiteres Mal die Antisemiten um Schönerer und Lueger steckten.

Er wusch sich über dem Lavoir das Gesicht. Ist es ein Zufall, dachte er, dass uns die Natur zum Ausgleich für einen Wagner auch einen Mahler gegeben hat?

Seit er die Grenze zu Italien passiert hatte, hellte sich sein Gemüt auf. Das Düstere, das nicht einmal in Ellas Gegenwart ganz von ihm gewichen war, verlor hier an Bedrohlichkeit. Lag es an diesem Licht? Wenn er den Fluchtpunkt der Gasse, die er entlangging, ins Visier nahm, löste sich zum Horizont hin fast alles auf. Die Dinge verloren ihre Konturen und zeigten ihre ätherische Seite. Manchmal dachte er, dass in den Phänomenen des Lichts alle Rätsel verborgen waren. Wer dem Licht auf die Schliche käme, könnte bestimmt viele Probleme lösen.

Er fand eine Bar, wo er in Ruhe frühstücken und sich Notizen machen konnte. *Ephemeridae* stand in Kurrentschrift auf dem Umschlag seines Tagebuchs, worin er, im Unterschied zu den wissenschaftlichen Notizbüchern, persönliche Eintragungen machte.

Bemerkungen über Ella füllten die letzten Seiten. Versuchte er diese Affäre in Worte zu fassen, kam nie das heraus, was er mit ihr gehabt hatte, wenn er sie in der Bude seines Kommilitonen Salpeter traf, der oft bis Mitternacht im Labor arbeitete. Hatte Ella tatsächlich jene Versprechen eingelöst, die ihm Lotte nur gemacht hatte? Es blieb ein Rest, der nicht verschwinden wollte. Statt zu studieren, arbeitete sie lieber als Kellnerin. Die Zeit mit ihr hatte einer Reihe erregender Experimente geglichen. Sie war zweifellos attraktiv, offen, klug, und wenn sie auch nicht schamlos war, so war sie immerhin ohne jede falsche Scham. Bis vor Kurzem war er ihr noch mit Haut und Haar verfallen gewesen; doch dann hatte er sie, ohne dass er wusste warum, ein paar Mal versetzt. Wegen der Vorbereitungen für das Studium, hatte er zu ihr gesagt, und es in diesem Moment selbst geglaubt.

Nichts als Ausreden, wurde ihm jetzt nach und nach klar, um das unerklärliche Schwinden seines Begehrens zu vertuschen. Ella hatte Lotte aus seinem Bewusstsein gelöscht, und Boltzmanns Tod wiederum hatte Ella schlagartig in den Hintergrund gerückt. Oder diente ihm der tragische Fall des Professors nur als Vorwand, sich von einer Leidenschaft zu distanzieren, deren Tage gezählt waren? Als er keine Antwort fand, schrieb er in sein Tagebuch: *Bin ich etwa gar nicht auf der Suche, sondern vielmehr auf der Flucht?*

In einer Ecke der Bar stieß er auf eine schon ältere Ausgabe des *Messaggero*, der den Tod des berühmten Physikers auf der ersten Seite gebracht hatte. Wieder befiel ihn diese Unruhe, die ihn aus Wien vertrieben hatte. Er ging den Text durch, setzte das Puzzle der Begriffe und Wendungen, die er verstand, im Kopf zu etwas Ganzem zusammen. Zu dem, was er bereits wusste, kam dennoch nichts Neues hinzu: Rückzug, Duino, Vereinsamung, Verbitterung, Krankheit, die Gegnerschaft Ostwalds, Machs, Plancks, das Lebenswerk in Gefahr, Neurasthenie, Erschöpfung und Depression.

Selbstmord versus Freitod? Diese Frage beendete den Artikel. Was aber machte den kleinen, doch feinen Unterschied aus? Falls es ihn überhaupt gab. Das fragte er sich. Oder war der Freitod nicht viel mehr eine Illusion, die verschleierte, dass da einer mit dem Leben und der Welt nicht mehr zurechtgekommen war? Die Kette der Kausalitäten, die der Journalist im Artikel geschmiedet hatte, schien zu solide, um von seinem Zweifel gesprengt zu werden.

Indem er dem Kellner beim Zahlen die Zeitung ganz nah vor die vom Star trüben Augen hielt, fragte er ihn, ob er wisse, wo dieser Austriaco hier gelebt habe. Der Alte wischte sich vier Zeichen über Stirn und Brust, verdrehte dazu die Augen, murmelte ein paar lateinische Formeln, um das Unglück zu bannen, und dirigierte ihn auf die Gasse hinaus. Wortreich und gestikulierend beschrieb er den Weg zu dem Hotel, wo der Professore mit der Familie hier immer wieder abgestiegen sei.

Er versuchte sich alles genau einzuprägen, gab aber auf, als die Hand des Alten einmal zu oft um eine imaginäre Ecke bog.

Er ließ sich durch die Gassen treiben. So in etwa wusste er, wo das Hotel sein musste. Was er keineswegs wusste, war, was er dort eigentlich wollte. Antworten auf Fragen über seine Zukunft vielleicht. Sollte er sich nicht besser, ohne viel zu fragen, mit dem Verschwinden seiner Lust auf Ella und dem Verlust des Vorbilds abfinden? Jetzt würde wohl Hasenöhrl Boltzmanns Stelle am Institut einnehmen, sein bester Schüler, der auch bei Lorentz in Leiden studiert hatte, dem Vermittler zwischen der alten und der neuen Physik, dem alten und dem neuen Jahrhundert, Maxwell und Einstein, Elektromagnetismus und Gravitation. Vielleicht schafft es ja Einstein, dachte er, alle bei der Entstehung des Universums entfesselten Kräfte in einer einzigen Theorie zu vereinen.

Wenn er sich bloß vorstellte, dass auch die Kräfte in den Atomen in ein Modell vom Kosmos integriert würden, bekam er eine Gänsehaut. Manchmal sah es so aus, als hätte die Natur ein Interesse daran, sich in die Karten blicken zu lassen. Immerhin hatte sie es zugelassen, dass der Mensch auf den Plan trat.

Ohne es zu bemerken war er, in diese Gedanken versunken, stehen geblieben. Nun schaute er auf und sah eine Villa, die der Beschreibung des Kellners entsprach: Farbe, Form, Zustand, Alter und, wenn er dem Gedächtnis des Alten trauen konnte, sogar der Name: Ples. Auf dem Weg durch das Foyer wurde er von ein paar Worten gestoppt. Er suchte die seltsam leere

Halle nach dieser Stimme ab. Endlich ortete er, in einer Ecke des Empfangs, die Frau, zu der sie gehörte.

Eine Frage auf zwei Beinen, so stand er vor ihr: »Professore Boltzmann?« Von sich gestreckte Handflächen und hängende Mundwinkel. Mit einer Geste, die einem im Norden das Gegenteil zu verstehen gab, winkte sie ihn zu sich. Eine attraktive Frau, wie er sah, als sie aus dem Schatten einer Säule auf ihn zukam. Aber sie strahlte etwas aus, das ihn kompromittierte. Eine Intimität, als würden sie einander bereits kennen. Mithilfe englischer Sätze brachte er sein Anliegen vor. Es erwies sich, dass sie die Frau des Hoteliers und über die Tragödie der Boltzmanns auf dem Laufenden war.

Nachdem sie ihn begutachtet hatte, willigte sie ein, ihm die Suite zu zeigen, die noch immer leer stand. Im Sog ihrer Sinnlichkeit stieg er, hinter ihr her, bis in den dritten Stock hoch. »Siesta«, sagte sie, mit einer beiläufigen Handbewegung, wie um sich für das scheinbar leere Hotel zu entschuldigen: »Allora Signore.« Sie schloss auf, öffnete die Tür halb und ließ ihn so knapp an sich vorbei, dass er unter dem Parfum ihre Haut roch. Sie folgte ihm nicht nach, was er befürchtet, irgendwie aber auch erhofft hatte. »Mezz'ora«, sagte sie nur.

Er hörte sie in ihren Silberpantoffeln treppab klappern, dann verschluckte ihn die Suite wie eine Zeitmaschine.

Schon während er über die Schwelle tritt, vorbei an der attraktiven Italienerin, kommt ihm vor, er steige, mit einem Schritt, in ein anderes Leben hinein. Die hinter ihm ins Schloss fallende Tür trennt ihn augenblicklich von seiner Gegenwart ab. Er fühlt sich auf einmal viel älter, müde und verwirrt. Wie ein ziemlich kranker Mann. Aus dem Nichts überfallen ihn Stimmen, die er kennt, aber nicht genau zuordnen kann. Feminine Stimmen, junge und ältere, auch eine männliche, die ihn an eine Familie erinnern. Ist das etwa seine Familie? Minnie, Tante Rhoda, Mutter, der Vater, oder vielleicht sein Freund Fränzel bei ihm zu Besuch?

Er bewegt sich langsam durch die Räume der Suite, doch die Stimmen verändern sich nicht. Sie kommen weder näher noch entfernen sie sich. Sie sind einfach irgendwo in dieser Luft, die er atmet. Eine frivole Unterhaltung, deren Inhalt ihn, wie er denkt, überhaupt nicht zu interessieren braucht. Nicht viel mehr als ein Raunen im Hintergrund. Mitunter wird auch gekichert und gelacht. Was soll er tun? Er schaut sich alles genau an, die solide Einrichtung, die Sofas, Fauteuils und Stühle, als hätte dort soeben noch jemand gesessen: In der kleinen Küche das Geschirr, verstreut und schmutzig, die benutzten Handtücher im Bad, Manuskripte, Briefe und Notenblätter, die der durch die offenen Fenster streichende Wind über die Teppiche im Salon verteilt hat, der schwarze Flügel mit aufgeklapptem Deckel und der Klaviatur, die im Licht des frühen Nachmittags auf etwas zu warten scheint. Und über allem diese Stimmen, die nicht aufhören zu schwatzen, die genau über etwas Bescheid zu wissen scheinen; etwas, das ihm fremd ist.

Müde setzt er sich ans Klavier, schlägt ein paar Töne aus einem Werk seines Lehrers Anton Bruckner an, ein melancholisches Adagio … Dann erhebt er sich schwer vom Hocker, setzt sich an den kleinen Schreibtisch in der Ecke des Raumes, nimmt einen Bogen Papier und eine Feder zur Hand und füllt die Seite, ohne hinzusehen, mit seiner Handschrift, die ihm vorkommt wie die eines Unbekannten. Fremd wie die Wörter, die er, eins nach dem andern, hinschreibt, wie von selbst. Er kann den Text auswendig, jeden Buchstaben, jedes Wort, jeden Satz. Was er zu tun hat, weiß er zum ersten Mal seit Jahren ganz genau. Kurz nur zögert er, dann unterschreibt er sein Urteil über sich.

Und immer noch sickern diese vertrauten Stimmen durch alle Schichten der Zeit bis zu ihm durch. Er zieht seinen dunklen

Gehrock aus, legt Schoner und Manschetten ab, krempelt die Ärmel auf und holt dieses Ding aus seiner Tasche, dessen Namen er nicht denken mag. Dann legt er den Zwicker beiseite, schleppt einen Stuhl an eins der Fenster, steigt hinauf und befestigt das Ding über sich, am Fensterkreuz. Das andere Ende mit der Schlinge zieht er sich über den Kopf, hebt den Bart darunter hervor und strafft es. Er dreht sich um, sodass er in der Ferne das Meer sehen kann. Der Stuhl wackelt, und er erschrickt vor dem, was passieren könnte. Er konzentriert sich, indem er den Horizont anvisiert. »Zwei Dinge, die die Welt bedrohen«, murmelt er, »die Ordnung und die Unordnung. Verzeiht mir …«

Jetzt bringt das Wackeln des Stuhls den Horizont weit draußen zum Kippen. Ein Riss durchzuckt ihn. Die Stimmen verwandeln sich in die Schreie von Möwen. Er spürt die Kraft der Gravitation, die ihn direkt zum Mittelpunkt der Erde zieht, dann verliert sich sein Blick im Blau des Meeres. Wie ein Pendel schwingt er im Fensterrahmen des Hotels. Hin und her. Dunkler und dunkler wird dieses Blau, bis es endlich ganz schwarz ist. So schwarz wie ein Loch im All. Täuscht er sich, oder taucht da, tief im Schwarz, ein gleißendes Weiß auf?

Er stand noch immer einfach nur da, wie er eingetreten war. Mit dem Rücken zur Tür, gesenktem Kopf, der rechten Hand in der Hosentasche und der andern im Nacken. Als würde er über etwas nachdenken. Aber warum klopfte es, wenn er noch keine Zeit gehabt hatte, sich umzusehen? Er drehte sich um und öffnete die Tür.

Die Frau des Hoteliers war im Begriff einzutreten, hielt mitten im Schritt inne. »Ich hätte Ihnen gerne länger Zeit gelassen, aber jetzt ist es genug«, sagte sie. »Bald werden hier wieder Gäste einziehen.«

An ihrer Seite stieg er die Treppen ins Foyer hinab. Jetzt wimmelte es dort von Gästen, von Abreisenden, Ankommenden und solchen, die sich gerade aufmachten, den Nachmittag am Strand zu verbringen. Eltern und Kindermädchen versuchten, den Überblick und die Kontrolle über quirlige Kinder zu bewahren, was nicht ohne Chaos, Tränen und Schelte abging.

Die Signora reichte ihm zum Abschied eine Hand zum Kuss. »Ich hoffe, Sie haben etwas von dem gefunden, was Sie gesucht haben«, sagte sie.

Er beugte sich vor und tat, womit er in Wien gar nie angefangen hatte. Die Hand roch nach Minze. »Arrivederci e grazie, Signora!« Er wurde das Gefühl nicht los, dass diese Frau genau wusste, was ihm in der Suite der Boltzmanns widerfahren war. Aber was war da oben wirklich vorgefallen? Er wusste es ja selbst nicht. Träumte er mit offenen Augen am helllichten Tag? Die Ereignisse der letzten Zeit hatten ihm zugesetzt. Er sollte wohl, so rasch wie möglich, nach Wien zurückreisen und sich um sein Studium kümmern, statt hier Hirngespinsten hinterherzujagen.

In derlei Bedenken verloren, trat er ins Licht hinaus.

Am Abend aß er in einer Osteria des Ortes Fisch und trank einen Liter vom Tischwein. Dass ihm überhaupt wieder etwas schmeckte, versöhnte ihn mit den Problemen der letzten Zeit. Er speiste, trank, beobachtete das Treiben auf der Piazza und ließ seinen Gedanken freien Lauf.

War es möglich, fragte er sich, alle Bewegungen der Individuen abzusehen, wenn man ihre Motive kannte? Das Getue der jungen Männer, die am Brunnen, wie Kräfte um einen Kern, um die Mädchen kreisten, die sich zierten und spreizten. Die Masken der Bürger, die über alles im Städtchen Bescheid, doch kaum etwas über sich selbst zu wissen schienen. Das zu Grelle mancher Begegnungen, von den Farben der Konventionen kaum übertüncht: All das geschah ja nicht, weil die Menschen es so wollten, sondern vollzog sich nach Bräuchen und Ritualen, nach Gesetzen vielleicht sogar, die, wenn man nur tief genug grub, zum Vorschein kamen.

Aber was steckte dahinter? Gab es einen Code, der im Grunde alle, über alle Unterschiede hinweg, miteinander verband? War alles, was er sehen, spüren, zählen, bedenken, berechnen und sogar voraussagen konnte, nur Ausdruck von etwas ganz *anderem?*

Der Wein ließ seine Assoziationen explodieren. Irgendwann zahlte er, kaufte eine Flasche Ribolla, die er gleich öffnen ließ, und machte sich zur Küste auf. Der volle Mond ging auf. Je näher er dem Weg kam, der sich, entlang der Klippen, zum Schloss hinzog, desto tiefer wurde das Blau, das den Raum erfüllte, vom Meer über den Horizont bis in die Weiten über ihm, wo es sich mit dem Licht der Galaxie mischte.

Trotz der Gaslichter, die den Weg säumten, musste er aufpassen, wohin er trat. Tief unten brach sich die Flut an den Riffen, warf sich gegen die steilen Wände und leckte an den Felsen empor. Mitunter begegnete er Flaneuren, Paaren, Gruppen, die in Richtung Sistiana unterwegs waren; oder auf dem Weg ins Schloss, das wie ein Ring, aus dem ein Stein ragte, auf der äußersten Klippe über dem Meer hockte. Er setzte sich auf einen glatten, warmen Stein, lehnte sich an den Fels und trank.

Bestimmt gingen da welche, die auf das Schloss zuhielten, zu einem Salon der Thurn und Taxis, von denen auch in Wien die Rede war. War er soeben Paul Valéry, Mark Twain oder der Duse begegnet? Und wurde das vom Wind verwehte Arpeggio, das vom Schloss her kam, in diesen Augenblicken von Liszt selbst gespielt, der, wie er wusste, dort oft zu Gast war? Oder stieg ihm einfach nur der Wein zu Kopf? Fragen, die ihm dieser Ort eingab, kollidierten mit Fragen, die mit Ella oder Boltzmanns Tod zu tun hatten. War der Realist etwa an

Ignoranz zugrunde gegangen und erst in der Folge davon an einer chronischen Krankheit, wie verlautbart? An der Ignoranz gegen seine Überzeugung, dass Atome etwas Reales waren und nicht bloß Begriffe, was Mach und Konsorten noch immer behaupteten. Und hatte er Ella den Laufpass gegeben, weil er so viel Nähe, mit der ihm Mutter und Tanten schon seit jeher auf den Leib gerückt waren, noch immer kaum ertragen konnte?

Er bezweifelte nicht im Geringsten, dass Boltzmann recht hatte, schätzte aber Mach wegen der Anregungen, die er sich bei ihm für seine Arbeiten zur Farbenlehre geholt hatte. Mach als reiner Denker stand der Wirklichkeit zu fremd gegenüber, was in den Dogmatismus führte, fand er, während Boltzmann als Forscher auf eine intime Art mit der Welt kommunizierte und auch Wert auf die ästhetische Dimension der Natur legte. Nicht einmal im Umgang mit nackten Fakten durfte auf Eleganz ganz verzichtet werden!

Vielleicht ist alles, was uns umgibt, dachte er in einem Anflug von Wahnwitz, wir eingeschlossen, eine Art Programm der Natur, die mysteriöse Zahl Pi bis auf die letzte Stelle zu berechnen? Er schüttelte den Kopf, um das Chaos in sich zu ordnen. Wo aber lagen dann, fragte er sich und nahm einen Schluck aus der fast leeren Flasche, Eleganz und Sinn von Boltzmanns Freitod oder Selbstmord, oder was es auch war? Boltzmann, der mit geschwollener Zunge, von Blut unterlaufenen, aus den Höhlen platzenden Augen und stinkenden Hosen an einem Strick gehangen hatte, mit dem man sonst Ochsen zur Schlachtbank führt.

Er kickte einen Stein über den Abgrund, horchte hinterher, vernahm aber nur das wiederkehrende Tosen der Brandung. Wellen, dachte er nur, Wellen über Wellen … Stellte er, betrunken, wie er bereits war, womöglich einfach die falschen Fragen und drehte sich im Kreis?

Soviel er wusste, stand das Schloss dort, wo vor mehr als zwei Jahrtausenden ein Vorposten der Römer gewesen war. Später dann hatte, der Überlieferung zufolge, ein Ritter da aus schnöder Eifersucht seine Geliebte ins Meer gestoßen, worauf der Felsen zu dieser bizarren Gestalt erstarrt war. Wo aber war der Professor geblieben? Auf dem Zentralfriedhof in Wien, in einem Sarg unter der Erde, wo sein Körper in Moleküle zerfiel, die Atome freisetzten, deren elementare Teile seit dem Ursprung der Zeit existierten.

Die Flasche war geleert, ein paar Tropfen rollten noch über seine Zunge, als er sie zum letzten Mal ansetzte. Er erhob sich vom Stein, der kühl geworden war. Ihm war übel und schwindlig. Der dunkle Strich des Horizonts neigte sich von einer Seite zur anderen, die Klippen mit dem Schloss als Krone tanzten vor seinen Augen, und die Milchstraße, als er aufsah, um sich am keineswegs ewigen Anblick zu orientieren, zog ihn mit ihrer Masse in ihr rotierendes Zentrum wie ein Malstrom. *Von Klippe zu Klippe geworfen*, dachte er, *jahrlang ins Ungewisse hinab*, Verse Hölderlins, dann holte er aus und schleuderte die Flasche von sich, ins tosende Meer hinab.

Der Schwung riss ihn mit, und er musste Halt suchen, unten leuchtete die Brandung im Mitternachtsblau, bis ihn eine Kraft stoppte und auf den Weg zurückzog. Er keuchte, vertraute sich dem Arm an, der ihn ein paar Meter weit stützte, erbrach sich in die Büsche und ließ sich auf eine Bank fallen.

»Geht's wieder? Sie sollten nach Hause gehen.«

Wasser war ihm in die Augen geschossen. Wie durch einen Kristall sah er die Gestalt eines Mannes, dem der Bart über die Mundwinkel hing wie einem Chinesen. Die Stimme hatte einen hypnotischen Klang, sanft und zwingend.

»Das hab ich vor«, sagte er, »nach Hause, ja, morgen.« Im

Mund dieser schale Geschmack, der sich nicht schlucken ließ. »Verzeihen Sie«, murmelte er, »ich wollte doch nicht …« Er wischte sich mit den Handrücken Wasser aus den Augen.

»Ich wäre mir da nicht so sicher.«

Machte der Mann einen schlechten Scherz? Jetzt, als er wieder klar sah, kam ihm der Fremde auf einmal irgendwie bekannt vor. Ein Landsmann, zweifellos. Eine zwar schlampige, nichtsdestotrotz aber sehr kultivierte Erscheinung. Und dann diese Stimme. Man konnte auf Gedanken kommen. Er bückte sich, um sich einen Schuh zu binden, seufzte. Er brauchte sich doch nur vorzustellen, um zu erfahren, wer ihm geholfen hatte. Als er sich aufrichtete, war der Mann weg. Er konnte nur noch einen Umriss erkennen, bevor auch der im Blau der Nacht verschwand.

»Danke!« Er war allein. Sein Dank ging an die Sterne.

Als er am Morgen in seiner Pension erwachte, zuckte ein Name durch seinen verkaterten Kopf wie ein Blitz: Rainer Maria Rilke.

ALPBACH **AROSA** BERLIN DUBLIN DUINO GÖRZ GRAZ OXFORD PRINCETON SEMMERING WIEN ZÜRICH

Je näher das Jahr 1926 rückte, desto öfter tauchte er in andere Träume ein. Die Albträume vom Krieg, von hoffnungsloser Liebe und physikalischen Problemen wichen in der Höhenluft von Arosa luziden Träumen, die ihn gelassen stimmten. Da ging in Erfüllung, wovon er nicht zu träumen wagte, wenn die Vernunft das Sagen hatte. *Der Traum der Vernunft gebiert Ungeheuer*. Das Motto eines Caprichos von Goya, das er in einem Bildband des Vaters gesehen hatte. Was von seinen Träumen blieb, notierte er in seinem Tagebuch, sobald er Zeit dazu hatte.

Das Licht des Mondes, der draußen alles in ein dunkles Blau tauchte, das ihn an die Zeit in Duino erinnerte, weckte ihn mitten in der Nacht an der Seite Mayas. Er spürte das Glück, am Leben zu sein, wie einen Rausch. Plötzlich begriff er, was ihn in diesem Moment an diesen Ort geführt hatte. Alles fügte sich. Nichts war mehr fragwürdig. Dass Anny war, wo sie war, und tat, was sie tat, und dass sie hier waren, erschien ihm auf einmal vollkommen folgerichtig. Momente seltenen Glücks, die sich im Gesicht der Gefährtin spiegelten.

Als würde Maya noch im Schlaf verstehen, was ihn bewegte, drehte sie sich auf einmal um. Sie streckte sich, gab einen intimen Laut von sich, etwas Tierisches, und drängte sich an ihn. Er legte einen Arm um sie und hielt sie fest, hätschelte sie wie eine Erkenntnis, die sich bald wieder in ein anderes Problem verwandeln würde; was Erkenntnisse eben zu tun pflegten. Aus den Tiefen ihres Unbewussten stiegen Laute empor, kehlig und guttural. Er verstand nicht, was sie sagen wollte, begriff aber alles. Der Ton machte schließlich die Musik. Wellen. Schwingungen. Töne. Das alte Lied.

Die Hitze, die sie unter ihrer Decke in wer weiß welchen Träumen ausbrütete, ging auf ihn über. Auf die Gesetze der Thermodynamik war immerhin Verlass. Ihre Sinne begannen miteinander zu kommunizieren. Ein Tasten, Horchen, Riechen und Schmecken zunächst. Nach und nach überließen sie sich ganz dem Spiel der Kräfte, die sich ergeben, wenn Energie von einem Körper in einen anderen fließen will.

»Wie kommst du voran?« Mit dieser Frage kam Maya aus dem Keller, wo sie geduscht und sich die Haare gewaschen hatte.

Erwin blickte von den Notizen auf. Im Morgenmantel mit dem Turban ihres Handtuchs auf dem Kopf wirkte sie verführerisch. Etwas sehr Weibliches ging von ihr aus. Etwas, das ihn zwang, ihr mit Blicken durch die Stube zu folgen. Hin und her. Eine Energie, die mit ihm spielte, ohne dass jemand etwas dafür konnte.

Er schob die Brille auf die Nasenwurzel, senkte den Kopf und musterte seine Aufzeichnungen. Variablen. Formeln. Begriffe. Unvollständiges. Angedachtes. Und bis zur Unlesbarkeit Gestrichenes. Rufzeichen und jede Menge Fragezeichen.

Mit einem Anflug von Skepsis im Gesicht sagte er: »Ich bin so nah dran, dass ich danach greifen kann, aber wenn ich das tu, löst sich alles in Widersprüche auf. Was das Mathematische angeht, werde ich wohl Hilfe in Anspruch nehmen müssen, sobald ich wieder in Zürich bin. Es ist, als würde ich in klarem Wasser nach einem Fisch fassen, aber der Fisch ist nicht dort, wo ich ihn sehe, also greife ich knapp daneben. Oder ich berühre ihn so ungeschickt, dass er abhaut, bevor ich nachfassen kann. Oder aber, und das ist das Schlimmste, ich erwische ihn und kann ihn nicht festhalten, weil er einfach *zu* glitschig ist.« Er grinste, als er sagte: »Was soll ich nur von der Wirklichkeit halten, wenn sie tut, was ich immer mehr glaube, dass sie tut?«

Maya nahm den Turban ab, schüttelte ihr Haar aus, ließ es über den heißen Herd hängen, begann es zu bürsten. »Was tut sie denn?« Jedes Rupfen, wenn sie mit der Bürste in einem Haarnest hängen blieb, quittierte sie mit einem Ausdruck, in dem sich Schmerz, Widerwille und Belustigung mischten.

Erwin war sich nicht sicher, was davon seinen Problemen geschuldet war und was der Plage ihrer Toilette. »Sie führt mich an der Nase herum. Ich glaube immer mehr, dass sie trickst.« Noch im folgenden Schweigen tönte die Empörung über ein derart unnatürliches Verhalten der Natur nach.

Maya richtete sich abrupt auf, sodass ihr Morgenmantel aufklaffte und ihren Körper enthüllte. Erwin blinzelte ins Gegenlicht. Es fiel durch das kleine Fenster in ihrem Rücken und überflutete die Stube mit Gold. In diesem ätherischen Licht sah sie aus wie eine aparte Schönheit auf dem Gemälde eines Impressionisten: *Frau bei Morgentoilette* vielleicht.

»Ich meine«, fuhr er fort, »sie tut natürlich nur so, als würde sie tricksen. Uns kommt es so vor, weil wir nicht bis auf den Grund durchdringen.«

»Und wenn es keinen Grund gibt?«

Seine Gläser blitzten im goldenen Licht auf und emittierten Signale, die sie nur schwer deuten konnte. Endlich sagte er: »Das wäre allerdings ein Skandal! Der gute Einstein wäre wohl gar nicht amused.«

»Vielleicht liegt das alles nur im Auge des Betrachters.« Sie antwortete nicht auf das, was er gesagt hatte, sondern nur auf die Art und Weise, wie er sie angesehen hatte.

»Die Ordnung der kleinsten Dinge hat womöglich mit keiner Ordnung zu tun, die wir bisher kennen. Wahrscheinlich tragen wir unsere Vorstellungen von Ordnung in diese Verhältnisse hinein, während wir doch unsere Welt aus der Ordnung ableiten sollten, die im Mikrokosmos herrscht, oder von mir aus auch aus der Unordnung. Das ist unser Dilemma!«

»Von welchen Größenordnungen redest du?«

»Von allem, was sich unter der Planck-Länge abspielt.«

»Und das wäre?«

»Eine Null mit sechsunddreißig Nullen hinter dem Komma.«

Maya schaute ihn groß an, versuchte sich offensichtlich vorzustellen, wie klein etwas sein musste, um in etwa dieser Größe zu entsprechen. »Noch kleiner also als der Horizont der Mitglieder dieser neuen Partei, die zur Zeit in Bayern ihr Unwesen treibt.« Mit derartigen Bemerkungen gab sie zu verstehen, dass sie ihm nicht weiter in den Abgrund der Probleme folgen mochte. Ihre praktische Natur bewahrte sie vor Spekulationen, die geradewegs ins Nichts zu führen schienen.

Erwin wandte sich wieder seinen Notizen zu. »Ja, ganz genau.« So konnte man es auch sehen. Vom Kleinsten bis zum Größten war die Welt ein Tollhaus, durch alle Nuancen des Menschlichen hindurch, das auch nur ein Aspekt des Natürlichen war, aus dem es hervorgegangen war. Immer öfter blieb er mit seinen Überlegungen an diesem Punkt hängen, der nur am Rande mit seinen Problemen zu tun hatte: Wo und was war das Missing Link? Der archimedische Punkt, an dem Anorganisches sich in Organisches verwandelte. Weshalb und, vor allem, *wie* geschah das? Wie hing das Leben mit der Physik zusammen? Und umgekehrt.

Ein ganzer Katalog von Fragen, die er von seinem Vater geerbt hatte. Die er anpacken würde, sobald er mehr Klarheit in den Charakter von Wellen und die Struktur von Strahlung und Materie gebracht hatte. Oft sah es ja so aus, als wäre im Kleinsten nicht nur alles möglich, sondern als würde dort auch alles *geschehen*. Und weil wir auf einer anderen Ebene funktionieren und existieren, bekommen wir nichts davon mit. Wir sind wie Riesen, dachte er, die unter ihren Füßen Wesen zermalmen und sie nicht einmal bemerken.

Etwas beschäftigte ihn in einem Winkel seines Bewusstseins unablässig. Wie konnte aus Information Materie und irgendwann sogar Leben entstehen, und in der Folge natürlich: Woher kam eigentlich die Information?

In den nächsten Tagen zog er seine Gedanken von diesen Überlegungen ab, um sich auf die Probleme der Wellenmechanik zu konzentrieren. Zukunftsmusik. Das dachte er in diesen Tagen oft: Zukunftsmusik. Zukunftsmusik. Das alles ist noch Zukunftsmusik. Aber eines nicht so fernen Tages würde er diese Musik zum Klingen bringen. Die Metamusik der Materie. Die Sinfonie des Kosmos. Das alte Lied des Lebens.

Die Chancen, nach seinem Tod eines Tages wieder in Erscheinung zu treten, standen vielleicht gar nicht so schlecht, überschlug er. Alle Teilchen im Universum ließen sich durch eine natürliche Zahl ausdrücken. Eine gigantische Zahl mit ein paar Hundert Stellen. In unendlicher Zeit im endlichen Raum musste Materie sich ja von Zeit zu Zeit in gewissen Formen manifestieren, und im Prinzip in allen Formen, die aufgrund der Art und Zahl der Teilchen und Wellen möglich waren. Wieder und wieder und wieder, bis in alle Ewigkeit. Eine solche Form repräsentierte zweifellos auch er.

Manchmal, wenn Maya für eine Zeichnung Maß nahm, musterte sie ihn, als wäre er gar nicht er selbst, sondern jemand anderer. Jemand, wie er argwöhnte, der vielleicht hinter einer aussichtslosen Sache her war. Die Möglichkeit, im Atom des Wasserstoffs nichts als Phantome zu jagen, die gar nicht dingfest zu machen waren, setzte ihm aber nur in seinen schwachen Momenten zu. Dann tröstete er sich mit der Genugtuung, die Einstein empfunden haben musste, als eine Sonnenfinsternis nach dem Krieg seine umstrittene Theorie nach Jahren doch noch bestätigte.

Ein paar Jahre zuvor war er tatsächlich ein weiteres Mal ein anderer gewesen. Nach dem Krieg florierte das Geschäft des Vaters nicht mehr wie ehedem. Die Inflation fraß die Reserven der Familie, nach und nach, und zur gleichen Zeit zerstörte eine Krankheit den Körper der Mutter. Er wollte glauben, dass der Krebs eine Folge des Geigenspiels war, von dem sie nicht hatte lassen wollen. Ein pathologischer Abdruck der viel zu harten Geige im weichen Fleisch der Mutter.

Nach dem Tod des Vaters, der seit dem Ende des Krieges hinter den Kulissen gelauert hatte, um an Heiligabend in Erscheinung zu treten, ließ Erwin die Eskapaden der letzten Zeit sein und verlobte sich mit jener Frau, die er in den Ferien in Millstatt kennen und rasch schätzen gelernt hatte: Anny, die seiner Familie, als der Vater zu Hause im Lehnstuhl stirbt, einen Korb mit Köstlichkeiten schickt; ohne um seinen kritischen Zustand Bescheid zu wissen. In solchen Zeiten konnte man durchaus auf die Idee kommen, dass da mehr als nur Zufall im Spiel war.

Maya war ihm an der italienischen Front abhandengekommen, als ihre Postkarten plötzlich ausgeblieben waren. Damals hatte er sich gefragt, ob sie ihm vielleicht nicht mehr schrieb, um den Zufall wieder ins Spiel zu bringen, den ihre schon fast regelmäßigen Treffen auf ein Minimum reduziert hatten, bevor er dann eingerückt war.

Nach dem Krieg ging er noch lange mit der Bereitschaft durch die Gassen Wiens, ihr zu begegnen. Doch sie begegneten einander nicht, und er unterließ alles, was wie eine Suche nach ihr aussah. Er mied die alten Orte, an denen sie sein konnte, und trieb sich in anderen Vierteln mit Freunden und Frauen herum, die ihn vergessen ließen, dass der Zufall nicht dazu taugte, dem Schicksal auf die Sprünge zu helfen. So sehr er sich von allem ablenken wollte, dem Echo des Krieges, das ihn oft plötzlich überfiel, vom Verschwindens Mayas, von der Zumutung, dass die Mutter krank war und der Vater bald sterben würde, so wenig gelang ihm das. Nicht einmal die Flucht in Probleme der Physik half, auf die doch stets Verlass gewesen war.

Plötzlich erschien die Vorstellung, nichts mehr dem Zufall zu überlassen und eine Frau zu heiraten, mit der ihn mehr Sympathie verband als Liebe oder Verlangen, als verlockende Möglichkeit, sich des Gefühls der Sinnlosigkeit zu entledigen, das ihn seit dem Krieg mitunter heimsuchte. Anny wirkte wie eine Kraft, die in der Lage war, Ordnung in das Chaos zu bringen, zu dem sein Leben geworden war. Eine Kraft, die seine Bindung an die zufälligen Begegnungen mit Maya zu neutralisieren vermochte; solange sie verschwunden blieb jedenfalls.

Wie ein Besessener erforschte Erwin in den ungeheizten Labors des Instituts monatelang die Eigenschaften des Lichtes und der Farben. Dennoch verdiente er nur einen Bruchteil dessen, was Anny als Sekretärin nach Hause brachte. War er gerade nicht über ein Mikroskop gebeugt, um die Muster des Lichtes oder die Spektren der Farben zu untersuchen, vertiefte er sich in die Werke Kants, Schopenhauers und die Schriften der Hindus. Oder aber er diskutierte mit Fränzel die mehr als rätselhaften Beziehungen zwischen den Individuen und ihrer Umwelt im Lichte der Vererbung. Mit den Ergebnissen all dieser Studien füllte er ein Notizbuch nach dem anderen.

Eines Nachts erwachte er aus diesem Traum, der ihn noch öfter heimsuchen sollte. Die fluoreszierenden Zeiger der Uhr auf seinem Nachtkästchen schwebten in der Dunkelheit des Raumes: Vier Uhr vierzig war es demnach erst.

Er konnte es kaum erwarten, die Zeitungen dieses Tages nach Berichten zu durchsuchen, die endlich bestätigen würden, dass die Gesetze der Relativität nicht nur Einsteins Theorie, sondern der Wirklichkeit an sich zugrunde lagen. Als wäre es gestern gewesen, so sah er Einstein nach Jahren noch vor sich, wie er vor dem Krieg hier in Wien seine Überlegungen zur Gravitation vorgetragen hatte: Gedanken, die in das altehrwürdige Newton'sche Gebäude einschlagen sollten wie eine Abrissbirne.

Er wälzte sich vom fahlen Licht des Weckers weg, kniff die Augen zusammen, fand aber keinen Schlaf mehr, sondern nur noch, was der Traum in ihm abgelagert hatte. Ein schlechtes Gewissen war das Letzte, was er sich machen wollte, und doch musste dieser Traum damit zu tun haben, dass er die Eltern der Arbeit und seiner Affären wegen vernachlässigt hatte, bis er Anny begegnete.

In der Wohnung im fünften Stock ist es verdächtig ruhig, als er vom Institut nach Hause kommt. Seit Wochen schon liegt der Gestank der Karbidlampen, die sie angeschafft haben, weil es kaum noch Gas gibt, hier in der Luft. Die Mutter ist bei Minnie oder Tante Rhoda, wie meist an diesem Wochentag, seit es ihr wieder ein wenig besser geht, und im am wenigsten kalten Zimmer der großen Wohnung hockt der Vater, in Decken gehüllt, in seinem Lieblingsstuhl, geplagt von einer galoppierenden Arteriosklerose.

Rinnt ihm schon wieder Blut aus der Nase oder den Augen? Statt nach ihm zu sehen, schleicht Erwin in die Bibliothek und streicht die Reihen der Bücher entlang. Er weiß genau, wo wel-

cher Band steht. Echte Raritäten aus dem Feld der Botanik, der Zoologie, Evolutionstheorie und Chemie. Ist das da nur Staub auf den Büchern oder gar schon Frost? Mit steifen Fingern nimmt er einen Band nach dem anderen und steckt ihn in eine Tasche. Dann macht er sich am Schrank mit den für diverse Experimente notwendigen Instrumenten zu schaffen. Stopft in diese Tasche, die größer und größer wird, je mehr er ihr zu schlucken gibt, alles hinein, was irgendwie wertvoll ist. Von geistigem Wert für den Vater und von finanziellem für den Pfandleiher. Sobald er jedoch innehält und die Stille im Raum anschwellen lässt, hört er den schweren Atem des Vaters, der durch die Wohnung dringt wie das Keuchen und Hecheln eines Bergsteigers in der Todeszone.

Mit einem Packen so groß wie die Heubündel auf den Rücken der Bergbauern in den Alpen trollt er sich endlich, schleppt sich die Stiegen hinab, drückt sich an den Blicken der Nachbarn vorbei, bis hinaus in den rußigen Schnee der Gasse, wo er erschöpft stehen bleibt und überlegt. Er kann nur mehr zusehen, wie sich ein anderer von ihm löst, ein Fremder zweifellos, und mit der zu einem Riesending angeschwollenen Tasche wankend im immer dichter werdenden Schneegestöber verschwindet. Wer *ist dieser Mann bloß? Dies denken, fast zu Tode erschrecken und plötzlich erwachen sind eins.*

Am Morgen begleitete er Anny ein Stück weit die Straße hinunter. Als sie aus dem Haus traten, dachte er einen Moment lang, es sei Winter. Wie in diesem Traum. Nur Frost, Eis und Schnee. Aber sie schritten, Schulter an Schulter, in einen Tag, der kühl, doch schön zu werden versprach.

»Du schaust gar nicht gut aus«, sagte sie mit einem Seitenblick auf ihn.

»Ich hab sehr schlecht geschlafen«, sagte er nur. Den Traum behielt er lieber für sich.

»Fürchtest du den Ausgang dieses Experiments?«

»Einstein wird recht bekommen«, sagte er.

»Ich drücke euch die Daumen«, sagte sie. Sie konnte sich zwar nicht vorstellen, was in jemandem vorging, dem ein wissenschaftliches Experiment mehr zusetzte als eine private Katastrophe, doch sie spürte in diesem Moment auch, dass es ihr nicht zustand, darüber zu urteilen. Wenn man so tief in die Welt verstrickt war wie Erwin, standen die Dinge eben bisweilen Kopf. Sie hatte gewusst, worauf sie sich mit diesem Mann einließ, hatte keinen Moment gezögert, es auch zu tun, und würde es wieder tun. Das Gefühl, einander zu ergänzen, war bei ihren ersten Begegnungen noch stärker gewesen als ihre Zuneigung auf den ersten Blick. Sie waren beide vor der Vitrine eines Greißlers gestanden, in die er gestarrt hatte, als läge genau da, inmitten der fehlenden Würste, eine Art Geheimnis verborgen. Er ließ ihr den Vortritt und bot ihr dann an, die Tasche zu tragen. Sie unterhielten sich über den Mangel an allem, was das Leben leicht machte, über den Krieg, der hinter ihnen lag, und die Auswirkungen der Inflation, die seine Familie ruiniert hatte. Bevor sie auseinandergingen, fragte er sie, ob sie später Lust auf einen Spaziergang am Seeufer habe, und sie sagte: »Ja, nichts lieber als das!« Das so Gewöhnliche dieser ersten Begegnungen hatte ihnen die Augen für einander geöffnet. Seine Eltern waren todkrank. Sie wusste instinktiv, was das für ihn bedeutete und wie sie damit umgehen musste. Es war alles viel selbstverständlicher, als wären sie sich unter anderen Umständen begegnet.

Mit jedem Tag des Novembers schien der Nachhall des Krieges schwächer zu werden. Trotz der vielen Krüppel, die als Memento mori durch Gassen und Straßen hinkten, verblasste der Krieg in gewissen Momenten zu etwas Unwirklichem: »Schau, dort spielen schon wieder die Kinder!« Als wäre alles nur ein böser Traum gewesen. Schlimm waren die Kriegszitterer dran, die direkt aus den Schützengräben Flanderns kamen: Männer, deren Nerven von jahrelangem Stellungskrieg und Geschützhagel zerrüttet waren, und von der unsichtbaren Gefahr, die vom Giftgas ausging. Gleich Untoten, von Stromstößen gepeinigt, geisterten sie in der Stadt umher.

Als Anny in die Straßenbahn stieg, um ins Büro zu fahren, ging er die Straße ein Stück zurück. An Tagen wie diesem wusste er ohne jeden Zweifel, was er an ihr hatte. Durch sie konnte er sich, wie beim Blick durch ein Mikroskop, ganz auf seine Arbeit konzentrieren, ohne aber dabei den Alltag aus den Augen zu verlieren. Sie tat ihm einfach gut.

Er setzte sich in ein Kaffeehaus. Im Institut würde er sich über dem Mikroskop noch früh genug einen steifen Nacken holen. Bis es so weit wäre, wollte er sich über die Messungen informieren, die von zwei englischen Teams gemacht worden waren, um Einsteins Theorie der Gravitation zu widerlegen; oder zu bestätigen vielmehr, denn der Brite Arthur Stanley Eddington, Pazifist wie Einstein, war schon seit Jahren von deren Richtigkeit überzeugt.

Dass der Feind, allen voran der Direktor des Greenwich Observatoriums, Sir Frank Dyson, bereits im Krieg mit Expeditionsvorbereitungen begonnen hatte, war als Zeichen wissenschaftlicher Redlichkeit und internationaler Solidarität nicht hoch genug einzuschätzen.

Er holte sich vom Ständer, auf dem bereits wieder Zeitungen aus aller Herren Länder hingen, die *Times: As Mister Einstein awoke he had become famous!* Die Headline verwies auf einen Artikel, der nicht hinten in der Rubrik *Wissenschaftliches*, sondern als Aufmacher erschienen war.

Schon tags zuvor war es in London unter der Aufsicht hochrangiger Mitglieder der Royal Astronomical Society zur Bewertung jener Ergebnisse gekommen, die zwei Teams aus

Regionen unterhalb des Äquators mitgebracht hatten. Am 29. Mai hatte sich die Sonne vor der Gruppe der Hyaden im Sternbild Stier verdunkelt. Eddington war mit einer Sparmaßnahmen wegen des Krieges geschuldeten Ausrüstung bis nach Westafrika auf die Vulkaninsel Príncipe im Golf von Guinea gereist; indes sich sein Kollege Davidson nach Sobral, im Nordwesten Brasiliens, auf die andere Seite des Atlantiks verfügt hatte. Um die Daten später vergleichen zu können, war die fragliche Himmelsregion bereits im Januar, von Greenwich aus, mit denselben Instrumenten fotografiert worden.

Er rauchte eine Zigarette an, schob sich die Brille zurecht, nahm einen Schluck vom Kaffee und vertiefte sich in den Artikel.

Die ganze Sache habe, stand in der *Times*, wegen der Imponderabilien bei den Messungen (das launische Wetter und der Zustand der fotografischen Platten!) und Auswertungen (die Tücken des Objekts!) durchaus etwas von einem antiken Drama an sich gehabt, jedoch, wie in England nicht unüblich, auch den profanen Charakter einer Wette; unter Gentlemen, versteht sich. Eine Wette David gegen Goliath. Wobei es Einstein war, der in diesem Wettstreit in der Rolle Davids gesehen wurde, was auch nicht weiter verwunderte, bedachte man, dass er gegen Newton angetreten war, dem, neben Darwin, größten englischen Wissenschaftler.

Von Mai bis November seien die Buchmacher der Wissenschaft samt ihren Kunden beim Match Einstein versus Newton durch ein Wechselbad der Gefühle gegangen, habe doch mehrere Male der eine wie der andere die Nase vorn gehabt. Der andere war seit Jahrhunderten tot, der eine aber pendelte in seiner Sache, gleich einem Handlungsreisenden in Sachen Relativität, zwischen Zürich und Berlin hin und her und konnte doch nicht mehr tun als nur zusehen, warten und die Zeitungen nach Zeichen für seinen Erfolg absuchen. Zunächst aber seien während der drei Minuten dauernden totalen Finsternis über Príncipe Wolken aufgezogen, womit es überaus fraglich war, ob die Auswertung der Fotoplatten auch brauchbare Ergebnisse liefern würde; dann gab es noch das keineswegs zu vernachlässigende Risiko der tropischen Hitze, die so sensible Platten beschädigen konnte; dann erst sei, infolge der Wirren des Krieges, spät publik gemacht worden, dass amerikanische Astronomen vor einem Jahr während einer Sonnenfinsternis keine Ablenkung des Lichtes im Schwerefeld der Sonne erhalten hatten; dann habe es natürlich auch jede Menge Zeitungen gegeben, die Ergebnisse in die Welt hinausposaunten, die noch nicht gesichert vorlagen; und dann, last but not least, habe das sogenannte *Physikalische Kolloquium*, alles Fans ihres ehemaligen Professors (darunter auch Weyl), per Telegramm diesen Vierzeiler nach Berlin übermittelt: *Alle Zweifel sind entschwunden/ Endlich ist es nun gefunden/ Das Licht, das läuft natürlich krumm/ Zu Einsteins allergrößtem Ruhm.*

Auch das aber wieder zu früh, wie sich bald gezeigt habe, denn Eddington und Davidson hatten beim Auswerten der Platten von Oktober bis November noch so ihre Probleme.

Die Analyse der Platten Eddingtons hatte ziemlich genau den Einstein'schen Wert ergeben. Eine Gewissheit, die aber nur so lange währte, bis Davidsons Platten den Newton'schen Wert ergaben.

Erst jene sieben noch verbliebenen Platten, die in Sobral mit einer Zehn-Zentimeter-Linse belichtet worden waren, zeigten dann alle die von Einstein aufgrund der Gravitation prognostizierte Abweichung des Lichtes von plus minus 1,74 Bogensekunden. Hinzu kam, dass nach einer neuerlichen Untersuchung alle anderen Fotoplatten wegen ihrer offensichtlichen Mängel nicht länger in Betracht gezogen werden konnten.

Aufgrund all dieser umsichtig bewerteten Beweismittel habe nun gestern in der Royal Society, stand in der *Times*, ein Gremium aus Experten unter der Leitung des königlichen Astronomen Sir Frank Dyson endgültig bestätigt, dass der Kosmos von nun an mit anderen Augen gesehen werden müsse!

Er legte die *Times* mit etwas feuchten Händen weg. Wie der Brite Eddington, so hatte auch er in den letzten Jahren nie an den Erkenntnissen Einsteins gezweifelt. Und doch, in diesem Augenblick, da sie zweifelsfrei verifiziert waren, flößten sie ihm einen gewaltigen Respekt ein.

Er erhob sich mit einem Seufzer der Erleichterung, der Blicke auf sich zog, aus dem tiefen, rissigen, roten Ledersitz und holte sich eine *Berliner Zeitung*, in der er zwar noch nicht auf die sensationellen Ergebnisse aus England, dafür aber auf ein Interview älteren Datums mit Einstein stieß. Der Physiker, damals noch Angestellter dritten Grades am Patentamt in Bern, quittierte die Frage nach seiner Berufung mit der Erzählung eines sich wiederholenden Traumes, den er schon als Kind geträumt habe.

Er reist auf einem Strahl aus Licht und gelangt endlich dorthin, wo vor ihm noch nie jemand war. Vorüber an Planeten, Kometen, Sonnen und intergalaktischen Nebeln, Sternen und Galaxien, bis hin zu jenem fernen Ort, wo Licht und Finsternis sich scheiden. Bis an die Grenze von Etwas und Nichts, wo alle Bewegung zum Stillstand kommt. Dort hält er inne und blickt sich staunend um.

Und siehe, wo die Kräfte des Kosmos sich ausgleichen, steht auf einmal die Zeit still und eine Art Ewigkeit herrscht. Und in dieser ewigen Gegenwart geschieht nichts mehr. Alles, was sein kann, ist einfach. Es ist einfach nur da. *Überall und jetzt. Was drückt sich darin aus? Was soll das? Und dann, natürlich, was will das alles eigentlich?*

Seit er mit zittrigen Knien von diesem Lichtstrahl abgestiegen ist, möchte er wissen, was geschieht, wenn man sich in nichts als Empfindung und Licht verwandelt. Kann man so ins Innerste der Natur reisen, ja, bis an den Rand der Natur und möglicherweise sogar darüber hinaus? Würfelt da einfach nur jemand (oder etwas?) oder läuft alles nach, wenn auch unbekannten, Regeln ab? Regiert der nackte Zufall oder vollzieht sich ein Plan? Wie aber sind dann die Regeln beschaffen und, mehr noch, wer oder was stellt sie überhaupt auf?

Er ließ die Zeitung sinken und starrte in den fleckigen Spiegel an der Wand, wo das Licht eine zersplitterte Projektion seiner Figur erscheinen ließ. Wie er nur dasaß und auf sich selbst (oder was war das?) blickte.

Ein junger Maler kam ihm in den Sinn, dieser Picasso mit dem Röntgenblick, der den Mut und noch dazu das Können hatte, in seinen Bildern eine Art Raumzeit zu erschaffen. Das alles lenkte ihn jedoch nur von etwas anderem ab. Irgendetwas war in ihm aufgebrochen, und es blutete, eine winzige Wunde tief in seinem Inneren. Etwas Imaginäres zwar, doch auch dies ein Teil seines Selbst, und wie die imaginären Zahlen ein Teil der ganzen Wirklichkeit.

Er beneidete Einstein, das musste er sich wohl oder übel eingestehen. Aber nicht wegen seines wohlverdienten Ruhmes, der sich nun endlich anbahnte, sondern wegen seines Traumes, der so ganz anders war als jener Traum, der ihn letzte Nacht heimgesucht hatte.

In den Hörsälen, Gängen, Büros und Labors des Instituts war es bereits wieder so kühl, dass viele dicke Pullover unter dem Sakko oder Blazer trugen. Es gab zwar schon mehr zu heizen als im letzten Winter, aber noch lange nicht genug. Im Februar hatte hier wirklich niemand den Mantel abgelegt; so er nicht auf dem Schwarzmarkt gegen Eier, Butter, Fleisch oder Rauchwaren getauscht worden war. Das hatte dem ganzen Komplex das Flair eines Bahnhofs verliehen. Als wären hier alle bloß auf der Durchreise nach einem Irgendwo. Der späte Durchbruch Einsteins war *das* Thema des Tages.

Auf dem Weg zum Labor traf er Hans, einen Freund seit Studientagen, der ihn in einen Disput über die Relativitätstheorie verwickelte. Thirring war einer der Ersten gewesen, der sich damals, nach Einsteins Veröffentlichung *Zur Elektrodynamik bewegter Körper* in den *Annalen* Gedanken über die Folgen dieser Theorie gemacht hatte. Beide waren froh, dass nun auch offiziell war, was viel zu lange angezweifelt worden war und von manchen weiterhin ignoriert wurde. Nun konnten sich die Physiker endlich den Implikationen der Theorie zuwenden.

Auf Hans wartete ein Mittagstisch in einem Kaffeehaus, auf Erwin ein Mikroskop im Dunkel desselben Labors, in dem Lise Meitner gearbeitet hatte. Bis sie, als erste Frau in diesem von Männern dominierten Metier, dem Ruf Plancks nach Berlin gefolgt war, wo sie mit dem Kollegen Otto Hahn, wie es immer wieder hieß, *an etwas dran* war. Dass die beiden ein kongeniales Paar waren, drang bis nach Wien durch, das seit dem Tod Hasenöhrls und Boltzmanns ins Abseits geraten war. Er ein innovativer und exzentrischer Chemiker, und sie eine äußerst talentierte theoretische Physikerin. Zweifellos ergaben sie eins dieser Teams, denen die Zukunft gehörte. »Ach, das verstehst du nicht, mein liebes Hähnchen, du bist halt doch nur ein Chemiker«, pflegte sie zu bemerken, wenn er an physikalischen Problemen verzweifelte.

Längst schon waren die Physiker drangegangen, die Chemie zu revolutionieren. Erwin war sich sicher, dass der Biologie ähnliches bevorstand, und er gedachte bei diesem Unterfangen eine Rolle zu spielen.

Aber noch ist es nicht so weit, dachte er, als er in den dunklen Raum schlüpfte und Licht machte, um sich zu orientieren und alles herzurichten. Er machte das Licht wieder aus und hockte sich ans Mikroskop. Im gebündelten Strahl des Instruments verschwand alles andere um ihn herum. Alles, bis auf die Muster, die vom Objektiv zum Okular und über das Auge in sein Gehirn gelangten. Diese Muster kamen und gingen, bis er über ihrem Anblick die Zeit vergaß.

Mit einer Hand bediente er das Interferometer, mit der andern langte er in die Dunkelheit und kritzelte Notizen aufs Papier.

Wie ein Blitz in der Nacht traf ihn plötzlich die Erinnerung an jene Tage auf dem Semmering, als es ihm trotz aller Zuneigung nicht gelungen war, mit Lotte auf eine Wellenlänge zu kommen. Da war jenes Muster an der Wand gewesen, das durch Schlitze im Vorhang gefallen war und Vorstellungen von tiefen Zusammenhängen geweckt hatte. Erst in den Armen Ellas, vor nun mehr als zehn Jahren, war es ihm gelungen, all die Frustrationen, die er sich beim Geplänkel mit Lotte geholt hatte, durch entsprechende Erfahrungen zu ersetzen.

Er versuchte das Mikroskop schärfer und die Erinnerung unschärfer zu stellen. Wellen, dachte er, sind etwas ganz und gar Wirkliches. Der Eindruck verblasste aber wieder, je länger er in das Okular spähte und je öfter er sich die Augen rieb. Als sein Nacken zu steif wurde, das Brennen der Augen sich nicht länger ignorieren und sein Blick sich nicht mehr scharf stellen ließ, gab er auf.

Bald würde er den Aufsatz über diese Forschungen an die *Annalen* schicken, und einen zweiten über seine Reflexionen auf dem Gebiet der Farbenlehre. Auf der Suche nach den idealen Farben, die die je maximale Helligkeit aufwiesen, war er bereits tief in vollkommenes Neuland vorgedrungen.

Inzwischen war es draußen dunkel geworden. Mit einem pochenden Schmerz im Nacken verließ er das Institut und stieg in eine Straßenbahn. Wenn er die Augen schloss, geisterten Wellen von Licht über seine Netzhaut wie Sinuskurven über einen Oszillografen.

Fränzel war bereits da, als er in die Gaststube trat, wo sie oft Wein tranken und über Gott und die Welt diskutierten. Wobei Gott ein Thema war, das Fränzel mehr am Herzen lag als ihm lieb war.

Der Wirt hatte es geschafft, in einem Kellerversteck Rotweine über den Krieg zu retten, die sich trinken lassen konnten; und er verstand es, weiß der Teufel wie, in diesen Zeiten gute Weißweine aufzutreiben. Erwin bestellte eine Flasche Gemischter Satz, der in den Weinbergen am Stadtrand so wuchs, wie er später verarbeitet wurde: mindestens drei Rebsorten, zu genau festgelegten Anteilen, alles von einem Hang.

Fränzel kam auf das Thema des Tages zu sprechen, doch Erwin lotste den Botaniker ins Dickicht seines eigenen Terrains. Vor Kurzem hatten sie Semons Werk über Mneme gelesen. Darin griff der Autor auf den Lamarck'schen Begriff der *Mneme* zurück, die derart rätselhafte Vorgänge wie Entwicklung, Differenzierung, Verhalten und Vererbung steuern würden.

»Glaubst du«, fragte Fränzel, »dass das, was wir erleben und an Eigenschaften entwickeln, sich auf unsere Nachkommen auswirkt?«

Erwin trank, um seinen Nacken zu entspannen und die Aufregungen des Tages zu relativieren, vielleicht aber auch nur, weil ihm der Wein schmeckte und er diesen metaphysischen

Durst löschen wollte, der paradoxerweise größer wurde, je mehr er trank. »Etwas in den Zellen muss es geben, das den Organismus und die Vererbung organisiert«, sagte er plötzlich, und er wiederholte und unterstrich es dick, indem er dem Freund provokant in die Augen blickte.

»Aber wie soll denn«, fragte Fränzel, »eine Spur aus unserem Gedächtnis in unsere Zellen gelangen? Oder, anders gesagt, führt überhaupt irgendein direkter Weg vom Phänotyp zum Genotyp?«

»Vielleicht«, sagte Erwin, »brennt die Wechselwirkung zwischen uns und der Umwelt ja eine Gedächtnisspur in unser Gehirn! Wer weiß, und dann kommt es über Keimzellen zu dem, was wir Vererbung nennen.« Wirklich überzeugt sah er jedoch nicht aus.

Fränzel legte eins nach: »Ja, sicher, oder es reicht vielleicht sogar aus, dass wir nur kommunizieren, um das, was in unseren Köpfen ist, an andere weiterzugeben. Eltern, Lehrer, Geschwister, Professoren, diese Art von Prägungen, und dann findet sich auf einmal alles, wie durch Zauberhand, in unseren Zellen wieder. Simsalabim! Eine Art unbefleckter Empfängnis. Oder doch nur Hokuspokus?«

Erwin ignorierte den Spott. Er starrte in sein Glas, als wollte er die Struktur des Weinsteins analysieren. »Kristalle«, sagte er vor sich hin, ein paar Mal, »Kristalle, Kristalle, Kristalle.«

»Was?«

»Es muss doch ein Prinzip im Wechsel des organischen Geschehens geben«, sagte er. »Eine Art Wille, der allem zugrunde liegt. Etwas Prägendes hinter der Welt der vielen Erscheinungen. Etwas, das die Illusion unserer Individualität erst erzeugt. Was meinst du?«

Für Fränzel war es nichts Neues, wenn der Freund im Laufe eines Gesprächs irgendwann bei seinem Säulenheiligen Zuflucht suchte. »Ich frage mich, was du ohne Schopenhauer machen würdest!«

Mit Trotz in der Stimme führte Erwin aus, wie Lamarck und Semon die Dinge sahen und Mneme die Vererbung kontrollieren würden. Fränzel entgegnete, dies seien doch noch nichts als Begriffe, von denen man gar nicht sagen könne, was ihnen entspreche, worauf Erwin, vom Wein beflügelt, ihm und der ganzen Welt in Aussicht stellte, dieses Nichtwissen zum Verschwinden zu bringen. Als Fränzel klein beigab und die Lösung des Rätsels, dem Frieden unter Freunden zuliebe, in Gottes Hände legen wollte, konnte Erwin sich nicht mehr beruhigen. Er dulde es auf keinen Fall, herrschte er den Freund an, dass man sich hinter einem Gott verstecke, wo es doch darum gehe, die Lücken im Wissen zum Verschwinden zu bringen!

»Was wissen wir schon«, seufzte Fränzel.

Erwin wollte nachschenken, doch die Flasche erdreistete sich, auf einmal leer zu sein. Er schüttelte sie, wie um zu demonstrieren, dass von einem Augenblick zum andern alles aus sein konnte. Fränzel sah die Flasche im Geiste durch die Gaststube fliegen, aber Erwin lachte nur laut auf und knallte sie vor ihn auf den Tisch. »Es ist eine Anmaßung, alles sofort wissen zu wollen, aber eine noch viel größere ist es, sich hinter etwas zu verstecken, was gar nicht hinterfragt werden *darf!*«

Ihrer Freundschaft zuliebe akzeptierten beide, dass sie sich über diesen Punkt, an den sie doch immer wieder kamen, nicht einigen mussten. »Let's agree to define«, sagte Erwin schließlich, aber er sagte es mit einer herablassenden Großzügigkeit und schaute dabei so unverhohlen auf seine Uhr, dass Fränzel unverzüglich die Rechnung verlangte.

Draußen traten beide von einem Bein auf das andere und tauschten Banalitäten aus, bis sie sich doch wieder verabredeten. Ein eiskalter Wind aus dem Norden ließ ihren Atem gefrieren. »Same time, same place«, sagte Erwin, der manchmal in seine andere Sprache verfiel, wenn er einen sitzen hatte. Über Evolution, Vererbung und Religion zu streiten, war das eine, ihre Freundschaft aber war etwas anderes, und die beruhte mehr auf Gefühlen als auf Argumenten. Sie umarmten einander, erleichtert, ein wenig hölzern auch, und klopften einander auf die Rücken, bevor sie in verschiedene Richtungen losgingen.

Ohne Route vor Augen ließ er sich durch die Gassen treiben und behielt nur die allgemeine Richtung im Blick. Irgendwann würde er so in die Nähe der Wohnung gelangen, dachte er. Und wurden in der Thermodynamik nicht die Bewegungen der einzelnen Atome zugunsten der Richtung, in die sich das ganze System entwickelte, vernachlässigt? Er hatte wieder einmal zu viel intus.

Der Streit hallte in ihm nach, überlagert von Sorgen, wie es mit Anny und ihm weiterginge, wenn er in Wien keine Professur mit einem besseren Gehalt bekäme. Sie konnten sich das Leben nicht mehr leisten. Die Mutter war inzwischen todkrank, gezeichnet vom Kampf gegen den Krebs. Ein Kampf, den sie nach dem Tod ihres Mannes verloren gegeben hatte. Sie brauchte eine Pflegerin und teure Medikamente. Wenn er nicht bald mehr verdiente, könnten sie die Wohnung nicht länger halten. Was wiederum andere Probleme nach sich zöge. Ein paar Bewerbungen für Stellen im Ausland lagen, ohne Unterschrift zwar noch, ganz oben auf seinem Schreibtisch.

Kristalle, dachte er immer wieder, *Kristalle*, ohne Anlass und Bezug scheinbar. Ein Wort, das sich in sein Bewusstsein eingeschlichen und dort festgesetzt hatte.

Fast prallten sie aufeinander, als er um eine Ecke bog: Er und die Frau, der ein Mann seinen Arm um die Schultern gelegt hatte. Er erkannte sie erst auf den zweiten Blick, als er einen Schritt zurück machte.

Seit Monaten waren sie einander nicht mehr über den Weg gelaufen. Er hatte Abstand gewinnen, sich Anny und der kranken Mutter widmen müssen, und sie wich ihm offenbar aus, seit er ihr gesagt hatte, dass er bald heiraten würde. Aus Zeitungen wusste er, dass sie mit ihren Zeichnungen für Furore gesorgt hatte. Man hatte ihre Arbeiten entrüstet mit Zeichnungen Schieles verglichen, der viel zu jung an der spanischen Grippe verstorben war, nachdem man ihn der Pornografie bezichtigt und in ein Gefängnis gesteckt hatte. Egon Schiele hatte an der Akademie tatsächlich den größten Eindruck auf sie gemacht.

»Was für ein Zufall!« Mehr brachte er nicht heraus, während er, ganz nebenbei, ihren Begleiter musterte. Er bemühte sich nicht, sein Missfallen zu verbergen.

Maya entspannte die Situation, indem sie ein allzu frivoles Lachen hören ließ. Sie entwand sich dem Griff des Gefährten, um ihre Zigaretten aus der Tasche zu kramen. Man stellte einander flüchtig vor und entschied, trotz der Kälte, an Ort und Stelle eine Zigarette zu rauchen.

»Das ist der Mann«, witzelte Maya über ihren *Physikus*, wie sie ihn nun zum ersten Mal nannte, »mit dem ich mich seit Jahren darüber in die Haare kriege, was Zufall ist und was nicht.«

»Ich hab von Ihnen gehört.« Wohl in der Absicht, geistreich zu sein, setzte der Fremde hinzu: »Mit dem Zufall ist es ein wenig wie mit der Hoffnung. Er ist eine Hure, die mit jedem geht.«

Erwin überhörte das, Maya wechselte das Thema. Als die Zigaretten geraucht und die Stummel im Rinnstein gelandet waren, lieferte die Kälte einen Vorwand für den raschen Aufbruch. Bevor er ihnen den Rücken zuwenden und das Weite suchen konnte, verfolgte er genau, wie der andere wieder seinen Arm um Maya legte. Um sie ganz zu vereinnahmen. Es versetzte ihm einen Stich in der Gegend seines Herzens.

Das war also jener Mann, den sie, wie er dachte, völlig überstürzt geheiratet hatte, nachdem er sich so plötzlich für Anny entschieden hatte. Ein seltsames Gefühl hatte ihn auf einmal beschlichen, als sie ihn vorgestellt hatte. Als würde er in einen Schneesturm geraten und sich verirren. Maya war ihm fremd *und* vertraut erschienen. Nun fragte er sich, ob er mit ihr gegangen wäre, wenn es den anderen nicht gegeben hätte, obwohl er zu Hause von Anny erwartet wurde. So wie sie einander, nach einer überraschenden Begegnung, immer wieder einmal gefolgt waren, nicht wissend, ob das nun Zufall war oder gar Schicksal. Dass er es nicht sagen konnte, stimmte ihn bitter. Wenn er sich fragte, was oder wer in dieser Liebesgleichung für die Variable des Zufalls einzusetzen war, landete er nur bei sich selbst.

Kristalle, dachte er, immer wieder, seine Schritte nun auf dem kürzesten Weg nach Hause lenkend. Was hatte es nur mit diesen verdammten Kristallen auf sich?

Im Zentrum von Arosa, das er eines Tages doch durchquerte, kündigte sich der Jahreswechsel an. Überall waren Vorbereitungen für die Silvesternacht im Gange. Die Lieferanten der Hotels, Wirtshäuser und Kuranstalten waren in Eile und hasteten mit ihren Lasten durch die schneeverwehten Gassen; indes die Gäste Hand in Hand oder eng umschlungen gegen die stechenden Kristalle ankämpften, die ein Sturm aus dem Norden mit sich brachte. Man bereitete sich vor. Junge Männer brachten Rampen aus Eis zum Abschießen von Feuerwerken in Stellung.

Der Lärm der Geschütze an der Front war so plötzlich in seinem Kopf, dass er sich nach einer Deckung umsah. Wie ein Elektron auf ein niedrigeres Energieniveau, sprang sein Geist in die Vergangenheit. *Diskret*, wie die Physiker zu sagen pflegten, ohne dass man angeben konnte, was in der Zwischenzeit geschah.

Ohne es selbst zu bemerken, war er stehen geblieben. Sein Blick irrte umher. Das Weisshorn war nur eine Andeutung in der vom Nebel verhangenen Kulisse der Berge ringsum. Er hielt sich die Ohren zu und hörte trotzdem alles. Die Rückschläge der Batterien, die Explosionen der Zündungen und das Pfeifen der Geschosse auf ihrem Weg ins Ziel. Er konnte die Flugbahnen der Granaten noch immer *hören*. Ein sich näherndes Geschoss klang, als wollte es sich einem direkt ins Ohr bohren, ins Gehirn und tief in die Seele.

Er setzte seinen Weg fort und versuchte diesen Schlager zu

pfeifen, der zur Zeit in aller Munde war. Die Lippen waren zu kalt, um einen klaren Ton hervorzubringen. Gedanken an Anny, die in diesen Tagen auch nicht solo war, beschwichtigte er mit dem Gefühl der Zuneigung, die sie noch immer verband. Trotz ihrer Affären hatten sie beide das Gefühl, dass ihr Leben miteinander mehr wert war als jede vergangene, gegenwärtige und bestimmt auch künftige Liaison. Waren ihre Affären, fragte er sich, das Salz in der Suppe des Alltags? Immerhin konnten Frauen Fragen provozieren, die jedem gestandenen Männerclub Rätsel aufgaben.

Manchmal fuhr der Sturm in den Kamin und löste ein Krachen, Wimmern, Wispern, Säuseln oder Seufzen aus. Der Tischherd erwachte zum Leben und erzählte vom Kampf der Elemente. Deckel klapperten und Töpfe wanderten wie von selbst über den Herd. Sie horchten und blickten jedes Mal erstaunt hin, wenn das geschah.

Was macht der Wind, wenn er nicht weht? Diese Kinderfrage. Dann liegt er in Ketten hoch oben im Norden, hatte ihm das Kindermädchen vor Jahrzehnten versichert. Aber was macht ein Elektron, während es von einer Bahn auf eine andere *springt?* Wo es doch dieses *Während* nicht zu geben scheint. In diesem Augenblick ist es noch so, und im selben Augenblick (man stelle sich das vor!) ist es schon ganz anders; und niemand weiß, was da nun wirklich geschieht. Ob demnach überhaupt *etwas* geschieht? Aber irgendetwas muss doch geschehen! Und damit etwas geschehen kann, muss auch Zeit vergehen.

So funktioniert jedenfalls unser Denken, dachte er. Dieses Denken war jedoch ebenfalls ein Produkt der Natur.

Maya holte ihn mit dem Essen in Raum und Zeit zurück.

Dann fragte sie ihn, zum ersten Mal, wie es nach diesem Intermezzo mit ihnen weitergehen werde. Er versuchte auf ein anderes Terrain auszuweichen. Seine Arbeit, argumentierte er, der Lehrstuhl an der ETH, das unstete Leben vor allem, dann seine vielen Reisen …

Sie ließ nicht locker. Er brauchte eine ganze Menge Wein, um seine Ansichten über die Beziehung der Geschlechter zu formulieren. Sie ließ aber noch immer nicht davon ab. Die Beziehung mit ihr? Dass die Schönheit von Erkenntnissen so oft auf der Strecke blieb, wenn man zu persönlich wurde, stimmte den Wissenschaftler im Mann ein wenig verdrießlich.

Das Feuerwerk bewahrte ihn davor, Maya mit seinen Aussagen total vor den Kopf zu stoßen. Vor Mitternacht ging es los. Das Zischen, Pfeifen und Krachen der Raketen lockte sie vor die Hütte, in die Kälte hinaus. Vom Ort wehten die Klänge eines Walzers herüber, zerfetzt vom Stakkato der in Salven abgefeuerten Raketen.

Er fasste sie um die Hüfte und setzte zum Tanz an. Vielleicht war er schon zu betrunken, womöglich aber wollte sie jetzt nicht tanzen, weil er sie gekränkt hatte. Jedenfalls lag sie so spröde in seinen Armen, dass sie stolperten. Sie fielen in einen Schneehaufen, den der Sturm vor die Hütte geweht hatte, und versanken darin wie in Daunen. Auf dem Rücken liegend sahen sie in den jetzt sternenklaren Himmel hoch und ließen das Feuerwerk über sich ergehen.

Sträuße aus Licht in allen möglichen Farben blühen mit einem Prasseln auf und verglühen Augenblicke später lautlos.

Sie flüsterten einander Glückwünsche ins Ohr. Maya wünschte sich, ihn öfter zu sehen. Er wünschte sich, Klarheit in seine Überlegungen zur Quantenmechanik zu bringen. Da lachten beide, wie man aus Verlegenheit lacht. War es ihnen peinlich, dass diese Wünsche so wenig miteinander zu tun hatten?

Als die Raketen ausblieben, wurde ihnen kalt. Sie standen auf und klopften einander den Schnee von den Kleidern. Maya zupfte noch an ihm herum, am Revers und am Schal, an seinen Schultern, als es gar nicht mehr nötig war, schlug ihm auf seine Brust und schließlich, bevor er ausweichen konnte, mit der Hand ins Gesicht, links und rechts, ein paar Mal, bis er ihre Hände zu fassen bekam und festhielt. Er umarmte sie. Sie zitterte am ganzen Körper. Weinende Frauen machten ihn hilfloser, als er im Krieg je gewesen war.

Er brachte sie hinein, ins Warme, zum Kachelofen, wo sie erst recht in Tränen ausbrach.

Das Jahr beginnt also mit zwei veritablen Problemen, dachte er bestürzt, einem wissenschaftlichen und einem privaten! Letzteres hatte er über seiner Arbeit zu sehr vernachlässigt. Ihr Verhalten im Umgang mit ihm war also weniger Bedürfnissen und Wünschen geschuldet, als vielmehr der Furcht, ihn ganz zu verlieren, wenn sie mehr wollte, als all die Jahre unausgesprochen vereinbart gewesen war. Mayas Ehe war ja das Papier nicht wert, auf dem sie besiegelt worden war. Und seine? Er verspürte den Impuls, trotz der klirrenden Kälte draußen, alle Fenster und Türen in der Hütte weit aufzureißen.

Sie hasse es immer mehr, murmelte sie an seiner Seite, die Ersatzfrau zu sein. Und als er geheiratet habe, damals, als ihre Liebe noch vielversprechend gewesen sei, habe er sie sehr verletzt, was sie die ganze Zeit über nur für sich behalten habe, um seine Laufbahn nicht zu stören!

Das alles kam ihm bekannt vor, obwohl es noch nie gesagt worden war. Eine Art Déjà-vu. Als würde sie nur laut wiederholen, was immer da gewesen, aber nie zur Sprache gebracht worden war. Anny beanspruchte mittlerweile dieselben Privilegien wie er, der längst damit aufgehört hatte, seine Affären zu verbergen; jene jedenfalls, die kaum Spuren hinterlassen. Weshalb hatte er vor Anny seine Beziehung mit Maya bis jetzt verborgen? Weil er sie länger kannte als seine Frau? Intensität ist vielleicht ein Argument, dachte er, als er sie ungeschickt umarmte, ob in Form eines Gedichts, einer Theorie oder einer heimlichen Liebschaft. Intensität war ein Schlüssel, der viele Schlösser sperrte.

Sie fing sich wieder. Was sie jetzt sagte, kam nicht mehr in von Schluchzern unterbrochenen Schüben, es kam ruhig und klar von ihren Lippen. Er überredete sie, mit ihm hochzugehen und sich schlafen zu legen.

An ihrer Seite, mit ihrem heißen Gesicht an seiner Brust, wurde ihm auf einmal klar, wie sehr er sich getäuscht hatte. Jahrelang. Was ihn mit ihr verband, war schon lange keine Affäre mehr, sondern eine Beziehung, körperlich und geistig, der er mehr verdankte, als für sein Selbstbewusstsein gut war. Auf eine Weise, die er nicht genau benennen konnte, war sie in seinem Leben präsent, ob an seiner Seite oder irgendwo, wo er gerade nicht war. Anny war wie ein Rahmen, in dem alles geschah. Maya war wie der Schleier über der Welt, den er immer wieder lüften wollte.

Er erwachte in einer anderen Welt. Die Struktur der Dinge war nicht mehr die vom Tag davor. Schon sein erster Blick auf Maya zeigte ihm, dass nichts mehr war, wie es gewesen war. Etwas anderes war da, in ihrem Gesicht, im Raum, überall. Wo immer er auch hinsah, drängte es sich ihm auf. Diese Kammer war zweifellos nicht mehr dieselbe wie noch gestern.

Die schlafende Gefährtin, in ihrem Haar und in sich selbst verfangen, erschien ihm vertrauter denn je. Hatte das mit dem Traum zu tun, fragte er sich, von dem er nicht sagen konnte, wann er ihn geträumt hatte, vor Stunden oder Minuten? Hatte er überhaupt geträumt? Im Ort drüben krähte ein Hahn. Ein Hund schlug an, die Echos verhallten, dann war es wieder still. Er seufzte vor Glück, streckte sich lang aus und schloss die Augen, um sich zu erinnern.

Als es passiert, ist er bereits irgendwo, an einem Ort ohne Menschen, ohne Lärm und ohne Schmerzen. Kein Ort eigentlich, vielmehr ein zeitloser Zustand. Diffuses Licht durchdringt alles. Er weiß, dass er stirbt, doch das macht ihm nichts aus. Sterben ist auch nicht anders als schlafen, lieben oder träumen. Es ist sogar leichter, schließlich stirbt man wie von selbst. Nichts ist zu tun, außer zu registrieren, was mit einem geschieht. Was durch einen hindurch wirkt. Die Trennung von Objekt und Subjekt löst sich auf. In dem Maß, wie alles Vertraute in den Hintergrund tritt, kommt etwas anderes zum Vorschein. Er muss nichts tun, als es nur zuzulassen. Was es ist, das sich da manifestiert, indem er stirbt, kann er weder sehen noch spüren. Auch das bist du! *Es ergreift ganz von ihm Besitz und verwandelt seine Energie in etwas anderes. Als würde seine Identität in eine Art Kraftwerk eingespeist und nun zu etwas Neuem transformiert. »Metempsychose«, kann er gerade noch denken, und »Seelenwanderung« … Dann trifft ihn sein eigenes Bewusstsein wie ein Blitz, und er erwacht.*

Er griff nach dem Tagebuch auf dem Nachttisch, um den Traum mit ein paar Wörtern zu skizzieren. Maya hatte sich neben ihm eingerollt wie eine Katze. Er sah ihr eine Weile beim Schlafen zu. Die Morgensonne sandte ihre Strahlen bis in die Winkel der Kammer. Manches erschien ihm, als sähe er es zum ersten Mal, seit er hier war. Das rustikale Bild über dem Tisch, dieser Bauernkalender da, das Kruzifix dort in der Ecke neben der Tür. War er nicht nur im neuen Jahr, sondern in einer neuen Welt erwacht? Immerhin war er noch am Leben.

Maya erwachte vom Duft des Frühstücks. Kaffee, Spiegeleier, Marmelade, Brot, Butter, alles auf einem Brett, das er als Tablett im Bett abstellte. Sie lebte auf, als er sie auf eine Wange küsste, sich zu ihr setzte und ihr die Dinge so richtete, dass sie zugreifen konnte. Was gestern geschehen war, schien jetzt nicht mehr so wichtig zu sein.

»Wir sind aber noch nicht miteinander fertig!« Sie wandte den Blick ab, als er ihn suchte, um sich auf das Essen zu konzentrieren.

»Nein. Natürlich nicht«, sagte er.

Ihre Worte ließen unterschiedliche Möglichkeiten anklingen. Niemand wollte dem im Moment nachgehen.

Er kam an ihre Seite und beteiligte sich am Essen. Seit er hier oben war, aß er mit Appetit. Dass er viel weniger rauchte, mochte auch dazu beitragen. Sein lästiger Husten war inzwischen verschwunden. Irgendwann kamen sie einander so nahe, dass er das Brett mit dem Frühstück entfernen musste. Eine Lust überkam sie, die keinen Aufschub duldete. Wortlos fielen sie übereinander her.

Als das Wetter wieder umschlug, löste er sich von ihr. Der Wind rüttelte wild am Dachstuhl. Er zog sich an, warf einen letzten Blick auf sie, schlich die Holztreppe hinab, schlüpfte in Schuhe und Jacke und trat in die Kälte hinaus.

Während die Leute dem Ort und ihren Häusern zustrebten, machte er sich in die andere Richtung auf. Er hielt auf das Weisshorn zu. Hoch oben fallender Schnee verwischte die Umrisse des Gipfels. Der zu einem Sturm anschwellende Wind fegte Wellen pulvrigen Schnees über die immer steileren Hänge. Mit eingezogenem Kopf, die Hände in den Taschen vergraben, stapfte er drauflos.

Sein Bewusstsein ist, bis auf jene Kraft, die ihn antreibt, immer weiter zu steigen, leer. Was ihn in den letzten Monaten beschäftigt hat, fällt von ihm ab. Modelle. Wahrscheinlichkeiten. Formeln. Dass seine Fähigkeit zu denken wie ausgelöscht ist, beunruhigt ihn keineswegs. Es gilt einzig, einen Fuß vor den andern zu setzen und eine Spur durch den Schnee zu ziehen; der immer wieder einbricht, wenn er seine Schritte in den schweren Schuhen zu hart setzt. Die Schneefront driftet vom Gipfel talwärts, und bald bedeckt eine neue Schicht Pulverschnee die Landschaft.

Er will nicht im Wald Zuflucht suchen, sondern über die Hänge wandern, weiter und höher hinauf. Dass er friert, spürt er gar nicht, registriert es lediglich am Klappern seines Kiefers. In der Hast des Aufbruchs hat er Handschuhe und Haube vergessen, also zieht er sich mit steifen Fingern den Schal über den Kopf. Mitunter bläst der Sturm so stark, dass er sich tief in den Schnee ducken muss, um nicht aus einem Hang gerissen zu werden. Sein heißer Atem beschlägt die Brille und gefriert. Als er fast nichts mehr sieht, immer wieder einbricht und auf dem Eis unter dem Schnee abrutscht, setzt er sich am Waldrand in den Schutz einer Föhre. Im Hohlraum der rechten steckt er sich mit der klammen linken Hand eine Zigarette an. Er zieht den Rauch in die Lunge und schaut sich, langsam ausatmend, um. Ein verwischtes Weiß, überall. Was will er hier oben bei diesem Wetter?

Er putzt seine Brille, raucht und späht nach etwas, von dem er nicht weiß, was es ist. Der Wind spielt mit dem frischen Pulverschnee, treibt ihn vor sich her, über Hänge, Kuppen und Grate, die er in der Ferne gerade noch ausmachen kann, bevor sich sein Blick im grauen Nichts der Gipfelregion verliert.

In seiner Nähe formiert sich eine Windhose und tanzt, gleichsam in sich selbst gekrümmt, über den Hang. Eine um ihre vertikale Achse rotierende Welle aus Wind und Schnee. Sein Blick bleibt daran hängen. Dieses Gebilde fasziniert ihn. Aber was will es ihm mitteilen? Er ignoriert die Kälte und Nässe in seinen Kleidern, vergisst Zeit und Ort und überlässt sich ganz dem vor seinen Augen wirbelnden Gespinst aus Wind, Wellen und Schneestaub. Ein Lächeln hellt sein müdes Gesicht auf. Die Zeit steht still. Plötzlich leuchtet ihm alles ein.

Vor seinem geistigen Auge nahm nun, anstelle der Windhose, etwas anderes Gestalt an. Eine Formel. Jene Formel, in der alles gelöst schien, was ihm lange Zeit so große Probleme bereitet hatte. Psi. »Das muss es sein«, sagte er zu sich, immer wieder, schrie es schließlich hinaus. Natürlich. »Das muss es ein!« Der Sturm riss die Worte aus seinem Mund. Die Erschöpfung vom Aufstieg war wie weggeblasen.

Er machte sich auf den Rückweg, um alles in eine Form zu bringen.

ALPBACH AROSA BERLIN DUBLIN DUINO GÖRZ GRAZ OXFORD PRINCETON SEMMERING WIEN **ZÜRICH**

Schon seit Monaten war er in Zürich mit der Herleitung der Wellengleichung beschäftigt. In seinem Umfeld wunderte man sich, woher der schmächtige Mann, der es auf der Lunge hatte und trotzdem rauchte wie ein Schlot, die Kraft nahm, sich Tag und Nacht mit den Tücken des Elektrons im Wasserstoffatom zu beschäftigen. Er, der es als Klassenbester am Akademischen Gymnasium in Wien stets vorgezogen hatte, allein zu arbeiten, nahm nun Hilfe in Anspruch.

Maya war wieder in Wien, und seine Frau, die von einer Party zur nächsten flatterte, kreuzte seine Wege nur sporadisch. Raum und Zeit genug also, sich in die Sisyphusarbeit zu stürzen, die Schwingungen in den Atomen endlich in einer gültigen Formel zu fixieren; was ihm mithilfe ausgerechnet Hermann Weyls, des Geliebten seiner Frau, schließlich auch gelang. Eine Formel, in der nun, wie Kollege Dirac es ausdrückte, vieles der Physik enthalten ist und, im Prinzip, auch die gesamte Chemie. Psi. Die Gleichung jener Theorie, über die einer seiner Gegner sagte, sie sei möglicherweise eine der perfektesten, akkuratesten und schönsten, die der Mensch je entwickelt habe: $i\hbar\psi = H\psi$.

Fünf *Mitteilungen* trafen nach und nach bei den *Annalen* ein: Aufsätze, die in die Geschichte der Physik eingingen, während noch die Tinte auf dem Papier trocknete. Schrödinger verschickte, wie es sich gehörte, Reprints an Kollegen, an Planck, Ehrenfels, Einstein und Lorentz in Leiden, den Doyen der theoretischen Physik, und wurde von Wellen der Zustimmung überrollt, in der die kritischen Stimmen zunächst untergingen.

Bald spalteten sich die Physiker in zwei Lager auf. Hier die Befürworter seiner Theorie, auf der anderen Seite die Anhänger Heisenbergs, der dieselben Phänomene mithilfe der Matrizenmechanik beschrieb. Dieses im Vergleich zu seinem immerhin recht umständliche Modell kam ohne die Begriffe Raum und Zeit und Ursache und Wirkung aus.

Dass auf diese Weise ein wesentliches Axiom der Physik seit Newton außer Acht gelassen wurde, gefiel Schrödinger keineswegs. Doch beide Verfahren lieferten die gewünschten Ergebnisse, was ihn aber, bei allem Respekt vor der Leistung des jüngeren Kollegen, nicht davon abhielt, von der Hässlichkeit der Matrizenmechanik zu reden; während Heisenberg sich in einem Brief an Wolfgang Pauli zur Bemerkung hinreißen ließ, der physikalische Teil von Schrödingers Theorie sei nichts als Mist.

Komplementarität lag demnach vor, und darüber kam es zu einem Streit. Die Wirklichkeit der verflixten Atome war janusköpfig. Man konnte sie so oder so sehen, verstehen, berechnen und beschreiben.

Einstein und er wollten nicht von der Vorstellung lassen, dass es in Atomen kausal zuging. Der Kopenhagener Kreis um Niels Bohr, dem auch Heisenberg und Pauli angehörten, war aber, wie er und Einstein dachten, nur allzu schnell bereit, sich damit abzufinden, dass im Inneren der Natur nichts als Wahrscheinlichkeiten, Zufall und Chaos herrschten. Zog er selbst auch nur in Betracht, es könnte tatsächlich so sein, wurde ihm schon ein wenig übel. Diese Quantenspringerei ohne Raum und Zeit konnte doch nicht der Weisheit letzter Schluss sein! Hatten sie mit ihrem Drang nach Erkenntnis etwa die Büchse der Pandora geöffnet?

In den Köpfen derer, die eine Ahnung von der Materie hatten, zeichneten sich in Umrissen bereits die Möglichkeiten einer künftigen Handhabung der Atome ab. Eine Einladung nach der anderen trudelte am Institut und in der Wohnung der Schrödingers ein, darunter eine nach Madison, Wisconsin. Begeisterte Telegramme, Briefe und Telefonate riefen ihn unverzüglich nach Deutschland, bis nach Berlin, ins Mekka der theoretischen Physik, wo die Physiker um Planck und Einstein es nicht erwarten konnten, sich mit ihm über *die* Formel und seine Theorie auszutauschen.

Allein schritt er die Räume der x-ten Bleibe ab, die sie in den letzten Jahren bewohnt hatten, die viel zu groß war für ihn und Anny, die sich hier ohnehin kaum je blicken ließ. Sein rastloser Blick versuchte in der Finsternis dieser mondlosen Nacht Schemen der Stadt, den Fluss oder die dunkle Fläche des Sees unten auszumachen. In diesem Sommer würde er keine Zeit haben, die Studenten am Ufer des Sees zu unterrichten, mit nur einer Badehose am Leib, mittels einer transportablen Tafel; was in manchen Kreisen für gewisse Spekulationen gesorgt hatte. Und noch weniger Zeit, in seiner Lieblingstaverne, auf einer Insel in der Limmat, mit Freunden einen über den Durst zu trinken.

Physiker hin, Professor her, im Grunde war er immer nur auf dem Sprung, wie ein heimatloser Geselle. Das Leben aus dem Koffer aber würde jetzt, nachdem er der Welt eine der elegantesten und praktischsten Formeln aller Zeiten verschafft hatte, wohl erst so richtig losgehen.

Ein Glas Wein in der einen, eine Zigarette und einen Brief Einsteins in der andern Hand, kam er, trotz der späten Stunde und der Erschöpfung, die ihn am Vorabend der Reise nach Stuttgart befiel, nicht zur Ruhe. So etwas wie Schlaf hatte sich schon seit Tagen nicht mehr eingestellt, eine Apathie bestenfalls, aus der er dann jedes Mal entweder total zerschlagen oder vollkommen überdreht auftauchte.

Ohne auch nur ein Wort zu schreiben, hatte er lange über seinem Tagebuch gebrütet. Er verspürte einzig Lust auf den Süden, das Meer, oder nach den Bergen im Zürcher Hinterland. Keine Termine, kaum Zigaretten, weniger Wein, aber mehr Zeit, sich mit Philosophie und den Fragen der Evolution des Lebens zu befassen. Allein, sein Erfolg ließ es im Moment nicht zu.

Während er aus den Fenstern der Villa in die mondlose Nacht starrte, kam ihm Lotte, seine erste Liebe, die unvollendete, in den Sinn. Würde sie, wo immer sie nun auch war, verstehen, was ihm gelungen war? Oder Felicie, inzwischen verarmt, Opfer der Inflation wie sein Vater, die ihn auf Geheiß ihrer Mutter wegen eines Barons hatte sitzen lassen. Könnte sie auch nur irgendwie ermessen, wie seine Arbeit den Blick der Menschen auf die Natur verändern würde? Er trank sein Glas in einem Zug aus. Und was würde der Vater gesagt haben? Sicher würde er ihn fragen, welche Rolle seine Erkenntnisse in einer Theorie des Lebens spielen könnten. Er schenkte Wein nach, trank. Alles nicht viel mehr als Sentimentalitäten, er wusste das, die am Ende zu nichts führten. Die meisten Menschen würden seine Arbeit erst schätzen, wenn ihre Folgen ihr Leben erleichterte. Und dann würden sie sich wohl mehr an die Erfinder als den Theoretiker halten, der den Dingen bis auf den Grund gegangen war.

In seinem letzten Brief hatte Einstein ihm versichert, dass seine Arbeit von echter Genialität zeuge. Und in diesem Brief, den er noch immer in der Hand hielt, durch die Wohnung streifend, immer wieder vorüber an Fenstern, hinter denen die Nacht lauerte, vorbei am Mobiliar, das sie nicht selbst ausgesucht hatten, vorüber an seit Jahren gepackten Koffern und flüchtigen Erinnerungen … In diesem Brief ließ Einstein ihn wissen, er sei davon überzeugt, dass der Ansatz der Kopenhagener *noch nicht der wahre Jakob* sein könne. Der junge Heisenberg habe, schrieb er aus Berlin, wohl nur so etwas wie ein *Quantenei* gelegt.

Was wollte er mehr? Warum Trübsal blasen? Das Schicksal meinte es doch gut mit ihm. Er sollte sich jetzt endlich schlafen legen, um auch gerüstet zu sein für die Tour durch Deutschland. Am nächsten Tag schon würde es zeitig losgehen.

Er öffnete noch ein Flasche Wein, schenkte sich nach und trank. Und rauchte. Und er machte, während er in die Nacht starrte, nach und nach Strukturen in dieser Dunkelheit aus.

Diesmal war es ihnen schwergefallen, ihre Schritte in die je eigene Zukunft zu lenken. Maya hatte sich, wie er dachte, Ablenkung in der Wiener Boheme verschafft. Treffen in privaten Zirkeln, Kunst und Politik, Vorträge, Lesungen, Theaterbesuche, Freikörperkultur, Sport und wer weiß, was noch alles, von dem er besser nicht zu viel wusste. Wie ein Elektron war sie an allen möglichen Orten zugleich, war in Wien *und* in seinem Kopf, im Kopf *und* in seinem Herzen, im Herzen *und* zwischen seinen Schenkeln.

Sie hatte ihn nicht einmal angerufen, obwohl ihr in Wien kaum entgangen sein konnte, dass er für eine Sensation gesorgt hatte. Diese Trennung war anders gewesen als frühere. Früher waren sie leicht auseinandergegangen, weil sie wussten, dass sie einander wieder über den Weg laufen würden: Körper, deren Bahnen sich aufgrund ihrer Anziehung immer wieder einmal kreuzten. Aber in Arosa war etwas geschehen, das diese Bahnen ablenken könnte, sodass sie sich entweder nie mehr begegneten oder aber kollidierten. Eine neue Größe war aufgetaucht im Wechselspiel von Zufall und Schicksal. Er vermied es, diese Größe beim Namen zu nennen, von der eine unberechenbare Gefahr ausging, die ihn an die Überzeugungen des Kopenhagener Kreises denken ließ.

Er eilte ins Arbeitszimmer, stöberte in seinen Unterlagen, bis er fand, was er suchte, und überflog die Herleitung seiner Gleichung, mehrere Male, als wären darin Spuren von ihr zu finden. Er lachte auf und warf alles wieder hin. Bestimmt steckte sie da drin, aber nicht in Form einer Zahl, Variablen oder Funktion, sondern in Form der Schönheit, die sein Gebilde in sich trug.

Als er von der ins Schloss fallenden Eingangstür aus seinen Gedanken gerissen wurde, riskierte er einen Blick auf die Standuhr im Salon: vier Uhr. In ein paar Stunden musste er aufbrechen. Wenn ihn nicht alles täuschte, dämmerte es draußen bereits. Zum Glück schlief er in Zügen, zum Takt der rhythmischen Bewegung, besser als in den meisten Betten. Wie in Trance schlurfte er durch die Zimmer in den Vorraum hinaus. Wenn Anny nicht, wie meist in letzter Zeit, auswärts übernachtete, war an Schlaf vor der Reise wohl nicht mehr zu denken.

Sie begrüßten einander mit einer Förmlichkeit, hinter der sich Enttäuschung über ihre scheiternde Ehe verbarg. Dieses Kind, das Anny wohl nicht mehr kriegen würde, stand schon seit einiger Zeit wie ein unlösbares Problem zwischen ihnen.

»Weyl freut es, dass du seine Rolle bei der Ausarbeitung deiner Gleichung nicht unter den Teppich kehrst!«

Noch bei den unmöglichsten Gelegenheiten über seine Arbeit zu sprechen, hatte sie in den letzten Monaten davor bewahrt, sich allzu sehr mit ihrer persönlichen Misere beschäftigen zu müssen.

Auf dem kursorischen Weg durch die Wohnung entledigte Anny sich nebenbei ihrer Schuhe, Kleider und auch des Schmucks, den sie abwarf wie eine Last. Ihm zuliebe nannte sie ihren Geliebten nie beim Vornamen, was ihm aber egal gewesen wäre, weil er Hermann mochte; und das nicht nur wegen der Hilfe, die er ihm bei der schwierigen Arbeit geleistet hatte. Dieser so überaus begabte Mensch litt darunter, dass es in der Mathematik Randgebiete geben mochte, deren Unvollständigkeit die Wurzeln seiner Disziplin untergrub. Unvollständigkeit nämlich und die sich in der Folge daraus ergebende Unendlichkeit waren den meisten seines Fachs ein Gräuel.

»Dieser Kuchen ist groß genug für uns alle«, sagte Erwin. »Einstein hat doch auch Unterstützung von Grossmann in Anspruch genommen, um Gravitation und Relativität durchzurechnen, der wiederum auf Größen wie Gauß und Riemann und Ricci-Curbastros absolutes Differentialkalkül zurückgreifen musste. Das ist doch business as usual in der Physik. Aber warum schläfst du auf einmal hier und nicht auswärts?«

»Ich bin immer noch deine Frau!« Dieser Bemerkung ließ Anny einen Seufzer folgen, der bedeuten konnte, dass sie dessen schon überdrüssig war; aber auch, dass sie sich nun daran erinnerte, wie die Dinge eigentlich lagen. »Ich wollte dich einfach noch sehen vor deiner Abreise.«

»Einstein und die Berliner sind auf meiner Seite«, sagte er, der nicht drauf aus war, sich noch um diese späte (oder frühe?) Zeit mit den obligatorischen Problemen ihrer Ehe zu konfrontieren. »Ich werde erst im Zug schlafen, kann also ruhig noch einen Kaffee trinken.«

Sie ging in die Küche, während er sich im Salon in den Ohrensessel fallen ließ. In diesem Sessel dachte er Dinge durch, die in den Bereich der Metaphysik fielen. Anny redete draußen einfach weiter. Sie passte ihre Stimme der Entfernung zwischen

Küche und Salon an. »Du bist jetzt ein gefragter Mann«, sagte sie. »Weyl meint, dir sei der größte Durchbruch seit Einstein gelungen. Warum sollte ich einen solchen Mann verlassen? Wegen seiner Affären? Die kommen und gehen doch wie der Wind. Wir sollten ganz weit weggehen, vielleicht nach Amerika. Das könnte uns wieder zusammenbringen. Und ein Kind adoptieren, was meinst du?«

»Was mir gelungen ist, wirft über kurz oder lang mehr Fragen auf, als es löst. Aber das ist in der Physik ja fast immer so. Ein Kind adoptieren? Amerika? Warum nicht?« Noch während er das sagte, spürte er auch schon den Stich in der Brust, den ihm Maya, in einer anderen Dimension freilich, versetzte.

»Ich lasse dir ein Bad ein«, sagte sie, als sie den Kaffee brachte. »Du schaust ganz so aus, als würde dir das guttun.«

In das Plätschern aus dem Bad, die Geräusche der Reisevorbereitungen, die sie ihm immer abnahm, und in den Ohrensessel versunken, machte Erwin eine Rechnung über die Vor- und Nachteile des Ehelebens auf. Was sprach dagegen? Vielleicht fügte sich seine Affinität zu den Frauen doch noch in eine Art bürgerliche Existenz ein; vorausgesetzt, er sah darüber hinweg, wenn Anny es ihm nachmachte. Er hegte ja noch immer den Verdacht (oder die Illusion?), dass er nicht anders konnte, während sie es ihm nur heimzahlen wollte. Das mit Weyl war zweifellos eine Ausnahme, und zwar gar nicht so sehr, weil sie nicht ohne ihn sein konnte, sondern weil Hermann sie liebte. Das war einfach nicht zu übersehen. Und die Vorteile? Eine Tasse Kaffee etwa, die sich zur Unzeit wie aus dem Nichts in seiner müden Hand materialisierte. Ein Bad, das die Lebensgeister eines Wanderers zwischen den Welten zu entfachen vermochte. Die Nähe eines vertrauten Menschen, dessen Dasein man atmete wie die Luft, die einen umgab. War es das?

Anny kam in den Salon, griff nach seiner Hand und zog ihn

aus dem Sessel hoch. »Woran denkst du? Deine Physik hat nichts mit unserem Leben zu tun!«

Es störte ihn kaum, dass gar nicht stimmte, was sie soeben gesagt hatte, es war nur gerade nebensächlich. In diesem Augenblick hatte nur Bedeutung, dass er spürte, warum er hier war, an diesem Ort, und gerade diese Frau umarmte und keine andere.

Sie zog ihn hinter sich her bis ins Bad. Sie entkleideten sich, und dann stieg sie zu ihm ins heiße Wasser. Während sie einander einseiften und die Hände zu flüstern begannen, flutete das Licht der Sonne ins Badezimmer. In diesem Licht erinnerte sie ihn an Minnie, die ihn als Bub mit derselben Hingabe gebadet hatte. Im Licht des noch jungen Tages war es ein Leichtes, die Liebe zu seiner Frau zu erneuern.

ALPBACH AROSA **BERLIN** DUBLIN DUINO GÖRZ GRAZ OXFORD PRINCETON SEMMERING WIEN ZÜRICH

Im Haus der Schrödingers waren fast alle Lichter an. Obwohl nur Maya, das Dienstmädchen und er selbst da waren. Anny ließ sich nicht mehr blicken, seit Maya die Unverfrorenheit besessen hatte, Erwin nach seinem Skiurlaub in Tirol einfach zu begleiten. Dass er sie hierher, in diese Villa am Rand von Berlin, mitgenommen hatte, war nur eine weitere Offenbarung seines Egoismus, dem, wie seine Frau vermutete, die Erfolge der letzten Jahre reichlich Nahrung gegeben hatten.

Seine fünf Aufsätze in den *Annalen* hatten ihn im Kreis der Kollegen auf der ganzen Welt bekannt gemacht; aber noch lange nicht so berühmt wie Einstein, der mittlerweile zu einem Star der Medien avanciert war, den man lieber in politischen und persönlichen Dingen befragte als in physikalischen.

Nach einer Tour de Force in Sachen Wellenmechanik durch Europa und halb Amerika, nach vielen Vorträgen und Angeboten, die er ausgeschlagen hatte, war er Plancks Ruf nach Berlin gefolgt. Hier stieß er mit seiner Interpretation der Quantenprozesse, die nicht auf Kausalität verzichtete, auf viel mehr Verständnis, als den Kollegen um Bohr, Pauli und Heisenberg recht war.

Hier, wo ein Brecht mit einem Stück über Ausbeutung reich werden konnte, wiewohl zuerst das Fressen kam und dann die Moral, wo ein greiser Feldmarschall die labile Demokratie unterminierte, indem er Hitlers Schlägertrupps nach Belieben walten ließ, wo in Etablissements am Ku'damm Politiker mit Bankern tanzten, bis die Inflation in schwindelerregende

Höhen kroch, wo Pornografie zu Kunst wurde und Kunst zu Pornografie, hier, wo manchem in Nächten, die nicht zu Ende gehen wollten, ein blauer Engel erschien; hier aber auch, in dieser Stadt, wo alles Mögliche möglich war, wo Schrödinger auf Lise Meitner traf, die voller Skrupel das Tabu brach, das noch über dem Kern des Atoms lag: Hier ging er bei Planck und Einstein ein und aus, gab Wiener Würstelabende für die Avantgarde der Physik und brachte die eine oder andere Geliebte mit nach Hause, während ihm seine Frau in der großen Villa immer mehr aus dem Weg ging.

Hier glomm nun das künstliche Licht in ihrem Rücken, als er mit Maya in eine laue Brise trat. Im Schein des Hauses, der in der alles sonst verbergenden Finsternis einen gelben Raum schuf, warfen sie sehr lange Schatten. Die Grundstücke in dieser Gegend waren so groß, dass die Villen darauf leuchteten wie Inseln, die in einem Meer aus Nacht und Dunkelheit trieben. Einer Dunkelheit freilich, in der sich alles Mögliche ereignen konnte.

Einen Moment lang kam ihm vor, Anny habe das Haus hinter ihnen in Brand gesteckt, und er fröstelte, seltsamerweise, bei diesem Impuls. Mayas lockeres Lachen an seiner Seite bestätigte, dass alles in Ordnung war. Er war sich noch immer nicht sicher, ob es eine gute Idee gewesen war, sie hierher mitzubringen.

Sie hakte sich unter auf dem Weg zur S-Bahn, stakste in ihren Stiefeletten über den Kies. Hatte er es so gewollt? Oder hatte sie ihn etwa um einen, oder gar mehrere, ihrer Finger gewickelt, die ja sogar totes Papier zum Leben erwecken konnten? Beim Skifahren in den Tiroler Alpen, auf dem Gletscher, als sie sich beim Sturz in eine Spalte am linken Arm verletzt hatte, war es ihm ganz natürlich erschienen, sich eine Zeit lang um sie zu kümmern.

Anny tat zwar auf einmal so, als gäbe es ihr Arrangement nicht mehr, ließ aber selbst keine Gelegenheit aus, ihn vor den Kopf zu stoßen. Planck war es gelungen, die Frau an seiner Seite, die nicht seine Frau war, fast nicht zur Kenntnis zu nehmen. Wie eine Hilfsgröße in der Mathematik, die von selbst wieder aus den Gleichungen verschwindet, wenn sie nicht mehr gebraucht wird. Was aber würde Einstein sagen? Der hatte zur Zeit anderes im Kopf, dachte er, und im Übrigen pflegte er derlei mit gehobenen Brauen und einem Lächeln in die Rubrik Allzumenschliches einzuordnen.

»Was ist?« Maya schaute ihn von der Seite fragend an, obwohl er gar nichts gesagt hatte.

Oder hatte er laut gedacht? »Nichts, es ist nichts«, sagte er, blieb stehen und steckte sich, mit ihr am Arm, eine Zigarette an. Schweigend gingen sie zur Haltestelle der S-Bahn, die sie durch den Grunewald und weiter bis nach Schöneberg bringen würde, wo Einstein mit seiner Cousine Elsa lebte, seit seine Ehe gescheitert war. Wer es wissen wollte, wusste auch, dass diese Ehe aufgrund der Stimmungsschwankungen gescheitert war, denen Mileva von Zeit zu Zeit anheimfiel. Beim rasanten Aufstieg ihres Mannes in die höchsten Sphären der Physik war sie, die früher selbst wissenschaftliche Ambitionen gehabt hatte, mit zwei Kindern auf der Strecke geblieben, verwirrt und verbittert.

In unserem Metier, überlegte Schrödinger mit einem Blick auf die Gefährtin, sollte man vielleicht die Einsamkeit der Zweisamkeit vorziehen. Die Zweisamkeit, falls alles immer mehr in Streit ausartet, übertönt jene Stimmen, die uns sagen wollen, was wir wissen möchten: Ein Flüstern meist nur im hektischen Gefüge des Alltags, das man in der Stille besser vernimmt. Wobei man allerdings aufpassen muss, dachte er, weil die Einsamkeit allzu oft jene Souffleure begünstigt, die nicht in unserem Sinn sprechen. Wie hatte es doch der idiosynkratische Nietzsche auf den Punkt gebracht: *Die Einsamkeit sät nicht, sie reift nur. Und dazu musst du die Sonne zur Freundin haben!*

Die S-Bahn-Station ragte im Schein neonheller Lampen in die Neumondnacht wie ein Landeplatz für Außerirdische. Auch sein Kichern konnte die Beklemmung nicht vertreiben, die ihn befiel, wenn er an die Radaubrüder dachte, die seit einiger Zeit Berlins Straßen in Zonen verwandelten, wo man nicht mehr sicher war. Wirklich deprimierend war, dachte er, dass dieser Pöbel Verbündete durch alle Schichten der Gesellschaft hatte, bis in die höchsten Kreise. Längst schon prügelten Studenten mit dem Einverständnis der Professoren und Direktoren auf Kommilitonen ein, weil sie jüdischer Abstammung waren, und mittlerweile machte dieser Obskurantismus auch vor Einstein nicht halt.

»Warum so schweigsam?« Maya fand wirklich, dass er sich mehr um sie kümmern sollte.

Als die Bahn mit einem solchen Getöse in die Station fuhr, dass seine Antwort unterging, hörte er wieder den Schall an der Front bei Prosecco, dem die Granaten folgten wie Bestien, die von ihren Ketten gelassen wurden. Mit einem flauen Gefühl im Magen dachte er an die Dinge, die da kommen mochten. Aber was tun? »Du bist heute so verführerisch«, rief er, »dass ich auf dich aufpassen muss!«

Hier draußen war die Bahn fast leer. Sobald er sich vergewissert hatte, dass niemand sie beobachtete, küsste er sie auf den Mund.

»Ich hab eine Überraschung für dich«, flüsterte sie in sein Ohr.

Als er sie mit Worten und Händen bedrängte, ihm mehr zu verraten, lenkte sie das Gespräch in jene Richtung, die ihre

Gespräche seit Tagen immer wieder einmal nahmen. Anny und er. Sie und Anny und er. Anny und sie. Und dann, natürlich, nicht zuletzt, auch Anny *oder* sie! Wie es denn mit ihnen zwei oder drei auf lange Sicht weitergehen würde? Alles Fragen, die sich ihm mit umso größerem Nachdruck stellten, je mehr er sie aus seinen Überlegungen verbannte. Ihm gingen bei diesem Thema mittlerweile die Antworten aus, die ihn auf nichts festlegten und auf Zeit spielten.

Maya sah ihn an, als wollte sie die Gedanken hinter seinen Worten erraten. Er lenkte sie ab, indem er auf etwas hinwies, das sich, einen halben Waggon weiter, vor ihren Augen abspielte.

Parolen skandierend, war eine Gruppe junger Männer zugestiegen. Breitbeinig und provokant schoben sie sich durch den Zug, kamen näher und ein paar Sitze weiter zum Stehen: pflanzten sich auf, ließen ihre Hacken knallen und zerrissen die Luft mit wie von selbst in die Höhe schnellenden Armen.

Im Waggon machte sich Betretenheit breit. Der Anführer, der einen schwarzen Mantel trug, beugte sich zu einem alten Mann hin, der mit einem Jungen unterwegs war. Fast alle blickten weg, starrten ins Nichts ihrer eigenen Ängstlichkeit. Er stupste Maya, sich doch anzusehen, was da hinten passierte. Hüte, Mäntel, Schläfenlocken und die Barttracht des Alten wiesen die beiden als orthodoxe Juden aus.

»Aufstehen!«

Der Mann legte einen Arm um den Jungen und blieb sitzen.

»Wird's bald?«

Die beiden waren starr vor Schreck.

»Biste taub, Alterchen, oder wat? Na, wat is nu?«

Die Horde hinter dem Anführer johlte und pisste sich vor lauter Spaß fast in die Hosen.

»Lassen Sie uns doch in Ruhe, bittschön«, sagte der alte Mann mit zittriger Stimme.

»Wird's bald, hab ik jesacht, und die Ausweise«, flüsterte der Mann ganz nah am Ohr des Alten. »Aber flott. Un ja keene Fisimatenten. Un nehm se jefällichst Haltung an hier inner teutschen Bahn oder wat!«

Der alte Mann schob den Jungen auf die andere Seite ans Fenster und erhob sich mit einem Ächzen.

»Na, wat is?«

Die Stille zwischen den Satzfetzen dröhnte in Schrödingers Körper, als würde in seinem Kopf die Glocke des Stephansdoms angeschlagen. Er wollte nichts als raus aus dieser Situation, war aber dabei wie gebannt. Etwas lähmte ihn, das er sich nicht erklären konnte. Es war nicht die Angst, hier und jetzt in Schwierigkeiten zu geraten. Es war etwas Älteres, das tiefer saß. Ein Wald von Beinen, der ihm jeden Ausweg versperrt, blitzte in seinem Bewusstsein auf, und eine Stimme, die etwas über einen Platz brüllt, ätzend und hetzend, Tonfarbe und Idiom wie zu Hause, in Wien.

Dass Maya seinen Arm drückte, bis ihre Fingerkuppen blutleer waren, spürte er nicht. Der Jude murmelte etwas in seinen Bart.

»Wat is nu, Alterchen? Ausweise hab ik doch jesacht. Kann er denn nich ma Teutsch?«

Der alte Mann räusperte sich, sagte: »Es tut mir leid, wir haben keine dabei. Ausnahmsweise.« Er senkte pflichtschuldig den Blick.

Erwin sah genau, wie es im aufgeschwemmten Gesicht des Anführers arbeitete. Die Anstrengung, auch nur einen Gedanken zu fassen, quälte ihn ganz offensichtlich. Hinter ihm johlte die Meute etwas von Vergeltung und Bestrafung. Einer, dem der doppelte Sinn des Wortspiels nicht entgangen war, stahl sich in die Aufmerksamkeit des Leithammels. »*Aus*nahms*weise*, hä, dat is jut, wa?«

Einen Moment lang sah es nun so aus, als würde der Anführer den Hinweis des Typen verstehen, doch immerhin so etwas wie einen geistreichen Dialog geliefert zu haben. Aber dann dämmerte ihm, dass in diesem Fall ja der Jude die Pointe gesetzt hätte und nicht er, wenn auch mehr aus Furcht und Verwirrung als aus Bosheit. Ein sardonisches Grinsen tropfte von seinem Gesicht und hinterließ dort nichts als Hass, während er bereits mit der Rechten ausholte.

Jetzt fiel es ihm auf einmal wie Schuppen von den Augen. Er konnte spüren, wie ihn Tante Minnies Hand hochzog. Er erwachte aus seiner Erstarrung, stürzte zum Anführer hin und fiel ihm in den Arm. »So lassen Sie das doch! Was bilden Sie sich überhaupt ein!« Es tat gut, in dieser Angelegenheit eine Tracht Prügel zu riskieren. Eine uralte Last fiel von ihm ab. Er fühlte sich unverwundbar, fast wie Siegfried, der Drachentöter.

Der Kerl stieß ihn von sich wie einen Sack, stutzte sodann verdutzt. Er fand keine Worte für diese Renitenz. Es erstaunte Schrödinger, dass er keine Angst hatte, und er rappelte sich schnell wieder auf. Er spürte einen mächtigen Willen: Etwas, das viel stärker war als er. Noch zögerte der andere, schaute sich nach seinen Mitläufern um, und in dieses Zögern hinein wurden Stimmen laut. Ein Murren zunächst, Worte wie »Aufhören«, »Schluss jetzt«, »Lasst endlich den Mann in Ruhe!« und sogar »Haut doch ab!« Einige erhoben sich und drängten auf die Szene. Ein Tumult entstand. Der alte Mann rückte zum Jungen hin, legte wieder einen Arm um ihn.

Da platzte der Kondukteur in den Waggon. Mit der Autorität des Befugten und seinem Auftritt ließ er keinen Zweifel daran, wer in diesem Zug (noch jedenfalls!) das Sagen hatte. Er wollte gar nicht hören, was wirklich los gewesen war, löste nur, so rasch es eben ging, die Menge auf. Offiziös kontrollierte er einen Fahrschein nach dem anderen. Er tätschelte dem Jungen den Kopf.

Schrödinger war inzwischen mit Maya ausgestiegen.

Auf dem Weg von der S-Bahn-Station in die Haberlandgasse war es verdächtig ruhig. Noch gab es in diesem Viertel kaum Randale, wie sie im Zentrum und in anderen Gegenden der Stadt an der Tagesordnung waren, wo die Anhänger Hitlers sich mit Kommunisten prügelten und umgekehrt, wobei die Schlägertrupps Hitlers vorwiegend Asoziale und Straffällige rekrutierten, die, besessen von der Monstrosität ihres Sektenführers, allen nachstellten, die sie für Intellektuelle, Juden, Zigeuner und Schwule hielten.

»Gott sei Dank ist nichts passiert«, sagte Maya, blass und fassungslos wegen des Vorfalls in der Bahn.

»Freu dich nur nicht zu früh! Bald schon droht uns das auch in Wien«, sagte er. Trotzdem schien er erstaunlich gut gelaunt. Vom eigenen Mut überrascht, konnte er sich kaum des Eindrucks erwehren, auch das Zeug zum Helden zu haben. Maya zu beeindrucken, war ihm jedenfalls gelungen, und die musste ja auch nicht wissen, dass es im Grunde Minnie gewesen war, für die er sich derart ins Zeug gelegt hatte.

Vor Kurzem, nach dessen Rückkehr aus Princeton, hatte er Einstein in seinem Turmzimmer besucht. Einstein, der sich gern als *Einspänner* sah, hatte sich unter dem Dach eine Studierstube eingerichtet, die eines Junggesellen würdig war; gleichwohl lebte er ein paar Etagen darunter mit seiner zweiten Frau zusammen.

Oben jedoch, den Sternen näher, ging er in Gedanken alle möglichen Wege durch, die zur *Großen Einheitlichen Theorie* führen mochten. Rätselhafte Pfade mitunter, die bisher stets in die Irre und am Ende in ein Labyrinth geführt hatten. Dort oben erledigte er die Korrespondenz mit aller Welt, tauschte sich mit Kollegen, Pazifisten, Sozialisten und Zionisten aus, empfing aber auch gern Frauen, die nichts mit Physik zu tun hatten, und schüttelte, ganz nebenbei, den einen oder anderen Knittelvers aus dem ausgefransten Ärmel: *Männlein, Weiblein wundersam/ holen sich ein Autogramm/ Jeder muss ein Kritzel haben/ von dem hochgelehrten Knaben/ Manchmal frag in all dem Glück / Ich im lichten Augenblick:/ Bist verrückt du etwa selber/ oder sind die andern Kälber?*

Er hielt es mit Lichtenberg, auch so ein Abweichler aus ihrer Zunft, der doch vor mehr als hundertvierzig Jahren gemeint hatte, wo ein Problem verborgen sei, da mache er nichts lieber als einen Scherz.

Einstein empfing sie mit der ihm eigenen Herzlichkeit. »Wen hast du denn da mitgebracht, lieber Schrödinger?« Während er die Frage stellte, winkte er eine junge Frau herbei, nahm sie an der Hand und zog sie an seine Seite. Erwin kam ihm zuvor und stellte rasch Maya vor, hoffend, dass Einstein nicht nach Anny fragen würde.

»Auch ich möchte euch jemanden vorstellen«, sagte Einstein, überließ es aber der Attraktion, sich selbst vorzustellen. »Glaub ja nicht, dass nur du in den Genuss von Naturereignissen kommst!« Das war nun also Margarete Lebach, die sogenannte *Österreicherin*, über die seit einiger Zeit gemunkelt wurde. Eine aparte Blondine aus Erwins Heimat, die man dafür verantwortlich machte, dass Elsa immer seltener an Einsteins Seite zu finden war. Seine Stirn lag in Falten, als Einstein ihn mit den Worten »Komm, grübeln können wir später« beim Arm nahm und in den Musiksalon führte.

Hier harrte ein handverlesenes Publikum dem Spiel eines

Streichquartetts, das mit Einstein zum Quintett werden würde. Häppchen und Getränke wurden gereicht. Die Dissonanzen, die beim Stimmen der Instrumente frei wurden, erinnerten ihn an die Ambitionen der zu früh verstorbenen Mutter. Hatte der Vater wirklich das Recht gehabt, das Geigenspiel der Mutter, das ihr so viel bedeutet hatte, zu unterbinden? Und warum glaubte ausgerechnet er, ein Mann, der den Beweis schätzte, bis heute, dass diese Leidenschaft ihre Krankheit verursacht hatte?

Fragen, die sich in nichts auflösten, als die Frauen alle Dissonanzen in einer Überlagerung von Schwingungen zum Verschwinden und endlich den Grundton auf den Punkt brachten: Schwingungen, die durchaus jenen im Atom des Wasserstoffs ähnelten.

Das »Servus Schrödinger«, das ihn aus seinen Gedanken riss, kam von keiner andern als Lise, die er seit Jahren nicht mehr gesehen hatte. Noch bevor er antworten konnte, umarmte sie ihn auch schon.

Was sie einander zu sagen hatten, musste warten, denn der Gastgeber kam, seine Geige unterm Arm, in den Salon und gesellte sich zu den Musikerinnen. Die fünf verbeugten sich, und Einstein kündigte ein Quintett für Streicher in C-Dur von Schubert an. Er hatte sich für diesen Abend in Schale geworfen, das war kaum zu übersehen, auch wenn sein Frack Assoziationen an einen Pfandleiher weckte. Nicht umsonst stand er im Ruf, sich nichts aus solchen Dingen zu machen. Dass er versucht hatte, sein Haar zu bändigen, durfte als Entgegenkommen an seine Gäste verstanden werden; oder an die mysteriöse Österreicherin, die abseits in einem Stuhl saß und sich nicht anmerken ließ, was sie mit Einstein verband.

Der nun noch einmal, wie aus der Ferne, auf sein Publikum und dann auf jede Musikerin blickte; wobei sein Augenmerk der Cellistin galt, die sich, Schlangen im Haar, mit gespreizten Beinen über ihr Instrument beugte. Indem er tief in die Knie ging, verschraubte er seinen Körper in einer Drehung um hundertzwanzig Grad und setzte, sich aufrichtend, mit einem Ruck des Kopfes und kräftigem Strich ein.

Auf der kleinen Bühne des Salons bemühte sich das Quintett redlich, dem Stück von Schubert gerecht zu werden. Allein, Töne konnte man schlecht verstecken, und so konterkarierte Einsteins Strich (»Ein Strich wie ein Holzfäller«, so ein Kollege und früherer Mitgeiger) immer wieder das farblose Spiel der Amateurinnen; mochte sich die Cellistin auch noch so sehr ins Zeug legen.

Die Melancholie Schuberts, dachte Schrödinger, verlangt nach einer Raffinesse und Beherrschung des Instruments, von der alle hier sich Abrackernden weit entfernt sind. War es, fragte er sich, indem er diskret die Mienen der anderen beobachtete, am Ende das, wovor der Vater die Mutter bewahren hatte wollen? Auf keinen Fall in die Falle einer Leidenschaft zu gehen, die den Blick auf das eigene Vermögen trübt, sodass man nicht mehr sieht, wann man seine Ambitionen der Lächerlichkeit preisgibt. Gegen Hausmusik war nichts zu sagen, wie immer sie ausfiel, war sie doch eine reine Privatsache, wohingegen aber dem Drang, sich vor Publikum zu präsentieren, etwas Fragwürdiges anhaftete. Warum der Vater nicht geduldet hatte, dass die Mutter für sich und die Familie musizierte, hatte er damals beim besten Willen nicht verstehen können. Vielleicht war ihm, der nie ein Geschäftsmann geworden und immer Wissenschaftler geblieben war, alles Dilettantische zuwider gewesen? Womöglich aber hatte er einen Horror davor, jemanden mit einem falschen Talent kämpfen und leben zu sehen (wie sich selbst), und hatte diese Angst dann auf seine Frau übertragen und dafür gesorgt, dass ihm, dem Sohn, so etwas erspart blieb. Er mochte es drehen und wenden wie er wollte: Das Rätsel blieb, warum er die Abneigung des Vaters übernommen hatte, ohne sie jemals infrage zu stellen.

Dass Einstein, *das* Genie, hier vor aller Augen und Ohren sein Steckenpferd zu Tode reitet, dachte er noch, mag ja angehen, seine Marotten sind ja Legende, warum aber alle so tun, fragte er sich in den Applaus und die gefälligen Bemerkungen hinein, als würde der Wunderknabe Menuhin spielen, wollte ihm einfach nicht in den Kopf.

Immerhin zwinkerte ihm Lise so zu, als würde wenigstens sie seine Bedenken verstehen. In ihrem Lächeln lag aber auch eine große Nachsicht gegen das harmlose Hobby Einsteins.

Das Quintett erntete einen enthusiastischen Applaus, der wohl mehr Einstein galt, der die Chuzpe hatte, sich mit seinem zur Schau gestellten Dilettantismus unter die Sterblichen zu mischen. Er verneigte sich, ein Mal nur, und verteilte den Applaus mit seinem Bogen über die Streicherinnen.

Seine Miene und seine Haltung, als hätte er irgendetwas angestellt, versöhnten Schrödinger fast mit der Darbietung. Wenn er noch dazu in Rechnung stellte, wie oft Einstein seine Geige für karitative Zwecke malträtierte, war eigentlich nicht mehr viel daran auszusetzen.

Die Menge zerstreute sich. Man schwärmte nach einem Häppchen, einem Glas Wein und einem Gespräch aus, in das man sich einmischen konnte. Während Maya bei Einstein blieb, machte er eine Runde durch den Salon. Er lernte Hansi kennen, eine Wiener Fotografin, die nach Berlin geheiratet hatte. Fern der Heimatstadt schien es, schon nach einem kurzen, anregenden Gespräch, ganz natürlich, die Adressen zu tauschen, um in Verbindung zu bleiben.

Maya und Schrödinger fanden sich im Raucherzimmer an der Seite Einsteins wieder. Der war vor dem Geriss um seine Person in ein Gespräch mit Lise Meitner geflüchtet. Er zog an seiner kalten Pfeife, beugte sich, mit zu Schlitzen verkniffenen Augen, zu ihr hin und war ganz Ohr. Mit einer jovialen Geste forderte er die beiden auf, doch in das Gespräch einzusteigen.

Im Hintergrund zog diese Österreicherin ihre Kreise, ließ sich mit einem Glas Sekt in der einen und einer Zigarette in der andern Hand durch die Räume treiben. Ein Trabant auf einer elliptischen Bahn, gefangen im Schwerefeld Einsteins, dem sie sich nur widerwillig fügte. Ab und zu warf sie die blonde Mähne mit einem Schütteln des Kopfes über die Schultern zurück, hob ihr Gesicht ins Licht und sah sich um, als wollte sie sagen: Ihr wisst ja gar nichts!

Erwin nahm eine Zigarette aus seinem Etui. Er klopfte die Spitze am Rücken seiner Hand ab und rauchte sie schließlich an, nachdem er sie mit einem kritischen Blick bedacht hatte. Einstein nutzte die Gelegenheit und hielt den Kopf seiner Pfeife unter die Flamme. Er sog, bis das kleine rotblaue Feuer über der Pfeife tanzte, dann paffte er ein paar Wölkchen Rauch in die Luft und streckte den Rücken durch.

»Du weißt ja gar nicht, Schrödinger, wie froh ich bin, dass du mich mit deiner Arbeit vom Hexeneinmaleins der Kopenhagener erlöst hast!«

»Los sind wir die noch lange nicht«, sagte Schrödinger. Nach einem Zug von seiner Zigarette quoll ihm der Rauch aus Mund und Nase. »Denk doch an die letzten Kongresse in Brüssel!« Er blickte Einstein herausfordernd an. Dort fand alle paar Jahre ein physikalischer Kongress mit Koryphäen aus der ganzen Welt statt, wo er die Überzeugung vertreten hatte, die Thesen des Kopenhagener Kreises würden in letzter Konsequenz zu etwas so Verrücktem wie einer unmittelbaren Fernwirkung führen: Elementarteilchen, die einander über riesige Entfernungen beeinflussen, und das, ohne dass dabei Zeit vergeht. »Es wäre das Ende von Ursache und Wirkung, wie wir sie kennen«, fügte Schrödinger hinzu.

Einstein drohte ihm, allerdings mehr im Scherz, mit der Pfeife. »Ich höre aus deiner Formulierung doch keine Zweifel heraus, dass es das geben könnte! Das Ende der Kausalität? Hm, was meinen Sie, Frau Meitner? Sie schauen in Ihrer Arbeit den Atomen doch sozusagen in die Karten wie niemand sonst.«

»Und was ich dort sehe, oder zu sehen glaube, schafft mehr Rätsel als es löst. Noch«, fügte sie hinzu, wie um sich selbst den für derart langwierige Forschungen notwendigen Optimismus zu bescheinigen. »Die Kräfte, die Kerne zusammenhalten, scheinen gigantisch zu sein. Aber ob in ihnen auch etwas ist, das sich jenseits von Raum und Zeit befindet, überschreitet meine und Hahns Vorstellungen bei Weitem. Noch«, fügte sie wieder hinzu.

Ihr vielleicht wegen der absurden Verhältnisse etwas trauriger Blick suchte Halt und eine Antwort in Schrödingers Augen. Einstein hing dem Rauch aus seiner Pfeife nach, zuckte nur gelegentlich mit dem Schnauzer, als wollte er ein Insekt (oder lästige Gedanken?) verscheuchen. Die Gäste kreisten weiter, getrieben von unbekannten Kräften, durch den Raum wie die Körper draußen im Kosmos.

Maya kam es vor, als fände hier, unter ihnen vier, eine Art Verschwörung statt. Sie wusste nicht genau, worum es ging, konnte aber die Tragweite der Überlegungen förmlich spüren. Es machte ihr im Moment gar nichts aus, einfach nur dabei zu sein und sich nicht einzumischen. Sie wusste ja, und davon wiederum hatten die anderen keine Ahnung (und besonders Erwin nicht), über ein anderes Geheimnis Bescheid.

Bevor Schrödinger Lises Wunsch nachkommen konnte, sich auch zum Thema zu äußern, ergriff Einstein das Wort. Indem er Kopf und Mähne in den Nacken warf, verkündete er mit apodiktischer Miene: »Und der Alte würfelt halt doch nicht!«

Hinter diesen Worten hatte er sich auf dem letzten Kongress verschanzt, wenn ihm die Kopenhagener zugesetzt hatten, wobei niemand sagen konnte, ob dieser *Alte* nun Gott sein sollte oder etwa ein Synonym für die Natur im Sinne Spinozas. Sein Spleen, in Rätseln zu sprechen, hatte sich seit seinen Herzproblemen noch verstärkt, die, wie sein Ringen mit der Relativität, mehr als zehn Jahre zurücklagen.

Womöglich war seine Erkrankung, wie ja auch meine, dachte Schrödinger und musterte Einstein wie ein Arzt seinen Patienten, eine Folge der Anstrengung, den Dingen, ohne Rücksicht auf sich selbst, auf den Grund zu gehen. »Vielleicht würfelt er ja doch, dieser Alte«, sagte er, »behält es sich aber dennoch vor, Einfluss auf das Ergebnis zu nehmen. Was dann für uns wie reiner Zufall aussieht, ist in Wirklichkeit nichts anderes als ein Spiel mit gezinkten Würfeln.«

»Möglich«, mischte Lise sich wieder ein, »dass wir das Zufall nennen, was im Innersten der Natur geschieht, weil wir den Grund dafür noch nicht kennen.« Sie sah Maya an, als ersuchte sie um Nachsicht, dass hier von Dingen gesprochen wurde, die vielleicht nur für Physiker interessant waren.

»Wie wir ja auch nicht wissen, was im Innersten eines Menschen vor sich geht, nicht wahr«, sagte Maya mit einem Seitenblick auf Schrödinger. Denn das sichtbar zu machen, gelang ihr nur, wenn sie einen Pinsel oder Stift zur Hand nahm, um, was sie von ihm *sah*, mit ein paar Strichen zu fixieren. Und was dann da zum Vorschein kam, erstaunte sie selbst immer wieder. Es war nicht der Mann, den sie zu kennen glaubte, sondern vielmehr ein Mensch, der ihr nach all den Jahren noch immer Rätsel aufgab. Er hatte kaum je etwas dagegen, sich von ihr zeichnen zu lassen, ermutigte sie sogar, mochte sich aber diese Arbeiten nicht gern ansehen.

Man geruhte allseits, jede Anspielung in Mayas Bemerkung

zu überhören. Bloß Einstein lächelte, nickte kurz und brummte zustimmend.

Lises *Noch*, das leise andeutete, dass man mit der Zeit schon noch in Erfahrung bringen werde, was sich noch nicht erklären ließ, hing noch immer verloren in der verrauchten Luft.

Schrödinger griff es auf: »Dass Bohr, Pauli, Heisenberg und andere sich damit abfinden, dass wir auf der Quantenebene auf die klassische Kausalität verzichten, und zwar vollkommen und für alle Zeiten, halte ich für verfrüht. Die Suche nach den Zusammenhängen zwischen dem Teil und dem Ganzen hat noch gar nicht richtig begonnen. Mir wirft man doch auch vor, meine Gleichung beschreibe nicht so sehr das Verhalten des Elektrons, sondern sei ein abstraktes Modell, das der Wirklichkeit mehr oder weniger zufällig sehr nahe komme …«

Einstein riss sich die Pfeife aus dem Mund und rief: »Aber deine Gleichung passt auf diese Zustände wie die Faust auf das Auge der Ignoranten!«

»Man hofft auf Gleichungen, die die Wirklichkeit nicht nur beschreiben«, sagte Schrödinger, »sondern in ihr drinstecken, sodass wir sie nur aufspüren und zutage fördern müssen, wie Gold aus dem Berg.«

»Was doch hieße, dass diese Wirklichkeit im Grunde aus solchen Gleichungen besteht«, sagte Einstein. Er schüttelte widerwillig den Kopf. Seine Art zu denken war seit jeher von der Gewissheit geprägt, dass der theoretischen Physik immer auch etwas Konkretes zugrunde liegen müsse.

»Dass alles im Grunde aus nichts als Mathematik besteht?« Lise fragte es mit Zweifel in der Stimme.

»Aus Information letztlich«, sagte Schrödinger. »In welcher Form auch immer. Aus einer Art Code. Aber landen wir da nicht wieder bei Kant, der noch vor jeder Erfahrung bestimmen wollte, wie und was überhaupt Erfahrung sein kann? Und irgendwann bei den idealen Formen Platons und, immer nur weiter so, zwangsläufig auch bei einem …?«

Er schaute fragend in die Runde. Es lag in der Luft, doch niemand sprach es aus.

»Gott ist womöglich auch nur ein Wort aus vier Buchstaben«, sagte Maya, um etwas beizutragen.

»Ein Wort«, sagte Erwin, »ein Begriff, eine Zahl, ein Quantum Information, wir wissen es nicht. Wie aber kann sich Information in Energie, Masse und Materie verwandeln? Und wie wird aus dieser Materie etwas Lebendiges? Und, vor allem, auf welche Weise reproduziert sich das Leben? Da geht es wohl wieder um so etwas wie Informationen. Dieses Mal um solche, die die Prozesse des Lebendigen organisieren, codieren und auch reproduzieren.«

»Du schweifst ab«, sagte Einstein. »Wir reden hier noch immer von Physik und nicht über Biologie.«

»Ja, ich schweife ab«, sagte Schrödinger. Er stieß einen Schwall Luft durch die Nase, als könnte er es selbst kaum glauben. »In letzter Zeit immer öfter, das gebe ich gerne zu. Physik besteht eben stets auch aus anderen Zusammenhängen als nur den naheliegenden, wer wüsste das besser als du? Und natürlich auch du, Lise.« Er nahm eine Zigarette aus seinem Etui, steckte sie an und hing dem Rauch nach, der sich, gemäß den Gesetzen der Thermodynamik, nur scheinbar in etwas so Unnatürliches wie Nichts auflöste. Lebendiges kann sich durch Hitze in etwas anderes verwandeln, dachte er, nicht auch nur im Geringsten ahnend, welche Folgen dieser Umstand bald zeitigen würde. Wie aber nur konnte aus kosmischen Gasen Leben entstehen?

Die Österreicherin steuerte, noch immer ein Glas Sekt in der einen, nun jedoch einen leeren Zigarettenspitz in der andern Hand, direkt auf sie zu. Sie lächelte, hakte sich bei

Einstein unter, flüsterte ihm etwas ins Ohr und sagte: »Sie entschuldigen uns doch, aber dieser Mann hat mir ganz fest versprochen, einem Freund ein Interview zu geben, und zwar heute noch!«

Einstein drückte sie mit einer galanten Geste an sich. Sie widersetzte sich und zog ihn mit sich, was er, wie es aussah, nicht ungern geschehen ließ, keineswegs aber, ohne mit, zumindest pro forma, entrüsteter Miene seinen Protest auszudrücken. »Ich hoffe, Sie alle hier kommen mich bald in Caputh draußen am Wasser besuchen. Und, Schrödinger, wir wollten doch Segel setzen und mit meiner Jolle in See stechen! Aber jetzt muss ich mich wirklich um, wie wir sagen, *an Eygenen* und die Anliegen meiner Stammesgenossen kümmern. Ein Vetter Herzls«, rief er über die Schulter zurück, »auch ein Landsmann von dir, übrigens, dieser Herzl. Also, Grüezi miteinander!«

Wie er sich nun, am ausgestreckten Arm der Blondine, abschleppen ließ, hätte er durchaus zu einem Familientreffen der Marx Brothers eilen können.

Man lächelte amüsiert. Schrödinger musste wieder einmal daran denken, dass dieser Mann Heisenberg und ihn dem Komitee in Stockholm bereits zwei Mal für den Nobelpreis vorgeschlagen hatte. Ein Engagement, das Einstein den Leistungen beider Kollegen schuldig zu sein glaubte; und wovon er gar kein Aufheben machte, obwohl er der Theorie des jungen Heisenberg nach wie vor sehr skeptisch gegenüberstand.

Einstein ließ sich den ganzen Abend lang nicht mehr blicken. Sein Einsatz für den Zionismus wuchs proportional zu den Anfeindungen, denen er seit dem Erstarken der Anhänger Hitlers ausgesetzt war. Es schien sogar, als hätte er erst unter diesem Druck zur Kenntnis genommen, dass er nicht nur ein weltberühmter Physiker war, sondern ein Mensch öffentlichen Interesses, der nicht nur einfach so ganz nebenbei auch jüdischer Abstammung sein durfte.

»Hast du gewusst«, fragte Schrödinger, als sie auf die regennasse Straße traten, »dass er sich eine Zeit lang im Ausland verstecken musste, weil die Nationalisten ein Attentat auf ihn geplant hatten?«

»Nein«, sagte Maya, »in Wien hab ich nichts davon mitbekommen.« Sie sah ihn von der Seite an, als wollte sie über etwas anderes sprechen, das nichts mit dem Abend zu tun hatte. »Ein besonderer Mensch«, sagte sie dann, und nach einer Weile: »eigenartig zwar, aber auf eine Weise, die einem keine Angst macht. Ein wenig wie du, doch nicht so streng, und mit dem Mut zu mehr Herzlichkeit.«

»Du findest also, dass ich *streng* bin?«

Sie lachte, löste sich von ihm und ließ ihn ein paar Schritte vorausgehen. »Auf deine lockere Art bist du streng, ja«, sagte sie, machte ein paar Laufschritte und hakte sich wieder bei ihm unter.

»Wie ist das möglich?«

»Glaub mir, es ist möglich«, sagte sie.

Eine Zeit lang gingen sie schweigend einher. Erwin überließ sich den Reflexen, die von den dunklen Pfützen ausgingen, Schemen und Silhouetten der Umgebung, die das Licht der Laternen aufs Wasser projizierte. In diesem Teil Berlins hatte die Elektrifizierung, ebenso wie im Zentrum, bereits stattgefunden. Zweifellos erzeugte dieses Licht eine andere Wirklichkeit als das alte Gaslicht.

Maya verrenkte sich jedes Mal den Hals nach einem Taxi, wenn sich das Geräusch eines Motors näherte. Als endlich eins auf sie zukam, ließ sie den bereits erhobenen Arm sinken, drehte sich von der Straße weg und stellte sich Erwin in den Weg.

Er fasste sie an den Schultern. »Warum hast du das Taxi nicht angehalten?«

»Ich muss mit dir reden«, sagte sie.

»Jetzt? Und hier?«

»Ich warte seit Tagen auf den richtigen Zeitpunkt. Aber immer ist irgendwas, oder es kommt etwas dazwischen, das nicht passt. Warum also nicht hier und jetzt!« Sie trat von einem Bein auf das andere. Mit dem Regen war es kühl geworden, aber vielleicht war ihr auch unangenehm, was sie zu sagen hatte. Sie stellte sich breitbeinig hin, verschränkte die Arme vor der Brust und schaute ihm in die Augen, bis er ihrem Blick standhielt.

»Also raus damit«, sagte er. »Willst du wieder nach Wien?«

»Ich krieg ein Kind«, sagte sie. »Von dir, Erwin«, setzte sie hinzu, wie um von vornherein allen diesbezüglichen Fragen eine Abfuhr zu erteilen.

»Aber das ist ja …«

In den Sekunden, die er nach dem richtigen Wort suchte, nahmen irgendwo im Universum alle möglichen Antworten Gestalt an und vergingen wieder. Sie hing an seinem Blick hinter den Gläsern, diesem Blick, der, aufgrund des Winkels und der Totalreflexion, immer wieder ausgeblendet wurde, wenn er den Kopf bewegte. Sie wollte nicht nur hören, was er sagen würde, sondern welche Miene er dabei machte. Sie wollte diesen Moment zeichnen können.

»… wunderschön«, murmelte er und umarmte sie, was wegen des Umstands, dass sie sich noch immer selbst umarmte, ziemlich umständlich ausfiel. Sie löste sich aus der Umarmung, nahm sein Gesicht in beide Hände und küsste ihn auf die Nase. »Du freust dich also?«

»Fast hätt ich über meiner Arbeit vergessen«, sagte er, »dass ich mir immer ein Kind gewünscht hab.«

»Einen Sohn kann ich dir aber nicht garantieren!«

Wieder schwiegen beide. Jetzt erst kam eine Ahnung davon auf, was ein Kind für ihre seit jeher doch sehr lockere Beziehung bedeuten würde. Konnte es dann so weitergehen wie bisher? Was ein solches Kind für seine Ehe bedeuten würde, stand in diesen Momenten ohnehin in den Sternen. Was würde wohl Anny dazu sagen und, vor allem, was würde sie tun?

»Zu viele Variablen auf einmal«, erwiderte Erwin auf Fragen, die niemand laut gestellt hatte, und schob damit, fürs Erste jedenfalls, alle möglichen Spekulationen weit von sich. »Jetzt fahren wir in eine Bar am Ku'damm und trinken Schampus, wie die Berliner sagen!«

Sie liefen zur Kreuzung vor, um ihre Chancen zu erhöhen, um diese Zeit ein freies Taxi zu bekommen. Schon bevor sie die Querstraße einsehen konnten, hörten sie den Tumult, der sich von der rechten Seite näherte: Geschrei, das um diese späte Stunde noch lauter wirkte, als es ohnehin war. Ein Gebrüll, das Erwin an die Zeit der Kundgebungen im Wien seiner Kindheit erinnerte: Lueger, Schönerer und deren nur allzu eifrige Anhänger.

Aus der Flucht der Straße und dem Zwielicht heraus nimmt, wie aus dem Nichts, eine marschierende, wütende und grölende Meute Gestalt an. Noch kann man den Inhalt der Parolen nicht genau verstehen. Maya und Erwin frösteln auf einmal, rücken enger zusammen. Der braune zuckende Wurm aus winzigen Menschen wird, als er näher und näher rückt, zu einer Art Tier, das sich immer mehr in ein Ungeheuer verwandelt. Einzelne Passanten, die sich dem immer länger und größer werdenden Tausendfüßler nicht anschließen, suchen ihr Heil in der Flucht und versuchen, in eine Quergasse zu entkommen. Wer gestellt wird, verschwindet mit Haut und Haar im Körper des Ungeheuers, unter Beschimp-

fungen, Schlägen und Tritten, und wird, schon kurz danach, mehr tot als lebendig, wieder ausgespien.

Sie standen noch immer an der Kreuzung und konnten kaum glauben, was sie sahen. Erst als eine Welle kollektiven Hasses über sie hinwegzuschwappen drohte, vermochten sie sich aus ihrer Erstarrung zu lösen. Sie drehten sich um und rannten, Hand in Hand, die Straße zurück, die sie gekommen waren.

Einstein hatte ihn dazu bewogen, nach fast einem Jahrzehnt noch einmal ein Schiff nach Amerika zu besteigen; viel mehr als die offizielle Einladung der Princeton University, wo eine Professur vakant geworden war, die vielleicht sogar ein besseres Gehalt versprach als die in Oxford.

Mitte der zwanziger Jahre waren die ersten Quantenphysiker von Kollegen, die deren Arbeit zu schätzen wussten, für den Nobelpreis nominiert worden. Doch es dauerte noch ein paar Jahre, bis der Druck auf das schon etwas senile, hinter dem Mond der Ignoranz lebende Komitee dafür sorgte, den ersten aus diesem Fach mit jenem Preis zu bedenken, der für nützliche Erfindungen gedacht gewesen war. Dass eine Theorie über das, was die Welt im Innersten zusammenhält, in Zukunft viel mehr als bloß *nützlich* sein würde, leuchtete zu diesem Zeitpunkt erst sehr wenigen Experten ein; von denen gewiss keiner im Stockholmer Komitee saß. Nach einigen Nominierungen, die übergangen worden waren, war es dann wohl diejenige durch Einstein gewesen, die ihm den Nobelpreis schließlich doch noch eingebracht hatte.

Mit dem Preis in der Tasche war sein Kurs an der Börse der Physik signifikant in die Höhe geklettert. Das Preisgeld lag auf dem Konto einer schwedischen Bank, dem Zugriff der Nazis entzogen, die alles, was er unternahm, mit großem Misstrauen verfolgten, seit er, unter dem Vorwand eines Urlaubs, Berlin und Deutschland den Rücken gekehrt hatte, wo die NSDAP nun definitiv den nichts Gutes verheißenden Ton angab.

Die Reise auf der *President Harding* war angenehm, das Wetter die ganze Zeit über erträglich. Er mied die steifen gesellschaftlichen Anlässe während der Überfahrt und gelangte derart bis in den Hudson River, ohne die Zeit mit Smalltalk zu vertun. Die kostbare Zeit, die er viel lieber in der Kabine oder an Deck im Liegestuhl unter einer Decke mit Überlegungen zur *Großen einheitlichen Theorie* zubrachte. Er wollte dem Idol seiner Jugend nicht mit leerem Kopf gegenübertreten! Einstein hatte 1932 lediglich für ein halbes Jahr nach Princeton gewollt, war aber dann, als inzwischen die Nazis an die Macht gekommen waren, nicht mehr nach Deutschland zurückgekehrt.

Die Seeluft tat seinen Lungen gut, und sein Husten verschwand, obwohl er rauchte wie eh und je. Dass die Freiheitsstatue keine Armbanduhr trug, wunderte ihn noch mehr als beim ersten Besuch, als der American Way of Life, der ja mitunter auch seltsame Wege ging, ihn in so manche Sackgasse geführt hatte. Wenn es denn unbedingt einen Teufel geben soll, hatte er damals gedacht, dann ist er es, der für die Prohibition verantwortlich ist. Man hatte ihm allen Ernstes Austern mit Eiswasser kredenzt!

In New York wurde er von einem jungen Deutschen in Empfang genommen, der ihm die Formalitäten abnahm, ihn in ein Auto setzte und aus der City chauffierte. Die Skyline dieser Stadt erinnerte ihn an Formen, zu denen Kristalle anschießen. Die Kultur des Menschen, dachte er, gelangt immer wieder zu ähnlichen Formen wie die Natur selbst. Vom Mikrokosmos bis zum Kosmos kommt ein Repertoire an Formen zum Ausdruck: Formen, die sich reproduzieren und variieren, im Anorganischen, im Organischen, ja sogar im Künstlerischen. *Panta rhei*, fiel ihm ein, hatte Heraklit das genannt. *Alles fließt.*

Bald stellte sich heraus, dass der Chauffeur auch Mathematiker war.

»Einsteins *Rechner*, wie er zu sagen pflegt«, sagte er, mit einem Seitenblick auf Schrödinger. »Der alte Fuchs hat mir eine fixe Anstellung am Institute for Advanced Study verschafft, aber gegen den Willen des Direktors, und nun zwingt er mich, nur mehr für ihn zu rechnen, bis ich eines Tages den Verstand verliere oder tot umfalle. Übrigens, Mayer.« Er lächelte verschmitzt und reichte ihm die Hand herüber. Erwin schüttelte sie, kurz nur. Es war ihm lieber, wenn Mayer beide Hände am Steuer hatte. »Ihre Wellenmechanik ist ein Geniestreich! Die meisten Leute, sogar Physiker, die etwas auf dem Kasten haben, begreifen noch gar nicht, was man damit alles anstellen kann.«

»Was denn?«

»Atome manipulieren zum Beispiel!« Dieser gewagte Gedanke ließ ihn schon wieder voll aufs Gas steigen, obwohl sie auf eine enge Kurve zusteuerten.

Schrödinger hielt sich am Türgriff fest. »Wozu sollte man das machen wollen?«

»Um Geld damit zu verdienen?«

Willkommen im Land der ungebremsten Möglichkeiten, dachte Schrödinger. »Na, Sie haben sich ja schon gut eingelebt«, sagte er.

Was Einsteins junger Rechner die kurze Fahrt nach Princeton über auch gleich unter Beweis stellte, indem er ihn, der mehr an Einsteins Arbeit interessiert gewesen wäre, in die Intrigen einführte, die zur Zeit an der Universität herrschten, und speziell am Institute for Advanced Study.

Während die Landschaft New Jerseys, die vom Frühling kündete, am Fenster des Ford vorüberflog, erfuhr er, dass Einstein sich mit dem Direktor seines Instituts angelegt hatte, der tatsächlich versucht hatte, den alten Pazifisten und Zionisten von jeder Öffentlichkeit abzuschirmen, bis dem schließlich der Kragen geplatzt war. Erst nachdem Einstein damit gedroht habe, Princeton zu verlassen, habe der Direktor, aus Furcht vor einem Verlust der Reputation, vorerst davon abgelassen, das Leben seines schwierigen Angestellten regeln zu wollen.

Princeton sei ja traditionell mit Exzentrikern gesegnet, sagte Mayer mit einem prüfenden Blick auf Schrödinger, man denke da nur an Henry Lee III, auch *Lighthorse Henry* genannt, den Vater von Robert E. Lee, aber auch an die Kollegen Gödel oder von Neumann, die er noch kennenlernen werde. Jedoch, Einstein mit Rücksicht auf die Geldgeber an die Kandare zu nehmen, sei selbst für Direktor Flexner, der sonst einiges bewirken könne, nahezu ein Ding der Unmöglichkeit.

Da konnte er sich auf etwas gefasst machen, dachte Schrödinger, der sich mit der Absicht trug, die ihm angetragene Stelle mit Einsteins Hilfe in eine Professur am Institute for Advanced Study umzuwandeln, das von der Universität unabhängig war und, was auch nicht zu verachten war, ungefähr das Doppelte bezahlte. Andernfalls wäre er ja in Oxford noch immer besser gestellt. Man würde schon sehen. Zunächst freute er sich auf ein Wiedersehen mit Einstein und auf Spekulationen und Zahlenspiele ganz anderer Art.

Als Mayer fortfuhr, sich über die Universitätspolitik auszulassen, lehnte er sich zurück, um den Rest der Fahrt zu genießen. Wie bei einem der neuen Bilderrätsel mit Fehlersuche in den Zeitungen, suchte er mit Blicken die Gegend ab, durch die sie fuhren, um zu sehen, worin die Unterschiede bestanden. Auf jeden Fall war alles, was er sah, bis auf die Menschen, wenn er sich nicht täuschte, um ein bis zwei Nummern größer als in Europa. Die Bauten, die Straßen, Brücken und Kreuzungen, ja selbst die Natur schien hier über sich hinauszuwachsen. Zum Glück ist diese Prohibition seit einem Jahr Geschichte, dachte er, als sie an einem Motel mit Bar und einer riesigen Reklame für Whisky vorbeifuhren.

Dann dachte er, wie immer öfter in letzter Zeit, an Anny und Maya. Nicht Anny *oder* Maya, wie früher, als er sie noch vor seiner Frau versteckt hatte, sondern Anny *und* Maya. Maya, die ein Kind von ihm erwartete und schon einen ganz schön dicken und runden Bauch hatte. Dass sie irgendwann auch geheiratet hatte, nachdem er geheiratet hatte, mochte ein Akt der Rache, der Selbstbehauptung, aber auch der Liebe gewesen sein, was wusste er denn schon. Auf jeden Fall wären sie bald zu viert, wenn das Baby da war, den Mann der werdenden Mutter nicht mitgerechnet, der sich in dieser Sache zum Glück bedeckt hielt und keine Ansprüche stellte.

»Willkommen in Princeton, Mister Schrödinger!« Mayer war sichtlich stolz, der Erste zu sein, der dem prominenten Gast, wenn auch nur vom Fahrersitz aus, die Sehenswürdigkeiten der zweihundert Jahre alten Universität zeigen durfte. Er deutete mit einer Hand nach draußen und ließ ganz nebenbei gewichtige Stichworte fallen.

Mit einem diskreten Knirschen rollte der Ford gravitätisch über die Kieswege des Campus, vorüber an Tennisplätzen, einem See und einem Schwimmbad, vorüber an Nassau Hall, Fine Hall und Blair Hall, an einer Gruppe Studenten und an einem Sportplatz, bis hin zum Graduate College, wo Schrödinger Quartier beziehen sollte.

Er nahm ihm die Koffer ab und lief voraus. Vor einer Tür im zweiten Stock drückte er ihm die Schlüssel in die Hand und verabschiedete sich. Jetzt hatte er es wieder so eilig wie auf der Fahrt hierher. »Okay, Professor! Drin finden Sie alles, was Sie brauchen. Lageplan, Zeitplan, Speiseplan und sogar etwas Echtes zu trinken. Ein Zettel mit Notizen von Einstein liegt auf dem Tisch. Es hat mich sehr gefreut, hoffe, Sie bald wiederzusehen.«

In den nächsten Tagen richtete er sich, wieder einmal, nur provisorisch ein. In seinem Quartier, im Graduate College, in Princeton, in diesem fremden Land. In dieser nagelneuen Welt, die doch auch Kratzer, Risse und sogar Sprünge hatte, wenn man genau hinsah. Ob er gekommen war, um hier zu bleiben, wusste er noch nicht. Er ging mit offenen Augen und Ohren herum, orientierte sich in der Stadt und auf dem Campus und dechiffrierte, soweit ihm das gelang, die steifen Attitüden, den elitären Snobismus und auch die eine oder andere Plattitüde. In dem Bemühen, die alte Welt zu übertreffen, fiel ihm auf, schoss man mit den Traditionen und Ritualen in der neuen Welt nicht selten übers Ziel hinaus.

Einstein hatte er gleich am ersten Abend besucht. Er wohnte, nicht weit vom Campus, mit Elsa in einem geräumigen Haus im Neuenglischen Stil, wie man sie hier immer wieder sah. Im Haus drin allerdings sah es fast überall aus wie in seiner Berliner Studierstube unter dem Dach. Demnach gab es tatsächlich, wie Paul Valéry geschrieben hatte, *zwei Dinge, die die Welt ständig bedrohen: die Ordnung und die Unordnung.* Wohnzimmer, Esszimmer und Küche, wo seine Frau das Sagen hatte, bildeten eine Gegenwelt.

Die beiden freuten sich, ihn zu sehen. Nach dem Essen: Suppe, Rostbraten, Sachertorte mit Schlagobers, Mokka, öffnete Einstein, der selbst ja nicht trank, im Arbeitszimmer eine Flasche Weißwein aus Kalifornien für ihn, die er, nebst einer Medaille, einem Schrieb mit Siegel und einem Kuss auf die Backe, von der Frau des Präsidenten Roosevelt bei einer Audienz im Weißen Haus bekommen hatte. Eine Kiste mit noch zwölf der edlen Weine war am nächsten Tag zugestellt worden.

Auf die Stimmung drückte allein die Nachricht, die vor Kurzem per Post ins Haus geflattert war, dass seine Stieftochter, die in Paris lebte, im Sterben lag. Auch seinem Sohn in Zürich, sagte Einstein, gehe es gar nicht gut, aber er wolle trotzdem nicht mehr nach Europa reisen, nicht einmal Elsa zuliebe, von Deutschland ganz zu schweigen, wo man ihn ja sofort verhaften würde. Einzig der kleine Kreis um Planck, erinnerten sie sich, hatte sich vom Terror des braunen Regimes nicht dumm machen lassen und sich bis zuletzt fair verhalten, eine Handvoll Kollegen nur. Die meisten jedoch hatten sich anstandslos den neuen Herrschern ergeben, in deren Verständnis Physik nur mit Logik, Verstand und der Macht über Natur und Mensch, aber gar nichts mit Vernunft, Gespür und Schönheit, nichts mit *dem* Menschen und schon gar nichts mit Menschlichkeit zu tun hatte.

Einstein war fest davon überzeugt, dass die Nazis Europa bald in einen Krieg zwingen würden. Und dann wäre auch der ohnehin wackelige Weltfrieden in Gefahr. Das Leben seiner *Stammesgenossen*, wie er die Juden mit schwarzem Humor nannte, sei doch in Deutschland schon jetzt keinen Pfifferling mehr wert.

»Mit dieser Art von Verstand kann es nicht weit her sein«, sagte Schrödinger. Der Chardonnay aus Kalifornien, wohltemperiert und mit einem Stich ins Gelbe, war ja fast zu schade dafür, ihn einem derart unersprießlichen Thema zu opfern. Einstein, das leuchtete ihm natürlich ein, war von den Entwicklungen in der alten Heimat viel tiefer getroffen, beschämt und verletzt worden, als er es als Nichtjude überhaupt sein konnte.

»Gibt's nichts Erfreuliches?« Er stand auf und ging zum Kamin, wo er etwas suchte. Er wirkte irgendwie aufgeräumt, trotz der familiären und politischen Sorgen, so als ob das, was er nicht ändern konnte, ihn im Grunde nur am Rande tangierte. »Frauen, das Segeln, im Moment ist mir alles lieber als Politik und Physik«, sagte er. Er fand, was er gesucht hatte, kam mit der Pfeife im Mund zurück, ließ sich ins Sofa fallen, heizte dem Ding ein und prüfte die ersten Züge auf ihr Aroma. Der Pullover, den ihm Elsa in Berlin gestrickt hatte, als er noch an der ETH in Zürich gelehrt hatte, war an den Ellbogen durchgescheuert.

Schrödinger vermerkte es mit einem Anflug von Zärtlichkeit. Er konnte sich gut vorstellen, wie Einstein sich gegen den Zugriff seiner Frau wehrte, wenn sie ihm die Löcher stopfen wollte, während er nach einem klitzekleinen Stück im Puzzle der großen *Theorie von Allem* suchte. »Fährt dein Rechner Mayer immer so wild durch die Gegend?« Auf diese Art konnte man sich ja zwanglos anderen Themen annähern. Er fischte eine ziemlich zerknitterte Packung aus der Gesäßtasche seiner Kniehose, bog eine Zigarette gerade und rauchte sie an.

»Er denkt vielleicht, in den Kurven Vollgas zu geben, erhitzt die Reifen und erhöht so die Bodenhaftung, während er die Fliehkräfte vernachlässigt, um die er sich dann noch in einer separaten Rechnung kümmern wird.« Einstein stocherte mit einer Schreibfeder im Kopf der Pfeife herum und sog dann äußerst heftig am Mundstück, nachdem er den Kopf mit einem Daumen abgedeckt hatte, was eine Stichflamme zur Folge hatte, die ihm eine über die Stirn hängende Locke versengte. »Nein, im Ernst, Schrödinger, der Bursche geht mir bei den Dirac'schen Spinoren zur Hand, und wenn ich ihm erkläre, was er mir ausrechnen soll, stellt er sich ganz passabel an. Ich hab dir ja geschrieben, wie wichtig die Spinoren sind, wenn es um die Verbindung zwischen meiner Speziellen Relativitätstheorie und der Quantenphysik geht.«

Schrödinger erinnerte sich mit einem kurzen Nicken, das einen Schwall Wein über seinen Gaumen spülte.

»Weyl, der dir bei der Wellenmechanik geholfen hat, weigert sich ja standhaft, für mich zu rechnen. Mit theoretischer Physik will er gar nichts mehr zu tun haben, sagt er, nur noch mit reiner Mathematik. Und von Neumann, Gödel und Pauli, diese Zahlenfreaks, würden sich nicht im Traum dazu herablassen, mir etwas Konkretes auszurechnen. Die setzen alle auf die unbefleckte Empfängnis! Du siehst, ich bin also ganz auf mich selbst und das Talent und den Idealismus der Workers angewiesen. So nennt man hier übrigens den Nachwuchs«, fügte er hinzu, als Schrödinger ihn, über die Brille hinweg, fragend ansah.

»Weyl ist hier?«

»Von Hitler vertrieben, wie so viele.«

Er konnte sich denken, dass Einstein vom Verhältnis seiner Frau Anny mit Weyl wusste. Obwohl der sich nicht viel aus solchen Dingen machte und Tratsch im Kollegenkreis gewöhnlich ignorierte, lenkte er das Gespräch lieber auf die Arbeit. Er fragte nach, was es in Sachen *Große einheitliche Theorie* Neues gebe, musste aber zur Kenntnis nehmen, dass Einstein wenig Lust hatte, über Physik zu reden.

»Ein andermal«, sagte er. »Es tut sich was, das kann ich dir versichern. Ich arbeite mit zwei Burschen, Podolsky und Rosen, an etwas, das die Kopenhagener um den Schlaf der allzu Gerechten bringen wird. Dass wir dabei auf dich zählen, hab ich dir ja geschrieben. Der wahre Jakob ist noch nicht gefunden, so viel steht fest! Zur Zeit setzt mir dieser Flexner, der Direktor des Instituts, dermaßen zu, dass ich mich gar nicht auf die Arbeit konzentrieren kann.« Er stopfte nach und befeuerte die fast kalte Pfeife mit ein paar Zügen. Dann drängte er Schrödinger, sich von Elsa doch noch eine Flasche aus dem Kühlschrank geben zu lassen, bevor er ihm sein Leid klagen würde.

Schon bei seiner Ankunft in New York habe das Schlamassel begonnen. Der Bürgermeister der Stadt habe einen hochoffiziellen Empfang für ihn vorbereitet, mit Presse, Musik und dem üblichen Tamtam, der aber im wahrsten Sinn des Wortes ins Wasser gefallen sei, in das des Hudson nämlich, da Flexner ihn dort im Hafen am Empfang vorbeigeschleust habe, weil, wie er gesagt habe, er auch für seine Sicherheit verantwortlich sei, die sogar hier in Amerika bedroht sei, von irgendwelchen Nazis, über die er aber nichts Genaues wisse.

Gut, habe er sich gedacht, in Amerika neige man halt ein wenig zur Paranoia, sicher ist sicher! Als ihn der Direktor aber immer wieder einmal darauf aufmerksam gemacht habe, dass er sich in diesem Land äußerst bedeckt halten müsse, sei ihm die Sache schon etwas suspekt erschienen. Dennoch sei er eine Weile allen möglichen Angeboten, in der Öffentlichkeit seine Meinung zu Kriegsgefahr und Weltpolitik, zu Zionismus und Pazifismus kundzutun, aus dem Weg gegangen, ebenso jedoch dem Direktor, der ihm mit seinem Getue bereits ziemlich auf die Nerven gegangen sei. Man sei doch immerhin Gast in diesem schönen und hoffentlich freien Land!

Schrödinger machte seiner Entrüstung mit einem Schnauben Luft.

Das Fass zum Überlaufen habe dann aber etwas anderes gebracht, das er bis heute kaum glauben wolle, so verrückt sei das Ganze! Eines Tages habe er im Institut einen Anruf erhalten, von einer Mitarbeiterin aus dem Weißen Haus, die im Auftrag des Präsidenten anfragte, warum er nicht auf die Einladung reagiere, die immerhin mit einer offiziellen Ehrung verbunden sei.

»Nur Bahnhof, Schrödinger, zunächst, das sage ich dir!«

Nun, und weil er auf etwas, das er nie erhalten habe, halt auch nicht reagieren könne, sei er dieser Sache nachgegangen und habe zu seinem Entsetzen festgestellt, dass wieder dieser unsägliche Flexner hinter allem stecke, der, soweit es ihm möglich gewesen sei, Kontakte hintertrieben habe, das alles nur zum Besten des Schützlings natürlich, dem Vorzeigegenie vom Dienst in Princeton, aber ohne jede Privatsphäre: Telefonate, Anfragen, Telegramme, Briefe, alles habe der Schurke über sein Büro geleitet, abgefangen, gelesen und zensuriert, wenn es seiner Sache gedient habe, und weitergeleitet, wenn es ihm harmlos erschienen sei.

Schrödinger schwante Übles, was eine mögliche Professur am selben Institut anging. »Diese Methoden erinnern mich an etwas, aber an nichts Gutes!«

»Du sagst es«, sagte Einstein. Er schüttelte ungläubig den Kopf, als er sich vor Augen hielt, was dann noch ans Licht gekommen war.

Aber damit noch lange nicht genug, fuhr er fort, denn dieser verflixte Flexner habe bereits damit angefangen, ihn zu bespitzeln und zu kontrollieren, als er noch in England auf seine Überfahrt gewartet und man ihn über Princeton eingeladen habe, mit der Fiedel ein Benefizkonzert in der Londoner Royal Albert Hall zu unterstützen. Was er auch gern getan hätte, wenn ihn die Einladung jemals erreicht hätte! Was aber nicht der Fall gewesen sei, sagte Einstein, der vor Aufregung seinen Pfeifenstiel zerkaute, denn Flexner habe die Veranstalter wissen lassen, dass er ihn feuern würde, wenn der Auftritt zustande käme, und zwar schon bevor er überhaupt in Princeton angekommen sei. Aus Rücksicht auf ihn habe man die Einladung storniert, ohne dass er etwas davon erfahren habe, damals. Mittlerweile habe Flexner unter dem Druck der Beweise alles zugegeben. Aber erst nachdem er ihm gedroht habe, Princeton, ja sogar dieses Land unverzüglich zu verlassen, sollten ihm seine persönlichen Rechte, die nichts weniger als Menschenrechte seien, noch länger vorenthalten werden, sagte Einstein, habe der Direktor zugesagt, mit diesen Methoden aufzuhören. Das wahre Motiv Flexners seien jedenfalls bestimmt keine ominösen Nazis gewesen, sondern die Interessen der allmächtigen Geldgeber, die im Hintergrund an den Schnüren der Direktorenpuppe gezogen hätten, um zu verhindern, dass er der jüdischen Sache in Zeiten höchster Not Gehör verschaffe!

»Eine Infamie sondergleichen«, sagte Schrödinger, dem der Appetit auf eine Professur an einem Institut mit diesem Direktor schon fast vergangen war.

»Das kannst du laut sagen! Ich erzähle dir von diesen Zores nicht nur, um Dampf abzulassen, sondern damit du dir keine falschen Vorstellungen von meinem Einfluss auf Flexner machst. Inzwischen herrscht Funkstille. Er lässt mich in Ruhe und ärgert sich vermutlich grün und blau darüber, dass ich ihm noch, bevor es zum Bruch gekommen ist, Mayer untergejubelt hab.«

»Das Angebot der Universität an mich, die Nachfolge von Thomas Jones in mathematischer Physik anzutreten, ist ja aufrecht«, sagte Schrödinger, um sich über den Verlust der Hoffnung, die er gehegt hatte, zu trösten.

»Oxford bleibt dir auch noch«, sagte Einstein, selbst enttäuscht, dass er nicht mehr für ihn tun konnte. »Vor Kurzem war ich fast so weit, dort anzuklopfen und um Aufnahme zu ersuchen, oder in Paris oder Cambridge, aber die große Nähe zu Hitler ist mir nicht geheuer.« Er rappelte sich auf: »Jessas! Wenn ich mir nur vorstelle, dass sie über England und Frankreich herfallen!«

Müde und mürrisch, wie er jetzt wirkte, ergriff Schrödinger die Gelegenheit, sich zu verabschieden. Man würde einander ja morgen bei der offiziellen Begrüßung über den Weg laufen, sagte Einstein, bei der einen oder anderen Gastvorlesung, und im Übrigen sei er in ihrem Haus jederzeit willkommen. Nächstes Mal stehe dann aber die Arbeit im Mittelpunkt. Schon der

Gedanke daran hellte seine düstere Miene auf. Schrödinger bestellte Grüße an die Gemahlin und machte sich auf den Weg.

Es war spät, als er über den Campus schlenderte. Der Sichelmond über ihm schien nur einen Lassowurf entfernt. Kaum jemand begegnete ihm. Da und dort war noch Licht in den Gebäuden, und er sah Silhouetten in den Fenstern. Es war warm für diese Jahreszeit, eine leichte Brise trug den Duft der ersten Blüten mit sich.

Bald würde er Vater sein. Was war dagegen schon das Scheitern von Plan A! Und vielleicht würde ihm ja Plan B die Möglichkeit verschaffen, eines Tages Plan A umzusetzen. Bis auf Deutschland stand ihnen die ganze Welt offen. Aber womöglich war die Welt ja zu groß, um darin heimisch zu werden. Doch wenn er überlegte, bald mit Anny, Maya und dem Nachwuchs nach Österreich zu gehen, nach Innsbruck, Wien oder Graz, überkam ihn ein zwiespältiges Gefühl. Hitler war Österreicher und hatte jede Menge Sympathisanten in seiner alten Heimat. Ausgerechnet in der Höhle der Hyäne Zuflucht zu suchen, wäre sicher naiv und gefährlich.

Manchmal vermisste er die heimischen Berge wie etwas, was mit Gewalt aus seinem Leben entfernt worden war. Dieser Phantomschmerz erinnerte ihn immerhin an schöne Zeiten.

In den nächsten Wochen hatte er wenig Zeit, sich über die Zukunft ihrer *erweiterten Kleinfamilie* Gedanken zu machen, wie er die exotische Konstellation bei sich nannte, um darüber nicht den Humor zu verlieren. Er war im Land der Macher, inmitten einer Enklave von Theoretikern zwar, doch allenthalben umschwirrt von Optimismus, Hoffnung und Tatkraft. Vom Selbstverständnis, dass sich alles machen lasse, wenn man nur die Ärmel hochkrempelte und die Dinge anpackte. Und dies galt auch für den theoretischen Teil der Dinge. Die jungen Workers, die den Etablierten mithilfe ihrer Querköpfe zur Hand gingen, rekrutierten sich, wie ihre Professoren, oft auch aus jenem Teil Europas, wo man Intelligenz mit Intoleranz, Klasse mit Rasse und Vernunft mit Gehorsam verwechselte.

Schrödinger hielt eine Reihe von Vorlesungen über Quantenmechanik, erhielt Standing Ovations und diskutierte in der Graduate Hall mit Kollegen und Studenten. Einstein, der sehr zurückgezogen lebte, traf er in seinem Haus in der Mercer Street, wo sie sich mit Podolsky und Rosen, den Wein des Präsidenten dezimierend, über ein Paradoxon unterhielten, das die drei ausgetüftelt hatten, um den Kopenhagenern eins auszuwischen. Manchmal begleitete er Einstein auf Spaziergängen über den Campus, der sich fast über Nacht in einen blühenden Garten verwandelt hatte, oder durch die Straßen und Gassen von Princeton, und dann folgte er seiner Einladung zu einem Segeltörn vor der nahen Atlantikküste.

Der Himmel über den fünf war aufgespannt wie ein blaues Tuch, als sie bei Flut hinaussegelten. Der Wind aus dem Westen war rau, die See hob und senkte sich und formte Wellen, wie es sie auf dem See in Caputh nicht gegeben hatte: Wellen, die als Brecher an Land krachten und im Zurückfluten den halben Strand abtrugen, den die nächsten Wellen wieder anspülten.

Der Gast war vom Skipper zum Zusehen verdonnert worden. Er klammerte sich an die Reling, während die anderen drei Männer sich, mit mehr oder weniger Routine, in ihre Rollen schickten, die ihnen Einstein zuwies, der als Einziger keine Schwimmweste trug. Auf Schrödingers Frage, warum es keinen Hilfsmotor gebe und er keine Weste trage, erwiderte er: »Wenn ich schon ersaufen soll, dann wenigstens ehrlich!«

Worker Mayer hockte am Steuer und ließ es sich nicht nehmen, so hart am Wind zu segeln, dass die kleine Jacht immer wieder einmal abhob, von Welle zu Welle hüpfte und die Mannschaft aus dem Gleichgewicht brachte. Der junge Rosen manövrierte geschickt mit dem Toppsegel, Podolsky hängte sich wagemutig über die Bordwand, wenn sie gegen den Wind kreuzten, der eigentlich ein Sturm war, und Einstein stand am Bug, aufrecht und unerschütterlich wie Ahab. Die Mähne flatterte im Wind.

Mochte die Jagd nach der *Theorie von Allem* sich noch schwieriger gestalten als die nach Moby Dick, und mochten manche, in Princeton und anderswo, allen voran Oppenheimer, aber auch Pauli, sich noch so sehr darüber mokieren, ja sogar lustig machen, so ließ Einstein sich das jedenfalls nicht anmerken. Und dass er bereits mehr Denkmal sei als Wegweiser, wie Oppenheimer mal bemerkt hatte, konnte keiner seiner Mitarbeiter bestätigen. Irgendwann hatte Ahab den Weißen Wal dann doch erlegt, den Mythos, und Einstein ließ auch nicht locker, seiner Sphinx, wie er sagte, immer wieder Fragen zu stellen, um endlich die Wahrheit herauszufinden. Schrödinger hatte dazu nur gelacht und auf eine Frage Schopenhauers verwiesen: Ob schon jemand einen Wegweiser gesehen habe, der den Weg, den er angezeigt habe, auch selber gegangen sei?

Als sie sich auf den Rückweg machten, erschöpft und durchnässt, waren alle, bis auf den Heißsporn Mayer, froh, dass die Ebbe einsetzte. Das Meer kam zur Ruhe, sie machten es sich auf ihren Positionen bequem. Einstein und Schrödinger rauchten, ein Flachmann machte die Runde. Podolsky und Rosen verzehrten einen Snack. Das Wetter würde halten, wie es aussah.

»Sechs Wochen«, sagte Rosen in die plötzliche Flaute hinein, »haben Bohr und seine Mitarbeiter in Kopenhagen gebraucht, um unser Paradoxon zu entkräften. Weil es nicht zu widerlegen ist, hat man sich damit bescheiden müssen, es als nicht relevant für die Quantentheorie einzustufen.«

Einstein, Podolsky und er hatten vor zwei Monaten in mehreren Aufsätzen anhand eines Beispiels die Frage gestellt, wie es möglich sei, dass zwei Elektronen, die kollidieren und auseinanderfliegen, sich gegenseitig beeinflussen, sogar wenn sie Lichtjahre voneinander entfernt seien? Und dies *instantan*, also ohne dass dabei Zeit verginge. Und wie es nur möglich sei, dass sich von beiden Teilchen Impuls *und* Ort zugleich bestimmen ließen? Ersteres widerspreche dem Prinzip der Relativitätstheorie, dass in der physikalischen Wirklichkeit gar nichts schneller sein könne als Licht, und Zweiteres der Unschärferelation von Heisenberg, die postuliere, dass man nur *entweder* den Impuls *oder* den Ort eines Teilchens bestimmen könne.

»Mit unserem Paradoxon haben wir die ganz schön ins Schwitzen gebracht«, sagte Podolsky und schaute Schrödinger herausfordernd an, der aber, während er das fiktive Experiment beschrieben hatte, ins Grübeln verfallen war, und jetzt versonnen aufs Meer blickte, das sich nur mehr großflächig hob und senkte. Einstein schwieg, schien zufrieden damit, dass die Kollegen an ihre gemeinsame Sache glaubten. Mayer sah man förmlich an, dass es ihm zu langsam vorwärts ging und er sich nach mehr Wind, Wellen, Tempo und ein wenig Action sehnte.

»Immerhin«, bemerkte Rosen, »haben wir damit eine Menge Zweifel gesät. Dass die Welt im Innersten von Chaos, Wahrscheinlichkeit und Zufall regiert wird, der sich lediglich statistisch erfassen lässt, bleibt eine Behauptung, die auf einem Erklärungsnotstand fußt, und keine wissenschaftliche Erkenntnis.«

»Und jetzt verstecken sich die Kopenhagener hinter dem Argument«, sagte Podolsky, »dass es auf der Ebene des Mikrokosmos gar keine objektiven Wahrheiten geben könne, weil wir ja das Verhalten von Teilchen in subatomaren Dimensionen, indem wir sie messen, oder auch nur beobachten, immer auch beeinflussen würden.« Er drehte sich halb weg und spuckte hinter sich ins Meer. Was sollte man dazu auch sagen?

»Spukhafte Fernwirkung, Schrödinger, wie man sieht«, mischte Einstein sich mit einem Lächeln ein. »Ich hab dir einmal in Berlin davon erzählt, wie du mit deiner andern Frau bei mir warst. Telepathie! Sollte das zu unserer Wirklichkeit gehören, leben wir tatsächlich in einer ganz anderen Welt als bisher angenommen. Immerhin, die Gleichungen geben das her, das gebe ich zu, aber ich will und kann mich nicht damit abfinden!«

Sie diskutierten jedes Für und Wider, das sie finden konnten. Bis das Boot im Hafen vor Anker lag und vertäut war. Und auch noch nachher im Irish Pub, an der Küste, wo das dunkle, bittere Ale in Strömen floss, bis man sie auf die Sperrstunde aufmerksam machte. Woraufhin sie noch eine letzte Runde bestellten. Nur Einstein blieb im Kopf und in seinen Überzeugungen nüchtern und unbeirrbar. Podolsky und Rosen übten sich auch in der Rolle der Advocati Diaboli. Ob nun aus Gründen der Falsifizierung oder nur um Einstein auf die Palme zu bringen, konnte Schrödinger nicht beurteilen, der die ganze Zeit über einem Gedanken nachhing, der in seinem Schädel rumorte.

In der letzten Woche seines Aufenthalts hatte er einen Termin bei Präsident Hibben. Nach einem beinah kontinentalen Frühstück (der Kaffee viel zu wässrig, das Sandwich zu weich, das Ei zu hart) machte er sich vom Graduate College in die Fine Hall auf. Nach einer Reihe schöner Tage regnete es nun, was gut zu seiner Stimmung passte. Der Druck, in der nächsten Stunde die Entscheidung über die Zukunft seiner erweiterten Kleinfamilie treffen zu müssen, ließ sein Befinden zwischen Hoch und Tief schwanken. Während er im Schutz eines Schirmes über den Campus stapfte, nahm er die Landschaft kaum wahr, über der ein Schleier aus feinem Regen schwebte.

Der Präsident empfing ihn in dem Raum, auf dessen Kaminsims ein Diktum Einsteins verewigt war, der hier im zweiten Stock einen Arbeitsraum hatte, wo er mit seinen Workers am Vormittag jene Gleichungen, die zur *Großen einheitlichen Theorie* führen sollten, en gros überschlug; bevor sie sich immer damit zurückzogen, um sie im Detail durchzurechnen. *Raffiniert ist der Herrgott, aber boshaft ist er nicht.*

Typisch Einstein, dachte Schrödinger, als er im Vorübergehen einen Blick auf die Inschrift warf. Wenn Einstein in Amerika Herrgott sagte, verstanden die meisten Amerikaner: Gott; wenn er es in Europa sagte, verstanden die meisten Europäer: Natur. Was er selbst darunter verstand, wechselte nach Lust und Laune.

Präsident Hibben drückte ihm kräftig die Hand und bat ihn, Platz zu nehmen. Er kam gleich zur Sache. Man habe sich, sagte er, ja schon vor seiner Einladung nach Princeton mit seiner bisherigen Arbeit befasst, die nun endlich mit dem Nobelpreis gewürdigt worden sei, nun aber habe er mit seinen Vorlesungen die letzten Skeptiker überzeugt, die es hier immer geben würde (lachte), und würde Gott selbst oder gar der Teufel eine Rede halten. Nun, wie auch immer, man sei jedenfalls zur Überzeugung gelangt, ihm die vakante Professur von Jones anzubieten, und wenn seine Fachleute, sagte Hibben und schaute auf seine Uhr, als hätte er es eilig, dieser Meinung seien, bleibe ihm auch nichts anderes übrig: »Also, Professor Schrödinger, worauf warten Sie? Schlagen Sie ein und unterschreiben Sie, wenn Sie das hier gelesen haben«, sagte er, indem er ihm einen Stapel Papier über den Tisch schob, sich erhob, als wollte er gehen, und ihm die rechte Hand hinhielt.

Schrödinger stutzte verdutzt. Das hier erinnerte ihn an einen Streit über die Mechanismen der Vererbung mit Fränzel vor Jahren in Wien, als er den Freund mit einem provokanten Blick nach der Uhr aus der Fassung gebracht hatte. Er zögerte, ergriff dann aber die Hand des Präsidenten und nötigte ihn mit den Worten, es gebe da noch ein wichtiges Detail zu klären, sich wieder zu setzen.

»*Was denn noch?*«

Wie man die drei Worte auch betonte, es kam immer eine gewisse Ungeduld darin zum Ausdruck.

Hibben beugte sich über den Tisch vor, was diesen Eindruck bei Schrödinger noch verstärkte, der nun an sich halten musste, um seinen Unmut nicht durchklingen zu lassen. »Wir würden nämlich«, sagte er, »sobald meine Familie nachkommt, zu viert sein. Das wäre doch kein Problem, oder?« Seit Einstein ihm davon erzählt hatte, dass es in New Jersey ein sehr strenges Gesetz gegen Bigamie gebe, machte er sich Sorgen, wie dieser Umstand hier aufgenommen werden würde.

»Ist es in Europa verboten, zwei Kinder zu haben?« Hibben lachte, schüttelte den Kopf, lehnte sich zurück. »Ich werde den Eindruck nicht los, dass Intellektuelle sich nicht nur über ihr Fach, sondern auch über alles andere den Kopf zerbrechen. Ihre Familie ist selbstverständlich willkommen!«

Schrödinger ließ die Katze halb aus dem Sack. »Ich rede aber nicht von zwei Kindern, sondern von meiner Frau und unserer Freundin, die schwanger ist.«

»Wie darf ich das verstehen?«

»Wie ich es gesagt habe.«

»Sie haben es nicht gesagt«, sagte Hibben und legte im Ton zu, »sondern nur etwas angedeutet, das uns, wenn es das ist, was ich nicht hoffe, dass es ist, große Schwierigkeiten bereiten könnte!«

»Es ist, was es ist«, sagte Schrödinger, noch immer um Fassung bemüht.

»Also doch«, sagte der Präsident und seufzte schwach, nachdem ihm mit der Hoffnung, es könnte vielleicht doch etwas anderes sein, auch jede Kraft abhandengekommen war. Er verschränkte die Finger, die sich soeben noch zu Fäusten ballen hatten wollen, und sackte etwas in sich zusammen.

»Es ist, was es ist«, wiederholte Schrödinger, weil ihm nichts einfiel, was er für sich und seine Situation ins Treffen führen konnte, ohne damit seine komplexen Gefühle zu verraten.

»Wenn es nun so ist, wie es eben ist«, sagte Hibben und griff müde nach dem Vertrag, »müssen wir die Sache eben noch einmal überdenken, Herr Professor.« Nun ließ sein Blick nach der Uhr an seinem Handgelenk kaum Zweifel mehr daran, dass die Unterredung beendet war. »Sie hören bald von uns«, sagte er, halb abgewandt bereits, ohne ihm noch einmal die Hand zu reichen.

»Ja, es ist, wie es ist«, sagte Schrödinger, mehr zu sich selbst als zu Hibben, stand auf und verließ den Raum. In der Halle unten traf er Einstein, der es sich nicht nehmen ließ, ihn ein Stück zu begleiten, um zu erfahren, was vorgefallen war. Er sehe es ihm an der Nasenspitze an, sagte er und legte einen freundschaftlichen Arm um ihn, dass es etwas Unerfreuliches sein müsse, das man besser teile, damit man es schneller wieder los sei.

Es war, wie es war. Er hatte nicht die geringste Lust, zu Kreuze zu kriechen, um bleiben zu können, und noch weniger die Absicht, etwas an ihrer Konstellation zu ändern, die nun allmählich, nach Zeiten des Aufruhrs, in eine Phase der Harmonie überging. Ecken, Winkel und Verhältnisse in ihrem verrückten

Dreieck verschoben sich zu einem gleichseitigen Dreieck, das, wie er hoffte, nach der Geburt des Babys zu einem stabilen Quadrat werden würde. Das alles konnte und wollte er nicht aufs Spiel setzen, nur um der Bigotterie in der Neuen Welt Genüge zu tun.

Am Vorabend seiner Abreise ging er zu einer Party, die der Mathematiker John von Neumann in seinem großen Haus in Princeton für ihn gab. Der Landsmann aus dem mitsamt dem Krieg verlorenen ungarischen Teil der Monarchie schmiss Partys, die ihm den Spitznamen *Good Time Johnny* eingebracht hatten. Wie viele hier war auch er jüdischer Herkunft und nach Amerika geflohen, um sich in Sicherheit zu bringen und endlich wieder in Ruhe arbeiten zu können: Quantenmechanik, Mathematische Logik und Spieltheorie waren seine Domänen; was jedoch keineswegs verhinderte, dass er auch einen derben Scherz zu schätzen wusste.

»Die Nazis sind doch verkehrt herum«, sagte er, als er Schrödinger begrüßte, »entfernen das Menschliche mit Gewalt aus der menschlichen Gemeinschaft, suchen aber allen Ernstes nach einer Wissenschaft, die nicht nach logischen, sondern nach rassischen Prinzipien funktioniert.«

»Sie sind leider nicht nur verkehrt herum«, sagte Schrödinger, »sondern auch schizophren, denn sie wollen eine rassische Biologie, aber eine logische Physik, mit der sie dann die aus dem Zylinder ihrer Biologie gezauberten Wahrheiten exekutieren können.«

Von Neumann klopfte ihm auf die Schulter und führte ihn hinein. »Na, so schlimm wird's wohl nicht werden.«

Eine Jazzband spielte einen Song an und hielt inne, bis ihn der Gastgeber vorgestellt hatte, nicht ohne auf seine Gleichung zu verweisen, mit der er der Welt der Wissenschaft, wie von

Neumann sagte, ein Geschenk für alle Zukunft gemacht habe und, wie sich bald zeigen werde, auch der Welt der Technik und dem Alltag der Menschen … Zum Schluss wies er noch auf den Nobelpreis hin, den der Kollege schon viel früher bekommen hätte müssen, würden die Dilettanten in Stockholm auch nur etwas von moderner Physik verstehen.

Zum Glück unterließ es von Neumann darauf anzuspielen, warum er nicht in Princeton bleiben würde, was ja schon längst die Runde gemacht hatte und aus jenen Gesichtern, die er kannte, nur unschwer herauszulesen war. Der Applaus ging in den Song über, den die Band wieder aufnahm. Mit einem süffisanten Lächeln und der Empfehlung, sich *trotzdem* zu amüsieren, warf *Good Time Johnny* ihn der neugierigen Meute zum Fraß vor.

Er drehte ein paar Runden und nahm Drinks und Glückwünsche entgegen: von schwarzen Bediensteten, Studenten, Workers und Kollegen, die er nicht kannte, von fremden Frauen und Männern, die für das Radio oder Zeitungen arbeiteten, die ihm mit einem Lächeln und ein paar Worten Visitenkarten in die Hand drückten, auf denen *WBZ, Daily Telegraph, The New Yorker*, aber auch IBM, Standard Oil und Bell Laboratories stand; ja, er traute seinen Augen fast nicht, sogar Secret Service und das Bureau of Investigation. Er erging sich allerorts in Small Talk, einer Menge unmotivierter Höflichkeiten und Floskeln, was immer leichter fiel, je mehr er trank, und hielt nebenbei nach irgendeinem Bekannten Ausschau, der ihn aus dem Fokus dieser Orgie an Anteilnahme holen könnte, wo es ihm allmählich zu schwül wurde.

Die Band spielte Cha-Cha-Cha, Swing und das Allerneuste aus New Orleans. Nach Jahren der Heimlichtuerei, die man den prüden Gesetzen der Prohibition zu verdanken gehabt hatte, war man nun wild entschlossen, sich auf Teufel komm raus zu amüsieren. Einstein, so viel bekam er mit, während er nun von Hand zu Hand und Clique zu Clique gereicht wurde, schien der große Abwesende in diesem Reigen von Princeton zu sein, wo es um Glanz, Rausch und Vergnügen ging, aber auch um den Einfluss, den Informationen auf den Lauf der Dinge haben; und mögen es bisweilen auch nur Bosheiten, Halbwahrheiten oder Lügen sein. Einstein, der alte Einspänner, dachte er, eine menschliche Variable, die sogar für die Mathematiker unberechenbar blieb, und mochten sie sich noch so sehr über seine Ambitionen mokieren und lustig machen.

Je trunkener die Atmosphäre wurde, desto öfter tauchte nun Einstein in den Gesprächen auf. Man erzählte Schrödinger sogar einen Witz über ihn, der es aber für angebracht hielt, nicht einmal zu lächeln, sondern nur kühl zu entgegnen: »Es tut mir leid, ich verstehe die Pointe nicht, aber ich denke, sie ist ziemlich dumm.« Er fand als Modeschreck Erwähnung, der sich als Vogelscheuche verkleidete, als Eigenbrötler, politischer Störenfried und, hinter vorgehaltener Hand und beiseite gesprochen, als renitenter Semit, der es nicht zu schätzen wusste, dass er nun endlich in einem freien Land war; und auch als sturer Alter, der sich nicht damit abfinden wollte, dass in der neuen Physik Gesetze herrschten, die mit seiner Theorie nur schwer zu vereinbaren waren. Höchste Erregung verursachte er in einem kleinen Kreis von Magnaten durch seine vor Kurzem, ohne Rücksicht auf Rang und Namen der Anwesenden, getätigte Aussage, Princeton erscheine ihm als ein Örtchen voll aufgeblasener, stelzbeiniger Halbgötter und Wichtigtuer.

Als Schrödinger dann zu einer Gruppe um von Neumann stieß, zu der, neben Mayer, Rosen und Podolsky, auch Weyl, Pauli, der zu einem ersten Besuch in Princeton weilte, und Gödel gehörten, belegte man ihn, unter großem Gelächter, sofort mit

Beschlag. Rauchend, trinkend und über Gott und die Welt spottend, hielt man hier, zwischen Band und Bar, ein Kolloquium ab, bei dem, wie konnte es anders sein, Einsteins Kampf gegen die Windmühlen der *Theorie von Allem* aufs Korn genommen wurde und der Hausherr den Vorsitz führte. Weyl, Pauli und Gödel, die seine Vorlesungen in der Fine Hall besucht hatten, freuten sich, Schrödingers, der im Partytumult verloren gegangen war, endlich habhaft zu werden. Weyl umarmte ihn herzlich, aber auch ein wenig schuldbewusst. Wie sollte man auch einen Mann umarmen, mit dessen Frau man ein Verhältnis hatte? Da es nun einmal so war, dass Anny und Weyl einander seit Jahren zugetan waren, während ja auch er selbst immer wieder den Verführungen des anderen Geschlechts erlag, sagte er sich, dass er dabei noch von Glück reden konnte, weil es sich um einen so liebenswerten und klugen Menschen handelte, der die pikante Situation immerhin mit dem nötigen Feingefühl behandelte.

»Es ist immer ein Ärgernis«, sagte Pauli mit einem Seitenblick auf Rosen und Podolsky, »wenn er sich zur Quantenphysik äußert. Wäre er ein Student in jüngeren Semestern, würde ich seine Einwände für hoffnungsvoll halten!«

Noch schwiegen Podolsky und der fast jugendliche Rosen. Die Hackordnung der Universität erlegte ihnen in der Öffentlichkeit Zurückhaltung auf, jedenfalls mehr als bei einer Vorlesung oder einem Seminar, und so mussten sie sich gedulden, bis die Professoren ihr erstes Pulver verschossen hatten.

»Er wird sich nie damit abfinden, dass die klassische Objektivität samt Raum und Zeit und Kausalität flöten geht, sobald man den Elementarteilchen zu tief in den Ausschnitt schaut«, sagte von Neumann. »Was meinen Sie dazu, Mayer?«

Mayer lächelte. »Ich meine, Professor, dass Sie die klassische Kausalität nur mit einem sehr schnellen Automobil hinter sich lassen können.« Die Runde merkte auf. Worker Mayer stand im Ruf, jederzeit für einen Fauxpas gut zu sein. »Sie haben sich einen Studebaker gekauft, Herr Professor, wie man hört?« Von Neumann mochte rasante Autos und gab gern mehr Gas, als notwendig war, um sicher von A nach B zu gelangen.

»Überlichtgeschwindigkeit hab ich damit erst in meinen Träumen erreicht«, sagte von Neumann. »Sie rechnen doch oft für den alten Sturschädel, Mayer! Worauf läuft denn nun die ganze Sache hinaus? Dass sich zwei Teilchen vom je andern Ende des Universums aus beeinflussen, klingt doch immerhin seltsam.« Er goss sich seinen Drink mit einem Zug hinter die Binde, der demonstrierte, was gerade noch möglich war.

»Die reinste Telepathie«, sagte Pauli, »über Raum und Zeit hinweg. Einfach so, das ist wirklich gespenstisch. Was meinst du, Gödel?«

Gödel stand die ganze Zeit, in sich versunken, da, wippte im Takt der Musik mit dem Fuß und bewegte seine Lippen, ohne etwas zu sagen. Er trug einen Anzug, der ein paar Nummern zu groß war, weil er schon wieder einen Schub hatte und nur aß, wenn seine Frau ihn fütterte, nachdem sie das Essen vorgekostet hatte. Er lebte in ständiger Angst davor, vergiftet zu werden und wirkte blass, dünnhäutig und so leicht, als würde nur der Drink in seiner Hand verhindern, dass er sich in die Luft erhob. Wie Pauli, Schrödinger und von Neumann kam auch er aus jenem alten Österreich, das mit dem Ende des Krieges von den Landkarten verschwunden war, und ebenso wie Pauli und von Neumann, der im Alter von sechs Jahren achtstellige Zahlen im Kopf dividieren konnte, war auch er ein mathematisches Wunderkind gewesen. Er war es, der mit seinen *Unvollständigkeitssätzen* dafür gesorgt hatte, dass die Ängste Weyls, der jetzt mit Schrödinger über irgendetwas tuschelte, doch noch in Erfüllung gegangen waren. Weyl war wiederholt darüber in Depressionen verfallen, dass die Fundamente der Mathematik am Ende nicht stabil sein könnten, und Gödel hatte nachgewiesen, dass es wohl immer mathematische Aussagen geben würde, die weder bewiesen noch widerlegt werden können. Woraufhin Weyls Depressionen für immer verschwunden waren.

»Träum doch lieber hier als woanders, Gödel«, sagte Pauli. »Wir wollen auch was davon haben!«

»Einstein hat auch die größeren Zusammenhänge im Blick«, sagte Gödel, »das sollten wir nicht unterschätzen.«

»Hörthört«, sagte Pauli, »das wird unsere beiden Einsteinfans da aber freuen, die ihm bei diesen *größeren* Zusammenhängen so emsig zur Hand gehen, dass sie ganz Kopenhagen sechs Wochen lang in unnötige Verwirrung stürzen!«

»Spukhafte Fernwirkung«, sagte Podolsky nur und lächelte schelmisch.

»Instantan«, sagte Rosen lässig und nippte an seinem Drink.

»Pa-ra-do-xon«, sagte Podolsky und kicherte dabei in sein Glas.

»Wie sehen Sie das, Schrödinger?« Von Neumann wollte seinen Ehrengast in das Geplänkel einbeziehen. Vielleicht tüftelte er wieder an seiner neuen Spieltheorie herum und wollte sehen, ob sie sich in Konflikten bewährte, bei denen die Absichten der Gegner noch nicht ganz bekannt waren.

Schrödinger drückte Weyl freundschaftlich den Arm. Er ließ los und wandte sich dem Kern der Runde zu, der auf eine Antwort zu warten schien, zu der ihm im Moment die Frage fehlte. Weyl hatte sich mit ihm über Anny unterhalten. Er machte sich Sorgen darüber, wie sie mit dieser neuen Konstellation zurechtkommen würde, und ob sie alle, Erwin, sie, Maya und das Kind, auf Dauer in Europa sicher wären, und er hatte ihm angeboten, sich noch morgen bei Präsident Hibben für eine Klärung der misslichen Lage einzusetzen. Aber er hatte abgewunken. »Was ich nicht weiß, macht mich jedenfalls erst richtig heiß«, sagte er, um irgendwie den Faden aufzunehmen.

»Du denkst also auch«, sagte Pauli, »dass wir noch gar nicht wissen, wie es im Mikrokosmos zugeht, obwohl wir es berechnen können, was wir doch in erster Linie Heisenberg und dir verdanken!«

»Dass wir es bis jetzt nur *hinreichend* wissen«, ätzte Rosen und griff sich einen Drink vom Tablett einer dunklen Schönen, die es hoch auf ihrem Kopf quer durch die Menge im Saal manövriert hatte.

»Und dass wir es auf keinen Fall schon *vollständig* wissen«, meckerte Podolsky und tat es ihm nach.

»Meine Herren, ich muss Sie doch sehr bitten«, rügte sie von Neumann, indem er in ein schallendes Gelächter ausbrach und es ihnen gleichtat.

»Vielleicht machen wir die Rechnung ohne den Wirt«, sagte Schrödinger und wusste im Moment selbst nicht so genau, was er damit meinte. Er wusste nur, dass er diese Cocktails nicht gewohnt war, die wie Limonade schmeckten und wirkten wie Absinth.

»Es gibt überhaupt keinen Wirt«, übertönte Pauli sogar noch den Sound der Band, der plötzlich ganz neu und nach Glenn Miller klang, »das ganze Universum ist nichts als ein gigantischer Selbstbedienungsladen!«

Podolsky schrie: »Twentyfour hours a day!«

Rosen brüllte: »Aber an der Kassa wird bezahlt!«

Schrödinger war im Augenblick sprachlos.

Und Weyl in Gedanken.

Von Neumann schwang die Hüften zur Musik.

Gödel lächelte in sich hinein. Er schien wieder einmal seine eigenen Zweifel an der Unvollständigkeit von Arithmetik und

Mathematik zu hinterfragen. Sein Lächeln war schon gar nicht mehr von dieser Welt. Er klammerte sich an sein Glas, um nicht davonzufliegen.

»Was zum Teufel ist denn da drin?« Worker Mayer löste sich aus der illustren Runde, pirschte der Schwarzen nach, um sich vom Tablett auf ihrem Kopf auch so etwas zu holen, und kam nicht mehr zurück.

»Er setzt sich dafür ein«, sagte Gödel auf einmal, ohne jeden Zusammenhang, »dass auch Juden nach Amerika kommen können, die es sich nicht leisten können, sich dort freizukaufen und hier einzukaufen.«

Die Band spielte einen Wiener Walzer. Ein Reigen aus Paaren drehte sich über die Tanzfläche, in der Form von Ellipsen, die abwechselnd auseinander hervorgingen und ineinander übergingen. Eine Brise aus ihrer alten Heimat wehte plötzlich durch den Saal und versetzte die Mathematiker in Trance. Ihre umflorten Blicke kreuzten sich im Unendlichen, das ihnen gleichwohl nicht geheuer zu sein schien. Fast wie einander durchdringende Wellen, dachte Schrödinger beim Anblick der Tanzenden. Sein Herz klopfte stark. Er hörte jemanden in seiner Nähe *Kristalle* flüstern, ein paar Mal. Als er sich umschaute, waren da nur Pauli und Gödel, die es doch nicht gewesen sein konnten.

Von Neumann ertappte sich bei den diffusen Regungen, die dieser Walzer in ihnen ausgelöst hatte, räusperte sich und zerstörte ihre Trance, indem er sagte: »Das ist alles schön und gut, aber wir sollten die Dinge nicht durcheinanderbringen. Sein Engagement in Ehren, aber es hat nichts mit den Spinnereien zu tun, mit denen er die Kopenhagener und uns an der Nase herumführen möchte.«

»Pa-ra-do-xon«, lallte Rosen.

»Spuk-haf-te Fern-wir-kung«, sagte Podolsky mit schleppender Stimme.

»In-stan-«, lallte Rosen, bis ihm von Neumann mit einem Blick jedes weitere Wort verbot.

»Telepathie«, sagte Pauli nur, trank seinen Cocktail aus und schaute sich nach einem neuen um.

Er wusste nicht, wie spät es war, als er die Party verließ, die nach und nach aus dem Ruder gelaufen war. Die Choreografie der Tanzenden hatte sich unter seinem Blick in einen Haufen durch ein Kaleidoskop kullernder Kristalle verwandelt. Bevor ihn *Good Time Johnny* für eins seiner Spielchen rekrutieren konnte, *Bockspringen*, *Blinde Kuh* oder *Die Reise nach Rom*, hatte er sich aus dem Staub gemacht.

Sein Zeitgefühl war wie ausgelöscht. Als er auf seine Uhr schaute, schien der Sekundenzeiger rückwärts zu laufen, so wie die Räder eines Autos, das sich vorwärts bewegt. Er musste sich konzentrieren und stur auf seine Schritte achten, um dorthin zu gelangen, wo er hinwollte.

Der Fußmarsch über den Campus bis zur Graduate School würde ihm guttun, dachte er, und wieder etwas Klarheit in seinen Kopf bringen. Er blieb stehen, wankte leicht und rauchte umständlich eine Zigarette an, bevor er seinen Weg fortsetzte. Der Himmel war mit dunklen Wolken verhangen, der Mond stand ganz im Schatten der Erde. Die Konturen der Hügel und Gebäude zeichneten sich kaum ab. Der Kies mit seinem Glitzern wies ihm den Weg durch die Nacht. Auf einmal hatte er das Gefühl, sich an etwas zu erinnern, das nicht in der Vergangenheit lag, sondern irgendwo in der Zukunft.

Er liegt in einem Bett mit weißen Laken. In einem von allem isolierten Raum. An einem Ort, den er nicht kennt. Sein Körper ist identisch mit den Schmerzen, die er spürt. Er ist nackt. Die Hitze, die von den Schmerzen ausgeht, verhindert, dass er friert.

Wie als Kind beim Zahnarzt versucht er an etwas ganz anderes zu denken, um sich von den Schmerzen abzulenken. Kraft seines Willens ruft er Bilder hervor, die sich in der ihn umgebenden Dunkelheit manifestieren.

Er ergreift die Hand des Vaters, um mit ihm in die Berge zu gehen. Es ist hell und warm, als sie aus dem Wald hinaus auf eine Alm kommen. Sie streifen über eine Wiese, die sich bis zum Horizont erstreckt. Der Wind hier riecht nach dem Duft der Blüten. Hummeln, Bienen, Käfer und Schmetterlinge umgaukeln ihn. Seine Strümpfe sind ihm beim Gehen längst aus dem Kniebund der Hose gerutscht. Blumen, Gräser und Kräuter kitzeln seine nackten Waden. Der Vater zeigt auf dies und jenes und spricht mit ruhiger Stimme. Er hockt sich immer wieder einmal neben ihn hin, um etwas genau zu erklären.

Plötzlich vermisst er die starke Hand. Als er aufschaut, ist der Vater weg. Die Wiese ist jetzt leer wie ein grünes Meer bei Ebbe. Er geht und geht und geht, kommt aber nicht vom Fleck. Er dreht sich im Kreis um seine Achse. Von allen Seiten zugleich zieht ein Gewitter auf. Wie aus dem Nichts kommt ein kalter Sturm auf. Er bläst ihm durch Haar und Gewand und peitscht das Gras in Wellen über die Wiese. Die Wolken driften immer schneller über den Himmel, der sich vor seinen Augen verfärbt. Orange. Grau. Dunkelblau. Violett. Grün. Lodernd wie ein Feuer, in allen Rottönen, von schwarzem Rauch durchzogen.

Am Rand der dunklen Wiese leuchtet es schwefelgelb. Er beginnt zu laufen. Als würde er selbst stillstehen und das schwarze Gras unter ihm durchrasen. Sein Herz zerspringt fast in seiner Brust. Große, weiche, warme Tropfen platschen in sein Gesicht. Er rennt und rennt und rennt, bis er über eine Bodenwelle stolpert und fällt. Ein Donner rollt in Kaskaden über ihn hinweg und drückt ihn zu Boden. Als er sich aufrichtet, durchzuckt ein Blitz den Himmel.

Eine Leuchtschrift, der man nur bis in die letzten Verzweigungen folgen muss, um zu lesen, was sie einem sagen will, dachte er. Warum war er stehen geblieben? Er streckte die Hand aus, um die ersten Tropfen zu spüren: Große, weiche und warme Tropfen, die vereinzelt mit einem Funkeln durch die Nacht fielen. Er hätte sie zählen können. Wollte er nicht nass werden, sollte er sich wohl wieder in Bewegung setzen. Eine Salve von Donnern nagelte ihn in Grund und Boden. Er klemmte die Zigarette zwischen die Lippen und streckte beide Arme von sich. Wandte sein Gesicht dem düsteren Himmel zu, um sich von der Natur taufen zu lassen: diesem Himmel, wo sich jetzt eine gigantische Entladung zusammenbraute. Es zischte, und die Glut der Zigarette erlosch. Dann entlud sich über ihm ein Blitz, in mehreren Zuckungen. Das Licht ließ seine Gestalt, weithin sichtbar, über der dunklen Landschaft aufflackern.

ALPBACH AROSA BERLIN DUBLIN DUINO GÖRZ GRAZ **OXFORD** PRINCETON SEMMERING WIEN ZÜRICH

An die vibrierende Reling der majestätisch aus dem Hafen gleitenden *President Harding* gelehnt, rauchend und im Grunde doch mehr erleichtert als betrübt, sah er, wie Einstein und Mayer vor der New Yorker Skyline immer kleiner wurden. Als sich eine Nebelbank auf den Hudson River herabsenkte und alles, bis auf die Gipfel der Wolkenkratzer, einhüllte, schlenderte er in die Bar im Bauch des Schiffes, um sich einen dieser Drinks zu genehmigen, ohne die ihm das Leben in diesem Land nicht ganz so großartig erschien.

Schweres Wetter war angesagt, und nun galt es, die Untiefen des Atlantiks zu überqueren, der Amerika mit dem alten Europa verband, doch auch Europa von Amerika trennte.

Die Kulisse der Universität in Oxford kam ihm authentischer vor als jene in Princeton. Die Parks, Colleges und Halls hier waren von der Zeit selbst beglaubigt. Im neugotischen Ambiente Princetons war er das Gefühl nicht ganz losgeworden, es könnte sich auch um Attrappen handeln. Nicht einmal Einstein hatte ihn überreden können, Hibben eine bereinigte Version seiner familiären Konstellation zu servieren, die er schlucken und verdauen konnte, ohne dass ihm vor Entrüstung übel wurde.

Jetzt, da Anny und Maya einander über das Baby nahekamen, sah er keinen Grund, dieses Glück gleich wieder durch ein Versteckspiel oder eine dieser elenden Bigotterie geschuldete Inszenierung aufs Spiel zu setzen. Den Notlügen, die von Neumann, Worker Mayer und sogar Pauli für ihn kreiert hatten, hatte es zwar nicht an Originalität, dafür aber an der nötigen Seriosität gemangelt.

Die häuslichen Verhältnisse verschoben sich, seit die kleine Ruth da war. Während Maya ihre neue Rolle nicht annehmen konnte oder wollte, schloss Anny sie und ihr Baby ins Herz. Als hätte sie nur darauf gewartet, füllte sie die nun vakante Vollzeitstelle der Mutter mit Hingabe aus. Was ihr selbst versagt geblieben war, weil die Natur es offenbar nicht wollte, holte sie sich jetzt mit der Kraft ihrer Zuneigung für ein Kind, das sie nicht bekommen hatte.

Maya würde sich wieder fangen, dachte er, sobald sie begriff, dass es nicht die Kleine war, die sie daran hinderte, ihre Kunst auszuüben, und bis dahin würde Anny das Baby versorgen und in Sicherheit wiegen. Er half ihr bei allem, beim Füttern, Baden, ja auch beim Wickeln; wenn er nicht unterwegs war und sein Stundenplan es zuließ jedenfalls. Manchmal kam ihm vor, er habe nun, mit einiger Verspätung, das Schwesterchen bekommen, das er sich als Bub vergeblich gewünscht hatte.

Hinter den Kulissen ging es aber auch in Oxford nicht so zu, wie er sich das vorgestellt hatte. In der Church of England wurde das Neugeborene auf den Namen Ruth getauft. Mayas Mann galt als der offizielle Vater. Das Glück der späten Vaterschaft beflügelte Schrödinger in seinen Vorlesungen, die Studenten und Kollegen begeisterten, und doch trübte sich die häusliche Harmonie, als Maya, kurz nach der Geburt, in diese Depression verfiel. Seit sie ihm in den nächtlichen Straßen Berlins gestanden hatte, dass sie von ihm schwanger war, konnte sie sich kaum noch auf ihre Karriere als Künstlerin konzentrieren. Ihr Mann, der schon lange nur mehr auf dem Papier ihr Ehemann war, hatte ihr das Zeichnen zwar nicht verboten, aber doch immer wieder zugeredet, es endgültig sein zu lassen. Das alles führe ja zu nichts! Das war seine Überzeugung, die er schon kurz nach der Hochzeit immer wieder geäußert hatte. Bis ihr allmählich klar wurde, dass sie an der Seite dieses Ignoranten nie die würde sein können, die sie wirklich war.

Ihren Physikus hatte sie zwar nicht für sich allein, doch war ihr seine ganze Unterstützung sicher; ob es sich nun um ihre Kunst, ihr Baby oder sonst irgendetwas handelte. Je dicker ihr Bauch geworden war, desto verlorener hatte sie auf das Papier vor sich gestarrt, auf dem nichts mehr von dem Gestalt annehmen wollte, was sich in ihrem Kopf abzeichnete. Die Verbindung zwischen ihrer Vorstellung und der linken Hand schien gestört zu sein. Manchmal zuckte die Hand übers Papier, genervt von ihren Selbstzweifeln, und ließ Kritzeleien entstehen, die sie selbst nicht verstand, und wenn sie noch so sehr drauf starrte, bevor sie das alles wieder zerriss und sich dem Stumpfsinn ergab. Obwohl Anny und er ihr Mut machen wollten, auf keinen Fall mit dem Zeichnen aufzuhören, hörte sie selbst nicht auf, mit sich zu hadern, weil sie das Gefühl nie ganz loswurde, sich entscheiden zu müssen, und zwar ein für alle Mal. Für die Kunst oder für das Kind. Also für die Kunst und gegen das Kind. Oder aber für das Kind und damit gegen die Kunst. Doch für das Kind *und* ihre Kunst zu sein, schaffte sie unter diesen Umständen einfach nicht. Seit das Baby da war, litt sie unter der fixen Idee, dass dieser Kampf verloren war.

Während sie sich in einem Londoner Sanatorium von Ängsten, Skrupeln und Depressionen erholte, die sie ihrer fehlenden Mutterliebe zuschrieb, kümmerte Anny sich um die kleine Ruth.

Die familiären Verhältnisse verdüsterten sich vollends, als Lindemann, der ihn über einen Fonds für aus Diktaturen geflüchtete

Wissenschaftler nach Oxford geholt hatte, hinter die Konstellation der Familie Schrödinger kam. Waren die Ursachen für die Entrüstung Lindemanns auch ganz andere als die Präsident Hibbens, so lief es am Ende doch auf dasselbe hinaus. Nach einer Aussprache unter vier Augen, bei der er mächtig Dampf abließ, verbreitete er unter Kollegen, dass man den Schurken wegen der nämlichen Angelegenheit doch so rasch wie möglich wieder loswerden sollte. Die Empörung über die Familienverhältnisse Schrödingers bezog sich aber nicht darauf, dass er mit *zwei* Frauen lebte, sondern dass er mit zwei *Frauen* zusammen war. Das kam nun fast einem Hochverrat an den Traditionen der altehrwürdigen Institution gleich.

Seine eigene Frau, so man unbedingt eine haben müsse, hierher mitzubringen, mochte ein notwendiges Übel sein, über das man ja hinwegsehen konnte, aber auch gleich die Geliebte ins Schlepptau zu nehmen, das gehe doch entschieden zu weit, ließ Lindemann ihn mit seiner von einem Sprachfehler entstellten Aussprache wissen, während er ihm, in seinem unbeheizten Büro im Christ Church College, den Rücken zuwandte, sodass Schrödinger sich anstrengen musste, auch zu verstehen, was er da vor sich hin moserte.

Er ahnte, dass Lindemann schmollte, weil er ihm vorenthalten hatte, dass er Frauen nicht bloß duldete, um dieser blöden Konventionen willen, sondern (wenn es sein musste, auch gegen alle Konventionen!) verehrte, begehrte und sogar zu lieben beliebte. Männerklüngel langweilten ihn seit jeher zu Tode und kamen ihm irgendwie barbarisch vor. Die Verzweiflung Lindemanns über sein Verhalten lag in der Luft wie ein zu schweres, süßes Parfum, also unternahm er einen Versuch, den tief gekränkten Dekan, der doch einiges für ihn getan hatte, mit einer Anekdote aufzuheitern.

»Mendelejew«, sagte er mit Balsam in der Stimme, »diesem

genialen russischen Chemiker, dem wir das Periodensystem verdanken, hat man nachgesagt, er lebe mit zwei Frauen zusammen. Die Empörung des gläubigen Volkes darüber ist irgendwann sogar bis zum Zaren durchgedrungen, der sich, und jetzt hören Sie mir bitte gut zu, Lindemann, folgendermaßen dazu geäußert haben soll: Mendelejew, soll der Zar also gesagt haben«, sagte Schrödinger, »mag zwar zwei Frauen haben, ich aber habe nur einen Mendelejew!«

Lindemann drehte sich um und stutzte. Er schaute drein, als wüsste er nicht, ob er gerade auf den Arm genommen wurde oder in den Arm genommen und wegen der Infamie dieses Kollegen getröstet werden wollte.

»Sie sind weder Mendelejew«, sagte er, dem Charme des Schurken trotzend, »noch bin ich der Zar, und wir sind hier in Oxford, das zweifellos nicht in Russland liegt. Ich muss das im Komitee zur Sprache bringen, Schrödinger, so leid es mir tut. Sie hätten uns zumindest warnen müssen!«

»Die Sache ist so kompliziert«, seufzte Schrödinger und ließ den Anflug einer Zerknirschung erkennen, die durchaus als Reue interpretiert werden konnte.

»Verstehen Sie mich nicht falsch, Kollege«, lenkte Lindemann nun ein wenig ein, »unser Vorbehalt fußt viel weniger auf moralischen, als vielmehr auf ästhetischen Kriterien.«

»Verstehe«, sagte Schrödinger, als wüsste er, was damit gemeint war.

»Wo kaufen Sie denn Ihre Kniehosen?«

»In Innsbruck und Wien«, sagte Schrödinger. »Warum?«

»Très chic«, sagte Lindemann mit einem diskreten Flackern im Blick, worauf er aber sogleich wieder ernst wurde. »Nun, wir werden ja sehen. Ihre Vorlesungen über Elementary Wave Mechanics kommen jedenfalls sehr gut an, und das ist im Moment wohl die Hauptsache.«

Schrödinger hielt sich einigermaßen bedeckt und zog schließlich, halb besorgt, halb belustigt, von dannen. In einem Brief an Kollegen nach Kopenhagen konnte er sich eine spitze Notiz über die Oxforder Zustände jedoch nicht verkneifen: *Du kannst nie wissen, was dein Nachbar für einer ist. Du unterhältst dich mit ihm in deiner gewohnten Art und dann stellt sich heraus, dass er ein Erzbischof oder General ist – Huh!*

Mochte man ihn anfangs noch hinter seinem Rücken ausrichten, verteufeln oder auch nur belächeln, wie einen Narren, der sich seinen Alltag freiwillig schwerer machte als unbedingt nötig, so nahm man seinen Lebensstil irgendwann nur mehr mit einem ratlosen Achselzucken zur Kenntnis. Auf einen Spleen mehr oder weniger kam es in Oxford wohl auch nicht mehr an, diesem idyllischen Hort des Geistes, wo Nobelpreisträger produziert wurden wie am Fließband, wo es jedes Jahr ein Bankett gab, bei dem eine Menge Schwäne verzehrt wurden, aber auch ein an Spannung kaum zu überbietendes Schildkrötenrennen zwischen dem Balliol College und dem Corpus Christi College, das *Tortoise Race*; ganz zu schweigen von der nächtlichen Prozession auf dem Dach des All Souls Colleges, wo Fellows, alle hundert Jahre an Allerseelen, hinter einer aufgespießten Ente herliefen und seltsame Lieder sangen.

Als es Maya im Sommer 1934 endlich wieder so gut ging, dass sie sich um ihre Tochter kümmern konnte, besuchte Anny Weyl, der wieder einmal kurz in Zürich war, und Erwin reiste, einer Einladung des Philosophen Ortega y Gasset folgend, für einige Vorträge nach Spanien. Das trockene Klima im Süden ließ ihn aufleben, geistig und körperlich, und so machte er im nächsten Frühjahr mit Anny in ihrem kleinen BMW eine Spritztour über die iberische Halbinsel. Davor noch hatte er in Berlin ein Ansuchen um Emeritierung gestellt, dem zu seiner Verblüffung von der Bürokratie Hitlers derart prompt und korrekt entsprochen wurde, dass er sich in der Illusion wiegen konnte, die Nazis hätten jedes Interesse an ihm verloren.

In immer größere Ferne rückten zum Glück auch die Echos der häuslichen Kämpfe, die sich oft um Mayas Rollen der Mutter und der Künstlerin gedreht hatten. Nach einem weiteren Aufenthalt in einem Londoner Sanatorium, wo Kreativität im Zentrum ihrer Therapie stand, kam Maya zu dem Schluss, dass das eine das andere nicht unbedingt ausschloss. Endlich wieder daheim, stellte sie verblüfft fest, dass es gar keine äußeren Widerstände waren, die sie am Zeichnen hinderten.

Erwin spornte sie an, und Anny nahm ihr so viel von der Hausarbeit ab, dass ihr schon bald eine Serie von Bildern gelang, für die Ruth Modell lag und krabbelte. Mayas Expressivität im Stile Schieles wich der Ruhe und Kontemplation, wie sie auf japanischen Tuschzeichnungen herrscht. Ihr Baby zu zeichnen, wieder und wieder, milderte das Entsetzen, in etwas hineingeraten zu sein, das sich ihrem Willen entzog. Mit Erwins Hilfe gelang es ihr sogar, eine Galerie in Oxford davon zu überzeugen, eine Ausstellung zu machen und ihre Bilder in Kommission zu nehmen.

Immer öfter holte ihn der Nachhall des Disputs mit Einstein, Podolsky, Rosen und Mayer ein, nach dem Segeltörn vor der Küste des Atlantiks, als sie im Pub, bis weit über die Sperrstunde hinaus, Möglichkeiten diskutiert hatten, wie die Kollegen in Princeton und Kopenhagen doch noch um den Schlaf der Gerechten zu bringen wären.

Seit dem von Einstein, Podolsky und Rosen in Princeton kreierten Paradoxon, das die Frage aufwarf, wie es möglich sei, dass zwei fast unendlich weit voneinander entfernte Teilchen einander beeinflussten, noch dazu schneller, als Licht von einem zum anderen gelangen könne, reisten die Für und Wider zwischen Kopenhagen und Princeton in Form von Briefen, die Bohr und Einstein einander schrieben, hin und her; und in Form von Gerüchten, die via Fernsprecher jeden Brief überholten. Jeder der beiden hatte veritable Jünger um sich, die bereit waren, für die Lehre des Meisters mit allen zur Verfügung stehenden Mitteln einzutreten, als da unter anderem waren: Scharfsinn, Logik und eine gehörige Portion Polemik.

Einspänner Einstein wiederum informierte Schrödinger in Oxford umgehend über Stand und Fortgang der komplexen Probleme, der seinerseits unablässig an eine Unterstützung für das in Bedrängnis geratende Idol seiner jungen Jahre dachte. Der marginale Lehrplan in Oxford ließ ihm ja genügend Zeit, sich mit allen möglichen Spekulationen herumzuschlagen. Während er der kleinen Ruth dabei zusah, wie sie bei ihren Gehversuchen mit der Schwerkraft kämpfte, wenn sie mit ihrem Kätzchen spielte, sprangen seine Gedanken zu jenem Gasthaus in der Wiener Vorstadt zurück, wo er mit Fränzel diskutiert hatte, was im Innersten des Körpers beim rätselhaften Vorgang der *Vererbung* wohl wirklich geschah; oder aber er ließ diverse Szenarien vor seinem geistigen Auge erstehen, die das doch äußerst seltsame Verhalten der Dinge im Mikrokosmos dramatisierten.

War er der Häuslichkeit zu viert, mit all ihrer Enge und dem notwendigen Kleinkram, der im Umfeld eines Kleinkinds anfiel, überdrüssig, machte er Ausflüge nach London. Dort überließ er sich dem Strom der anonymen Menge, der ihn an alle möglichen Orte spülte: Kaufhäuser, Museen, Restaurants, Parks und Pubs. Die Massen Londons formierten sich zweifellos zu anderen Mustern als die Berlins. So geriet er einmal zum Speakers' Corner am Rande des Hyde Parks, wo ein Redner die drohende Apokalypse in Höllenfarben an die Innenwände der konsternierten Schädel seines Publikums malte. Eine Katastrophe stehe bevor, wie sie die Menschheit noch nicht erlebt habe! Dieser Hitler werde bestimmt nicht ruhen, prophezeite der Seher mit Cockney-Akzent, flammendem Blick und Spucke in den Mundwinkeln, bevor Europa in Schutt und Asche liege.

Er erinnerte sich an die Worte Einsteins in Princeton, die ihm zu pessimistisch erschienen waren. Zögernd suchte er das Weite, um die Bedenken, die ihn überfielen, bei einem Spaziergang durch den von Licht durchfluteten Park zu zerstreuen. Er folgte den Gerüchen, die in der Luft lagen, und spielte dabei mehrere Versionen des Gedankenexperiments durch, das Einsteins, Podolskys und Rosens Paradoxon gegen die Angriffe der Kopenhagener verteidigen sollte.

Als er endlich den Kopf hob, um den Horizont zu fixieren, hinter dem sich die Lösung eines Problems nicht selten zu verbergen pflegte, huschte etwas durch sein Blickfeld. Bevor er darauf reagieren und den Blick schärfen konnte, war es schon wieder weg. Obwohl er nur Schemen wahrgenommen hatte, war er sich ziemlich sicher, dass da ein Rudel Rotwild über die Lichtung vor ihm gewechselt hatte.

Er umrundete einen Teich und sah Enten beim Ab- und Auftauchen zu, als die Stimme einer Frau hinter ihm »Erwin!« sagte. Als er sich umdrehte und sah, dass sie tatsächlich gekommen war, ahnte er, was an diesem Tag geschehen würde. Dass ihre Wege sich nun, Tausende Kilometer von zu Hause entfernt, erneut kreuzten, würde in der Zwangsläufigkeit des Begehrens enden, mit der es sie schon bei Begegnungen in Wien, Berlin und Salzburg zueinander gezogen hatte.

Hier, in London, kam es ihnen selbstverständlich vor, einander zu umarmen. Sie hakte sich bei ihm unter und sie schlenderten weiter. Sie spazierten gemeinsam durch den Frühsommer, und alle Bedenken über das, was hier in der Luft lag, verschwammen im gleißenden Hintergrund. Sie sprachen über alles Mögliche, nur nicht darüber, dass ihr Mann auch irgendwo in der Stadt war, und auch nicht darüber, dass zwei Frauen und ein Kleinkind in Oxford auf ihn warteten: auf diesen älteren Herrn mit einer jungen Frau am Arm, die seine Tochter sein konnte. Aber alle Zweifel lösten sich in Luft auf, noch bevor sie konkret wurden. Diese Stadt erschien ihnen beiden groß, aufregend und freizügig genug, um das Geheimnis eines Abenteuers für sich zu behalten.

Hansi war mit ihrem Mann, einem Berliner, nach London geflüchtet. Dort, in Berlin, sagte sie im Ton großer Enttäuschung, habe sie keine Zukunft mehr gesehen: Nicht für ihre Arbeit, als expressionistische Fotografin falle sie bei den Machthabern immer mehr in Ungnade, aber noch weniger als Jüdin. Nachdem sie all die Schikanen der letzten Zeit in Rechnung gestellt habe, sagte sie, sei es ihr immerhin nicht ganz so schwergefallen, Wien den Rücken zu kehren, wo es wohl nur mehr eine Frage der Zeit sei, bis auch die Nazis ans Ruder kämen.

Von ihren Lebenswegen zweigten Pfade ab, die sie einander am Ende dieses Tages so nahe brachten, dass sie sich in einer Absteige in Chiswick wiederfanden. In ihren Armen glückte ihm eine Reise durch die Zeit. In die Zukunft seines Verlangens und in die Vergangenheit, die ihn in eine Hütte in den Schweizer Bergen und, noch viel weiter zurück, in jenen Hörsaal des Wiener Instituts führte, wo er Einstein und Maya erstmals begegnet war.

Sie nahm irgendwann die U-Bahn, und er fuhr mit dem vorletzten Zug nach Oxford zurück. Er fühlte sich wie neugeboren, wiedergeboren in einer anderen Welt, die dem Trott des Alltags trotzte. Mit breiterer Brust und festeren Schritten als noch vor Stunden kehrte er nun heim. Als er das Haus seiner

Familie betrat, wo er sich zuletzt, zwischen den Frauen und dem Kind, schon ziemlich eingeklemmt gefühlt hatte, fürchtete er einen Moment lang, alles total verändert vorzufinden. Ein wenig wie Odysseus, der, als Bettler verkleidet, erst die Freier erschlagen muss, bevor er Penelope in die Arme schließen kann. Doch war es in seinem Fall nicht umgekehrt? Aber nichts hatte sich verändert. Anny und Maya wickelten Ruth, die aufgewacht war und nun aus Leibeskräften schrie.

Wo er so lange geblieben sei?

Er brauche etwas Abstand, sagte er nur, und Raum und Luft zum Atmen, um etwas auszubrüten, was schon seit einiger Zeit in ihm Gestalt annehme. Die beiden Frauen warfen einander, über das nackte, strampelnde und plärrende Baby hinweg, vielsagende Blicke zu. Er bemerkte tatsächlich nicht, dass er selbst es war, den etwas verändert hatte, und stieg, beinah wie ein Gockel über seine Leiter, die Treppe in sein Arbeitszimmer hoch.

Von nun an fuhr er regelmäßig nach London, um, wie er es nannte, Kopf und Körper auszulüften. Anny und Maya kannten ihn zu gut, um nicht zu wissen, was das hieß. Er wurde jedes Mal mürrischer und ungeduldiger, bis er schließlich, überstürzt scheinbar, in die City aufbrach. Wenn er dann zurückkam, wirkte er entspannt und umgänglich. Er scherzte und spielte mit seiner Tochter, als wäre dies das Beste und Schönste in seinem Leben. Irgendwann ließen ihn die Frauen gewähren und fragten gar nicht mehr nach. Manchmal machten sie sich über ihn lustig, indem sie taten, als wären zwei Kinder im Haus. Gleichwohl waren sie sich darüber einig, dass seine Frist zu Ende wäre, sobald die Kleine sie nicht mehr Tag und Nacht beanspruchte.

An einem Dienstag im Juli erschien Hansi zum ersten Mal nicht. Sie hatten aus ihrem ersten Treffen eine Gewohnheit gemacht und trafen sich weiter dort, wo sie verabredet gewesen waren.

Mit aller Kraft unterdrückte er eine Schwäche, die seinen Körper befiel. Wie er da so stand, an der Kreuzung im Hyde Park, von Menschen umschwirrt, gleichsam bestellt und nicht abgeholt, war er stehend k. o. Er wartete ab, bis dieses Gefühl in Zweifel, Ärger und schließlich Trauer umschlug. Dann ging er die weite Strecke zur Station nach Paddington, setzte sich in ein Pub und trank, bis der letzte Zug nach Oxford fuhr.

Noch mehr als der plötzliche Verlust setzte ihm die Frage zu, warum er das nicht hatte kommen sehen. Hansi hatte schon ein paar Mal erwähnt, dass ihr Mann misstrauisch geworden sei, sie nicht wisse, wie das mit ihnen weitergehen solle und es vielleicht besser wäre, damit aufzuhören, bevor es zu einer Katastrophe käme, die am Ende zwei Familien aus der Bahn werfe und einen Schaden anrichte, der nicht mehr gutzumachen sei. Zwei Familien, die es im Exil ohnehin schon schwer genug hatten. Aber der Mann im Wissenschaftler hatte für die Stimme der Vernunft kein Ohr gehabt.

In der rauen Gesellschaft der irischen Trinker im Bloom's Pub verflogen die düsteren Gedanken und seine Enttäuschung allmählich. Bald stimmte er ein in die Refrains ihrer melancholischen Lieder, die sie mehr grölten als sangen und die davon erzählten, was ihm in diesen Stunden zusetzte.

Lange nach Mitternacht kam er in Oxford an. Eine leichte Brise kühlte seinen vom Trinken heißen Kopf, als er sich auf den Heimweg durch das Städtchen machte. Jetzt konnte er sogar wieder lachen. Und er lachte über sich selbst und sein für einen Mann in seiner Stellung wohl etwas seltsames Gebaren, seit er Hansis Esprit verfallen war. Die Finger hinter dem Rücken verschränkt, kickte er Steinchen aus dem Weg. Mitunter lachte er in den nächtlichen Gassen laut auf. Um diese Zeit begegnete ihm hier, im gelben Schein der Laternen, nur sein Schatten. Die alten Gassen warfen ihm sein Lachen und seine Schritte zurück. Als würden ihn diese Echos auslachen!

Er fragte sich, wie lange ihn Anny und Maya schon nicht mehr ernst nahmen. Sie waren so mit Ruth beschäftigt, die immer etwas forderte, dass er in den letzten Monaten zu einer Randnotiz in ihrem Leben verkommen war. Was er trieb, war für sie nicht mehr so wichtig. Mochte er sich auch aufführen wie ein alternder Dandy, sie hatten beide Wichtigeres zu tun, leuchtete ihm nun ein, als ihm klarzumachen, wie lächerlich er in seinem Bestreben war, um fast jeden Preis seinen Mann zu stehen. Befand er sich in einer Krise? Nicht einmal das konnte er mit Sicherheit sagen, wurde ihm nun beschämend klar.

Die Glocken der nahen Kathedrale behaupten, es sei zwei Uhr. Vor dem Christ Church College bleibt er stehen und schaut sich um. Das Licht des Mondes hebt, drüben hinter dem Rasen, eine Mauer aus der Dunkelheit. Etwas huscht durch die Peripherie seines vom vielen Ale getrübten Tunnelblicks (ein Reh womöglich?), und als er dem folgt, bleibt er an einer kleinen Tür hängen, die auf die andere Seite hinüber zu führen scheint. Er fragt sich, warum er das noch nie bemerkt hat, seit er diesen Weg hier nimmt.

Mit beiden Händen streicht er sein noch immer dichtes, welliges Haar aus der Stirn, drückt sich mit einem Zeigefinger die Brille auf die Nasenwurzel, um den Blick zu schärfen, und schickt sich an, den heiligen Rasen des Christ Church Colleges zu betreten. Der erste Schritt auf die historische Wiese erinnert ihn an den ersten Schritt am Eislaufplatz Engelmann in Wien, der sich auf dem Flachdach eines Hauses im siebzehnten Bezirk befindet. Man tut ihn in der Befürchtung, auszurutschen oder im Grund zu versinken, merkt aber dann auch gleich, dass einen das Eis trägt, wenn man sich nicht allzu steif anstellt.

Bis zu den Knöcheln versinkt er im Oxforder Rasen, als er im Zickzack, um potenziellen von Kaninchen gegrabenen Löchern im Boden auszuweichen, bis zur Deckung einer Rosenhecke vordringt. Er folgt dem Verlauf der Hecke, bis er vor der kleinen Holztür steht. Der berühmte Professor kommt sich vor wie ein Lausbub, der etwas Verbotenes tut. Er schaut sich noch einmal genau um, doch weit und breit ist da niemand. Nur die alten Gebäude stehen da, als wären sie schon immer da gewesen, und ziehen es zum Glück vor, sich nicht um ihn zu kümmern. Er hält die Luft an und stößt das Türchen, das lose in den Angeln hängt, mit einem Tritt nach drüben auf. Er bückt sich, zieht seinen Kopf ein und steigt mit einem mutigen Schritt durch die Mauer auf die andere Seite hinüber.

Hinter ihm verschwindet alles, was soeben noch da war. Er spürt es, ohne sich umzudrehen oder gar hinzusehen. Vor ihm tut sich ein Raum auf, in Zwielicht getaucht, wo nun nach und nach, sobald er sich anstrengt, einige Dinge Gestalt annehmen. Er kann nicht sagen, ob Mondlicht von draußen in diesen Raum dringt. Es sieht so aus, als würde hier alles aus sich heraus glänzen, in matten Farbtönen, dunkelgrün und violett. Bis auf den Mond und die paar Sterne, die ihm auf dem Weg vom Bahnhof bis hierher gefolgt und jetzt verschwunden sind, entsprechen die Umrisse, die er ausmachen kann, der Umgebung, die er kennt: der von der Mauer scharf umrissene Garten, die Rosenhecke, die Silhouetten des Colleges und der nahen Oxford Cathedral, der Rasen, auf dem er jetzt steht wie angewurzelt …

Die kleine Tür in der Mauer ist nicht mehr da, als er sich umschaut, und am entferntesten Punkt, wo Violett sich mit Dunkelgrün mischt, beginnt etwas zu leuchten. Ein Glühwürmchen?

Hat er sich etwa nach zu vielen Pints auf den flauschigen Rasen gelegt, ist eingeschlafen und träumt? Was für eine Frage! Aber woher soll er das wissen, wenn er tatsächlich träumt? Und falls er nun aber nicht träumt? Das ändert im Moment auch nichts an den Umständen, denkt er. Angst liegt hier jedenfalls keine in der Luft. Vielleicht träumt er ja, dass er träumt, dass er träumt, dass er träumt, dass er übergeschnappt ist.

Die Intensität des Lichtes nimmt zu. Er setzt sich in Bewegung, um zu sehen, was das ist. Mit jedem Schritt muss er seinen Fuß aus dem Rasen ziehen wie aus einem Sumpf. Der Raum, durch den er sich bewegt, entspricht nicht den Gesetzen der Geometrie Euklids, und die Massen, die an ihm zerren, darauf würde er wetten, sind andere als die von Newton berechneten. Als würde er in unendlicher Zeit durch einen unendlichen Raum waten. Derart langsam (oder aber schnell, das ist in diesem Fall egal), dass er zu erkennen glaubt, er nähere sich seinem Ziel, weil sich das Licht da vor seinen Augen ausdehnt. Aber vielleicht kommt er ja überhaupt nicht von der Stelle und ist bloß Zeuge eines rund um ihn schrumpfenden Raumes …

Andere Formen treten aus dem Zwielicht. Dunkelgrün und violett. Etwas, das fast aussieht wie eine Phiole, über der ein Hammer schwebt und, er ist sich nicht sicher, eine Art Maschine, ein Detektor womöglich. Wozu ist das gut? Das fragt er sich immer wieder, während er nicht aufhört, einen Fuß vor den andern zu setzen, so schwer es ihm auch fällt. Was für einen Zusammenhang ergeben all diese Dinge? Sein logisch geschulter Verstand läuft auf Hochtouren und konstruiert alle möglichen Beziehungen, tritt dabei aber noch mehr auf der Stelle als er selbst, der immerhin das Gefühl hat, sich auf dieses größer und heller werdende Licht zuzubewegen.

Jetzt kann er erkennen, dass es sich nicht auf der Mauer befindet, sondern in einem Baum, der vor der Mauer steht. Ist es eine Buche, eine Kastanie oder eine Platane? Egal. Nun nimmt sogar das Licht eine bestimmte Form an. Seine Kräfte schwinden. Er bleibt stehen, um zu verschnaufen, nimmt die Brille ab, wischt sich den Schweiß aus den Augen und zwinkert, um den Blick klar zu kriegen. Inzwischen erwächst aus dem Licht die Form einer Katze. Er will es nicht glauben, schließt die Augen und öffnet sie wieder: Aber die Katze ist jetzt noch viel mehr zu etwas wie einer Katze geworden, und so ist es mit jedem weiteren Blick, den er riskiert.

Er wird gar nichts mehr tun, denkt er mit einem Lächeln, das mit allem rechnet, sondern nur mehr zusehen, was passiert. Daraufhin manifestiert sich die Katze in allen möglichen Formen, denen er zu folgen versucht, bass erstaunt über das, was er sieht: Formen, die ineinander übergehen, sich überlagern und durchdringen, bis sie sich irgendwann in Nichts auflösen.

Nur das breite, dämonische Grinsen der Katze verschwindet nicht und schwebt noch weiter im Raum, als alles andere bereits ausgelöscht ist, als wäre es nie da gewesen.

Die Echos der Schläge der Oxford Cathedral holten ihn ein: Zwei Uhr! Er war stehen geblieben, tief in Gedanken und in die Betrachtung der Hecke, der Mauer und des Türchens hinter dem Rasen versunken. Alles war noch genau so, wie es gewesen war, bevor ihn, wie ein Blitz aus heiterem Himmel, das dunkle, metallische, schwere Bimbam der Kirchenglocken getroffen hatte. Fast alles, korrigierte er sich, als er sich noch mal umschaute. Die kleine Tür in der Mauer war verschwunden.

Er würde weniger trinken und sich mehr um Anny, Maya und Ruth kümmern, beschloss er, während er den Weg nach Hause fortsetzte; und um das intellektuelle Gefecht, das Einstein und seine Jünger sich mit Niels Bohr und seinem Gefolge lieferten. Wenn ihn nicht alles täuschte, hatte er eine Idee, die richtig Schwung in die vertrackte Sache bringen konnte.

In einem Winkel seines beim Gehen klarer werdenden Kopfes lagen ein paar Dinge herum, die er bisher übersehen hatte. Gelänge es ihm, Ordnung in das Chaos zu bringen, hätte er ein Gedankenexperiment an der Hand, mit dem er Einstein unterstützen konnte; oder wenigstens eine Verbindung, um zwischen den einen und den andern zu vermitteln; was ihm Einstein womöglich übel nehmen könnte. Immerhin, so viel stand für ihn fest, handelte es sich bloß um andere Auffassungen, welche die verrückte Wirklichkeit im Mikrokosmos eigentlich weiterhin unberührt ließen. Diese Wirklichkeit, von der zur Zeit gar niemand sagen konnte, wie sie *wirklich* beschaffen war. Hatte sie überhaupt etwas mit dem zu tun, was sie meinten, wenn sie *Wirklichkeit* sagten?

Die gotische Fassade ihres x-ten provisorischen Heims ragte dezent in die ins Mondlicht getauchte Dunkelheit, als er sich endlich näherte. Unter dem Dach, wo Maya und Ruth schliefen, war noch Licht. Nach dem Schmerz, den der plötzliche Verlust seiner Amour fou ausgelöst hatte, machte sich nun Freude über das breit, was ihn hier erwartete; und auch Erleichterung darüber, dass ihm die unergründliche Weisheit der Frauen Zeit gegeben hatte, wieder auf den Weg zu finden, der ihn nach Hause führte.

Und mochte dieses Zuhause weder vom Stephansdom noch vom Gipfel eines Berges gekrönt sein, sondern nur von einem Zimmer unter dem Dach, in dem seine Tochter schlief.

In der nächsten Zeit blieb er in Oxford. Er kümmerte sich um seine Familie, bot jede Menge Charme auf, um Lindemann und das Komitee zu besänftigen, kam seinen Pflichten an der Universität nach und zog sich bei jeder Gelegenheit in sein Arbeitszimmer zurück, um in drei Aufsätzen, die in den *Wissenschaften* erschienen, auf den Punkt zu bringen, was man beim derzeitigen Stand der Forschungen überhaupt über das Verhalten der Elementarteilchen sagen konnte. Es waren Erwiderungen auf die Ausführungen Bohrs in Kopenhagen, der wiederum auf die provokanten Fragen Einsteins reagiert hatte. Steckte das burleske Verhalten der Teilchen bereits in diesen drin, entsprang es sozusagen ihrem eigenen *Willen*, oder spielten sie nur verrückt, weil wir sie kitzelten, indem wir ihnen mit Messungen zu nahe kamen? Bohr meinte, dies sei der Fall, während Einstein, Podolsky und Rosen darauf beharrten, dass es noch nicht bekannte Variablen geben könnte, die dieses Verhalten erklären würden; wenn man sie denn erst kennen würde. Man müsse halt seine Ärmel aufkrempeln, war die Meinung des Einspänners in Princeton, weitersuchen und sich, das vor allem, allen vorschnellen Schlüssen verweigern!

In einem Aufsatz beschrieb er ein Gedankenspiel rund um eine Katze. Um zu zeigen, dass es keinen Sinn macht, das, was im Mikrokosmos vor sich geht, auf Dimensionen des Alltags zu übertragen, weil die Überlagerung von Wellen, die sogenannte Superposition, sich in jedem Augenblick selbst auslöscht, sodass es für uns immer nur einen Zustand geben kann, tot oder lebendig, niemals aber alle Zustände zur selben Zeit, und deshalb auch keine verschmierte Katze, die zwischen Leben und Tod oszilliert. Das unbegrenzte Reich der Möglichkeiten, die am Grund unserer Wirklichkeit weben und wirken, geht verloren, sobald sich etwas manifestiert: Ja, vielmehr manifestiert sich im Kleinsten überhaupt erst etwas, wenn es irgendeine Art von *Kontakt* gibt: Kontakt zwischen rätselhaften Informationen, welche die Welt, quasi aus sich selbst heraus, erstehen lassen. Der Weg zur Wirklichkeit, die wir sehen, greifen und manchmal sogar begreifen, führt stets über den Mord an unzähligen Möglichkeiten. Bisweilen fragte sich Schrödinger, ob dies nicht ein Modell für vieles war: das Ich, die Liebe und das

Leben, für die gesamte Natur *und* das Bewusstsein, das mit dieser Natur identisch war. Und vielleicht auch für das, was man Vererbung nannte.

Jene Katze, die ihm in einem seiner Wachträume erschienen war, bis das Gift aus dieser Phiole (oder seine Neugier?) alle ihre Möglichkeiten bis auf eine zerstört hatte, war nur ein Traumgespinst, dachte er, aber dennoch so wirklich wie der Baum da vor dem Fenster, seine Tochter im Zimmer nebenan und sogar die Gedanken, die dies ausdrückten.

Tat twam asi, das bist du! So wurde es im Vedanta genannt. Es gab nur eine Wirklichkeit, in der alles mit allem zusammenhing. Was aber war im Falle der Katze zur Wirklichkeit geworden, musste er sich immer wieder fragen. Ihr Verschwinden? Oder aber vielmehr ihr unverschämtes Grinsen, mit dem sie seine Anstrengungen verhöhnt hatte, mit aller Kraft aus dem Zwielicht heraus zum Licht der Erkenntnis zu gelangen.

War er nicht mit Vorlesungen beschäftigt oder in seinem Arbeitszimmer mit Problemen der Phasenkohärenz, Superposition und spukhaften Fernwirkung, hockte er in der Bodleian Library über seltenen Ausgaben der Bücher von Darwin, Lamarck, Mendel und Wallace. Irgendwo hier, in dieser riesigen, wunderbaren Bibliothek, kam ihm manchmal vor, könnte der Schlüssel zum Verständnis der Vererbung verborgen sein. Dass dies äußerst unwahrscheinlich war, wusste er natürlich. Die praktischen Werkzeuge, um in den mikroskopischen Bereich vorzudringen, wo jene Phänomene sich zeigen könnten, blieben diesen Männern Zeit ihres Lebens vorenthalten; und jetzt, fast hundert Jahre später, ging es ihm noch nicht viel anders. Allerdings, und darin lag seine Chance, diesen Phänomenen vielleicht auf die Schliche zu kommen, hatte die Physik in der Zwischenzeit theoretische Modelle entwickelt, die es mitunter durchaus erlaubten, der Zukunft in die Karten zu blicken. Er wurde das Gefühl nie ganz los, dass er es dem Vater schuldig war, in dieser Sache den nächsten Schritt zu tun. Sein Vater sollte nicht umsonst darauf verzichtet haben, sich der Wissenschaft zu widmen, weil er von den Umständen dazu gedrängt worden war, die Familie mit dem Wachstuchgeschäft durch schwierige Zeiten zu bringen.

An manchen Wochenenden machten sie, an den Ufern der Themse entlang, ausgedehnte Spaziergänge. Erwin ließ es sich auch mit zwei Frauen an der Seite nicht nehmen, den Kinderwagen zu schieben. Skeptischen Blicken oder Bemerkungen kam er mit dem entwaffnenden Lächeln seiner Kindheit zuvor, das er über all die Jahre gerettet hatte. Ergab sich ein Schwatz, bei dem die Sprache auf Familienverhältnisse kam, gab stets Sympathie den Ausschlag, ob er sich für die viktorianische Variante entschied, eine der beiden Frauen als Verwandte auszugeben, oder ob er die allzu Misstrauischen mit der komplexen Wahrheit konfrontierte. Maya und Anny wussten, was für ein Vergnügen es ihm bereitete, alle möglichen Arten von Spießbürgern mit ihren Vorurteilen und den zu engen Grenzen ihres Weltbilds zu konfrontieren. Als wäre das Leben selbst nur ein Experiment für den großen, scheinbar bloß äußerlich alternden Buben.

Wehmütig sah er der Rudermannschaft beim Trainieren zu, die sich, wie jedes Jahr, auf das Rennen mit dem Erzrivalen Cambridge vorbereitete. Es erinnerte ihn an die Berge und Skitouren, die ihm fehlten. Auf dem Heimweg hob er Ruth auf seine Schultern, um seinen ausgestreckten Arm, der auf dies und jenes wies, noch besser mit ihrem gekrümmten Zeigefinger und ihren Blicken koordinieren zu können. Unnachgiebig forderte sie Antworten auf ihre Fragen ein, die aus ein, zwei oder drei Worten bestanden. Wie er früher an der Hand Tante

Minnies, gab auch sie sich meist nicht mit naiven Erklärungen zufrieden.

Vor ein paar Monaten war er für eine kurze Zeit in Österreich gewesen. Dieser Besuch hatte die schon ganz aufgegebene Möglichkeit, sich dort, in Graz oder Wien, niederzulassen, plötzlich wieder plausibel erscheinen lassen. Zwar waren die Nazis auch im Heimatland Hitlers auf eine ungute Weise präsent, aber, im Gegensatz zu Deutschland, immerhin nicht an der Macht.

»Noch nicht«, sagte Anny, als er das leidige Thema wieder einmal anschnitt.

Ruth torkelte, hinter einem Insekt her, über die Wiese wie eine Betrunkene. Maya behielt sie im Auge, während sie die Decke im Kinderwagen aufschüttelte. Sie standen am Ufer der Themse und schauten zu, wie eine Staffel von Achterbooten vorüberzog. Das rhythmische Klatschen der Paddel, wenn sie eintauchten, und das Geräusch des abfließenden Wassers, wenn sie wieder hochgezogen wurden, begleitet von den knappen Rufen der Taktgeber, die im Heck hockten, und dem gepressten Atmen der Ruderer, die ihre Körper auseinanderdrückten und zusammenzogen wie eine fremde Spezies, lenkte ihre Aufmerksamkeit ab.

»Man kann nur hoffen, dass der Spuk in Deutschland bereits bei den nächsten Wahlen vorüber ist und bei uns schon verschwindet, bevor die überhaupt zum Zug kommen«, sagte Erwin, als die Boote weg waren und mit dem sich glättenden Wasser Stille am Fluss einkehrte. »In Österreich ist das ja noch alles illegal.«

»Du sagst es ja selbst«, sagte Maya und lief davon, um sich Ruth zu schnappen, die in die Themse stolpern wollte, um mit den Wellen zu spielen, die von den Booten zurückblieben.

»Was sag ich selbst?« Er rief es ihr hinterher, doch sie hörte es nicht mehr.

»Noch«, sprang Anny ein, »*noch* illegal, meint sie. Aber wie lange noch? Du weißt ja, wie Einstein darüber denkt!«

»Einstein ist vielleicht zu pessimistisch«, sagte er, »weil er natürlich persönlich viel tiefer von dem Ganzen betroffen ist als unsereins.«

»Mitgefangen, mitgehangen«, sagte Anny und herzte Ruth, die nun, an Mayas Hand, auf ihren Zehenspitzen einhertrippelte, »so sagt man doch, oder?«

»Ich weiß nicht«, brummte Erwin.

»Willst du es drauf ankommen lassen?« In Mayas Frage lag der Vorwurf einer Mutter, die sich mehr um ihr Kind sorgte als um alles andere.

Seit der Reise in die alte Heimat war er gewillt, die Bedenken der Frauen zu zerstreuen, um am Wunsch festzuhalten, es werde schon nicht so schlimm kommen. Als er in Wien einige Gastvorlesungen gehalten hatte, war vom Ungeist, der in Berlin bereits fast alles vergiftet hatte, noch nicht viel zu spüren gewesen. Obwohl, einen tragischen Vorfall hatte es vor Kurzem schon gegeben: Moritz Schlick, ein Philosoph jüdischer Herkunft, war von einem radikalen Studenten auf den Treppen der Aula ermordet worden.

Irre gibt es überall, dachte er, als sie ihren Weg am Ufer entlang fortsetzten, und es wäre unsinnig, sein Leben nach traurigen Wahrscheinlichkeiten auszurichten. In Graz dann, das musste er sich eingestehen, war von den Illegalen schon mehr zu spüren gewesen. Dort hatten sie sich ziemlich unverblümt gezeigt. Im Zentrum der Stadt, in der Herrengasse, waren sie mit einer Unverfrorenheit aufgetreten, die Verbrecher an den Tag legen, sobald sie sich sicher sind, niemals erwischt zu werden; oder aber davon überzeugt, dass der Richter einer der ihren sein wird, falls das doch passiert.

Wie er es auch drehen und wenden mochte, die Frauen hatten wohl nicht ganz unrecht, dachte er und rauchte eine Zigarette an, wenn sie ausgerechnet ihn darauf stießen, dass man aus einem Besuch nicht auf die wirklichen Verhältnisse schließen konnte. Wie man auch aus einem einzigen Experiment nicht auf die Signifikanz des Ergebnisses und sicher noch lange nicht auf die Wahrheit dahinter schließen durfte. Bestimmt hatte man ihm, in bester Absicht natürlich, nur die rosigsten Seiten der Heimat gezeigt. Was sich mittlerweile unter der süßen rosa Glasur verbarg, wusste er eigentlich schon nicht mehr, seit er von dort weggegangen war. Hans Thirring, ein Kollege und Freund aus der Zeit nach dem Krieg, als er in den ungeheizten Labors des Instituts mit der Analyse von Farben und Wellen beschäftigt gewesen war, hatte ihm Hoffnungen auf eine Professur in Wien oder Graz gemacht, und dieser Gedanke ließ ihn nicht mehr los, seit er wieder nach Oxford zurückgekehrt war. Ruth zu Hause aufwachsen sehen, die Berge in der Nähe, Schnee in Wintern, die die Wangen der Kinder rot färbten, ein Institut aufbauen, um die Physik im Land wieder zu dem zu machen, was sie vor dem Krieg war. Bier, Wein und das Essen, die vielen guten Gasthäuser und Theater in Wien, die absolute Stille in den Bergen, um sich in aller Ruhe mit Literatur und Philosophie zu beschäftigen: All das setzte sich immer mehr in ihm fest und dirigierte, aus dem Bauch heraus, seinen sonst so kühlen, klaren und kühnen Kopf.

»Hier bereitet man sich schon darauf vor, dass es wieder Krieg geben könnte«, flüsterte Anny. Sie hatte jetzt Ruth am Hals, die irgendwann eingeschlafen war und sich mit Armen und Beinen an ihr festklammerte. Der Kopf der Kleinen baumelte über ihrer Schulter hin und her. Ein feiner Faden Speichel lief aus ihrem Mund übers Kinn und tropfte auf ihre Schulter. Ruth schnarchte zart. Anny roch ihren süßen Atem.

»Ich kann und will mir nicht vorstellen«, sagte Maya mit

einem Blick auf ihre Kleine, »dass die Welt nach so kurzer Zeit wieder in einem Chaos versinkt, das nur Gewalt, Leid, Tod und Zerstörung mit sich bringt.«

In ihrer Kindheit hatte Österreich unter Kaiser Franz Joseph, nach dem Attentat auf das Thronfolgerpaar in Sarajewo, Serbien den Krieg erklärt. Was in einer Folge unabsehbarer Kettenreaktionen der Welt (im Allgemeinen) und ihr und Zigmillionen anderen (im Besonderen) unermessliches Leid zugefügt hatte. Ihr Vater, an dem sie so sehr hing, der ihr Talent schon früh entdeckt und gefördert hatte, war der Familie vom Roten Kreuz eines Tages auf einer Bahre zugestellt worden, als hochdekorierter Krüppel, und bald danach unter großen Schmerzen gestorben.

»So weit darf es nie mehr kommen«, sagte Erwin.

Die über Oxford aufziehenden dunklen Wolken im Blick, trieben sie einander zur Eile an. Als die ersten Tropfen fielen, liefen sie bereits auf ihr Haus zu. Ruth war aufgewacht und quietschte an der Brust Annys vor Entzücken über den Regen. Mit offenem Mund und herausgestreckter Zunge versuchte sie, die Tropfen aufzufangen, die auf sie niedergingen. Erwin sperrte rasch auf und ließ die drei, an sich vorbei, ins Haus. Der zu einem Sturm anschwellende Wind riss ihm ein paar Mal die Tür aus der Hand, bevor er sich in Sicherheit bringen konnte.

Er könnte den Kamin befeuern, überlegte er, strich sich das Haar zurück, in dem sich das erste Grau zeigte, und klopfte sich die Nässe vom Sakko. Sie würden es sich, trotz allem, was nicht zu ändern war, an diesem Abend bei ein paar Flaschen Wachauer Riesling gemütlich machen, die er aus Wien mitgebracht hatte.

»Heiz doch schon mal den Kamin ein!« Anny rief aus dem Kinderzimmer nach unten.

Er machte sich an der Feuerstelle zu schaffen, als Maya ihn

bat, den Wein kühl zu stellen, der letztes Mal zu warm gewesen sei. Halb gebückt hielt er mitten in der Bewegung inne. Plötzlich wusste er nicht, was er zuerst tun sollte. Als Ruth oben zu brüllen begann, ansatzlos und wie am Spieß, machte er sich auf die Suche nach ihrem Teddy, den sie jedes Mal woanders versteckte.

ALPBACH AROSA BERLIN **DUBLIN** DUINO GÖRZ GRAZ OXFORD PRINCETON SEMMERING WIEN ZÜRICH

Wie so oft in den letzten vier Jahren, seit das Schicksal (oder der Zufall?) sie hier an Land gespült hatte, schwang er sich aufs Rad, um vom Institut am Merrion Square in ihr Haus nach Clontarf am Ufer der Bucht von Dublin zu fahren.

Vom Fluss her, der die Stadt teilte, kam eine Brise, die nach Öl, Schlamm und den Aromen roch, die in der Brauerei dort beim Rösten des Hopfens frei wurden. Was für den so typischen Geschmack des Guinness sorgte, der ihn ein wenig an den Wiener Kaffee erinnerte.

Mittlerweile gehörte die Erscheinung des Professors – mit Regenmantel, Kniehose, Kappe und Pfeife –, der dem Nieselregen des Frühjahrs mit guter Laune trotzte, schon beinahe zum Stadtbild. Ab und zu grüßte man ihn, und er winkte zurück. Wenn es sich um jemand Bekannten handelte und nicht regnete, lüpfte er jedes Mal die Pullmankappe.

Wieder einmal zog er es vor, einen Umweg zu nehmen, um aufgrund seiner privilegierten Stellung in diesen Zeiten die Realität nicht aus den Augen zu verlieren. Vom Zentrum aus, das noch immer Zeichen der Verwüstung durch die Briten beim Osteraufstand 1916 trug, radelte er bis zu einem der Dubliner Slums, um unter rachitischen, tuberkulösen, verlausten und verkrätzten Kindern Bleistifte, Hefte und andres Zeug zu verteilen, das am Institut niemand vermissen würde. Noch immer waren die Kirchenführer strikt dagegen, diesen Kindern einmal am Tag in der Schule eine warme Mahlzeit zukommen zu lassen.

Nachdem er seine Beute unter den düsteren Blicken einer in Lumpen gehüllten Meute vor Schmutz starrender Buben verteilt hatte, nahm er Kurs auf die Wicklow Mountains am Horizont, die ihm den Weg nach Hause wiesen. Während sich die Mädchen immer über Schulsachen freuten, hatten ihn die Jungs auch diesmal wieder so angesehen, als wäre ihnen Geld, Essen, Whiskey oder vielleicht sogar eine Waffe lieber gewesen.

Hier, dachte Schrödinger, als er in die Pedale trat, um den Slum hinter sich zu lassen, findet auch eine Art Krieg statt. Ein Kampf der Ignoranz gegen die Armen und Schwachen.

Obwohl Irland beschlossen hatte, sich neutral zu verhalten, hatte es vor zwei Jahren bei einem Bombenangriff auf Dublin Tote gegeben: nichts weniger als eine Warnung, das war hier allen klar gewesen, die in der Diktion der Regierung Hitlers *Verwechslung* genannt worden war.

Trotz der Dominanz des Klerus in diesem Land war er froh, nach ihrer Flucht aus Graz an der Gründung des Institute for Advanced Studies beteiligt worden zu sein. In Deutschland, sagte er einmal im Pub, sei etwas, das nicht explizit erlaubt sei, verboten, in England sei etwas, das nicht verboten sei, erlaubt, in Österreich und Irland aber machten sie, was sie wollten, egal, ob es erlaubt sei oder verboten. Für Österreich jedoch, das von Hitler zur Provinz Ostmark degradiert worden war, galt das leider schon lange nicht mehr.

Mit dem sich drehenden Wind schweiften auch seine Gedanken ab, und schon bald drehten sie sich wieder, worum sie sich oft drehten: die verflixte *Theorie von Allem*, mit der Einstein, der noch immer in Princeton war, und er nicht recht vorankamen. In letzter Zeit aber drehte sich fast alles um die Publikation der Vorträge, die er am Trinity College zum Thema *Was ist Leben?* gehalten hatte. Mit diesen drei Vorlesungen, die sich via *Time Magazine*, wo sie enthusiastisch besprochen worden waren, im gesamten Empire Gehör verschafften, war es ihm endlich gelungen, jenen Plan einer Brücke zwischen Physik und Biologie zu skizzieren, von der sein Vater in seinem traurigen Büro ein Leben lang geträumt hatte.

Ihm fiel wieder ein, dass er erwartet wurde, von Maya und Ruth. Inzwischen aber auch von Monsignore Paddy Browne, dem besten Freund, den er auf der Insel gefunden hatte. Er legte sich mächtig ins Zeug, doch bisweilen, wenn er über eine Kuppe fuhr, hob ihn der Wind fast aus dem Sattel. Anny war zu Freunden nach Belfast gereist, wo sie sich, seit Weyl für sie unerreichbar geworden war, wieder in jemanden verliebt hatte. Sie machte kein Geheimnis daraus, und Erwin gönnte es ihr. Aber er fürchtete ihre Enttäuschung, als würde es ihn selbst betreffen. Wenn auch vielleicht nur, weil er vor zwei Wochen einer Frau begegnet war, die imstande war, Erinnerungen daran auszulösen, wie er vor Jahren in London versetzt worden war.

Paddys Fahrrad lehnte bereits am Backsteinhaus, als er ankam und, noch im Fahren, ein Bein nach vorn über den Lenker und unter den Händen hindurch schwang, indem er fast zeitgleich die letzte Kurve kratzte und das Rad abstellte. Als er endlich im Haus war, hörte es wieder einmal zu nieseln auf.

»Wo bleibst du denn?«

Er fasste Maya, die mit dieser Frage aus der Küche kam, kurz um die Hüften und schnupperte am Rostbraten, bevor er sich zu Paddy in den Dining Room setzte. Ruth lernte oben in ihrem Zimmer mit Stephen, einem jungen Österreicher, den Erwin im Old Vienna Club kennengelernt hatte, wo sich Exilanten aus der alten Heimat trafen. Er mochte den mittellosen Studenten der Biochemie, Sohn einer Freundin Mayas, und man war übereingekommen, ihm sein Studium zu finanzieren. Ruth, die in die Pubertät kam, übte auf ihn eine ähnliche Wirkung aus wie Barbara, eine der Töchter von Paddys Schwester, auf Erwin, der ihr in dessen Landhaus in der Grafschaft Kerry so nahe gekommen war, dass ihm von Paddy, der Geistliche in spe ausbildete, die Leviten gelesen worden waren.

Monsignore Browne war ein zwei Meter großer Hüne mit einem gewaltigen Bariton, einem Dickschädel und Pranken, in denen der Kelch Gottes wirkte wie ein Eierbecher. Für gewöhnlich ruhte der Mann in sich und der Liebe des Allmächtigen wie ein inaktiver Vulkan; doch wenn er ausbrach, war die Hölle los. Erwin hatte es vorgezogen, klein beizugeben, noch bevor diese Naturgewalt über ihn hereinbrach, und die reizende Barbara mit den schmutzigen Nägeln fortan in Ruhe gelassen.

Die Männer aßen mit großem Appetit. Paddy war von dem Wiener Rostbraten mit Zwiebelringen und Kartoffelrösti begeistert. Er verfluchte den Krieg, ließ Essen, Köchin und den Herrn in gälischen Superlativen hochleben, erbat sich von Maya, die sich geschmeichelt fühlte, das Rezept und schrieb es in ein Heft unters Konzept für die nächste Messe und neben die Noten aus den letzten Examina. Das superbe Mahl, das nach Riesenschlucken Bordeaux verlangte, den Erwin wer weiß wo aufgetrieben hatte, färbte die Backen des Kirchenmanns dunkelrot. Erwin freute sich, dass es dem Freund schmeckte, der ihm, als Dank für Lektionen in statistischer Mathematik und im Lösen von Differenzialgleichungen, irische Dichter wie Flann O'Brien und Brendan Behan empfohlen und sogar persönlich vorgestellt hatte.

Mit zwei Gläsern Whiskey und ihrem Rauchzeug zogen sie sich nach dem Essen in Schrödingers Arbeitszimmer zurück. Wie Einstein in Berlin vor dem Krieg, hatte er sich einen Raum unter dem Dach als Studierstube hergerichtet.

Das Manuskript von *Was ist Leben?* und die Korrekturfahnen von Cahill & Co lagen über den Schreibtisch verstreut, beschwert von Büchern, die auf dem Bauch lagen, was Paddy überhaupt nicht gefiel, oder deren offene Seiten umgeknickt und mit Randnotizen versehen waren, was er noch weniger mochte: *Das grüne Pamphlet* von Delbrück, Timofejew-Ressowski und Zimmer, die bereits über Mutationen in Chromosomen spekuliert hatten, wo sie eine Art Informationszentrum vermuteten, Upanischaden und Bhagavadgita: *Die eine höchste Gottheit/ In allen Wesen stehend/ Und lebend, wenn sie sterben/ Wer diese sieht, ist sehend/ Denn welcher allerorts den höchsten Gott gefunden/ Der Mann wird durch sich selbst sich selber nicht verwunden*, das *Tao te King*, *At Swim-Two-Birds* von Flann O'Brien und ein Band von Schopenhauer, aufgeschlagen an einer Stelle, wo er die Metaphysik der Geschlechtsliebe reflektiert. Mitten auf dem Tisch lag eins der Tagebücher Erwins, die er noch immer mit dem Titel *Ephemeridae* versah.

Indes Erwin konzentriert die Pfeife zum Qualmen brachte, beugte sich Paddy, eine Zigarette zwischen den Lippen, tief hinab, musterte das geordnete Chaos der Bücher und Texte auf dem Tisch und brachte, mittels Brummen in verschiedenen Tonlagen und Lautstärken, Zuneigung und Ablehnung zum Ausdruck. Erwin wusste um die zwei Seelen in der Brust des Hünen, die liberale und die klerikale, und war gespannt, welche sich diesmal durchsetzen würde. Sie hatten vereinbart, dass sie *Was ist Leben?* nach jenen Stellen durchforsten würden, deren Englisch einer Verbesserung bedurfte. Paddy hatte das Manuskript gelesen. Er hatte sich aber noch nicht definitiv dazu geäußert, doch immerhin durchblicken lassen, dass ihm die Bevorzugung der östlichen Religionen gegenüber dem Christentum nicht gefalle und Sorgen bereite; vor allem auch in Hinblick auf den Dubliner Verlag Cahill & Co, der es sich nicht leisten könne, der Publikation häretischer Bücher bezichtigt zu werden.

Erwin hatte ihn beschwichtigt. Was er von seinem Freund erwartete, war keine Kritik der metaphysischen Aspekte des Buches, sondern die Unterstützung eines literarisch gebildeten Menschen in Fragen des Stils. Minnie und die Mutter hatten zwar schon mit dem dreijährigen Knilch Englisch gesprochen, dennoch wurden seine Ansprüche in der Fremdsprache jenen nicht gerecht, die er im Deutschen an sich stellte. Beim Übersetzen, und mochte es, wie in seinem Fall, schon fast unbewusst geschehen, war stets eine Unschärfe im Spiel, die ihn an Phänomene der Quantenphysik erinnerte.

»Ich weiß nicht«, grummelte Paddy, »ob du das so veröffentlichen kannst. Ich weiß zu wenig von Physik und Biochemie, um dir in der Sache dreinzureden«, sagte er und blickte auf, »umso mehr aber von den Kompromissen, die wir hier alle gerne auf uns nehmen, um das Einvernehmen zwischen Religion und Wissenschaft nicht zu stören, und ich kann den Ärger, der auf dich zukommt, förmlich riechen.«

»Es ist halt, was es ist«, sagte Erwin, in der Pfeife stochernd. Die Gläser seiner Brillen blitzten, als würden sie Signale in den Weltraum senden.

»In Irland«, sagte Paddy, ohne von den Korrekturfahnen aufzusehen, »kannst du im Prinzip schreiben, was du willst, solange nur die Kette deiner Kausalitäten zu einer ersten Ursache führt, die man zumindest mit unserem Gott verwechseln kann, wenn du ihn schon nicht beim Namen nennst!«

»Ich denke nicht, dass jeder Mensch eine Privatseele hat, die Erlösung erlangen muss«, sagte Erwin. »Vielmehr scheint es doch so zu sein, dass es nur ein Einziges gibt. Unteilbar. Unzerstörbar. Unfassbar. Vielleicht ist es ja sogar das, was sich in der spukhaften Fernwirkung ausdrückt, die uns seit Jahren an der Nase herumführt und nervt. Ob du es nun Gott, Natur, Idee, Mysterium, Hokuspokus, Urgrund oder auch nur Information nennst, solange du noch keine Formel dafür hast, musst du dich mit Wörtern begnügen, und Wörter: Jessas, du weißt ja, was nicht nur mit ihnen, sondern auch über sie gesagt wird: Wörter sind nichts als Metaphern. Zahlen und Formeln im Grunde ja ebenso, wenn auch präziser und enger gefasst. Ob aber diese Metaphern die Wirklichkeit ausdrücken, abbilden oder gar *sind*, steht nach wie vor in den Sternen.« Er stieß eine Wolke Rauch aus und lehnte sich zurück. »Was meinst du, alter Knabe, gehen wir jetzt den Text durch, um zu sehen, ob du mir mit deinem an Shaw, Sterne, Wilde, Yeats und irischen Trinkliedern geschulten Englisch aushelfen kannst?«

Paddy schien seine letzten Worte gar nicht mehr zur Kenntnis genommen zu haben, so wie er in das, was er da las, versunken war. Am alten Stummel hatte er sich sogleich eine neue Zigarette angesteckt. Er hockte nun, über ein Blatt gebeugt, am Rand des Schreibtischs, um sich besser konzentrieren zu können. Dass er mit einem Bohemien, Freigeist und noch dazu Homoerotiker wie Oscar Wilde in Verbindung gebracht wurde, hätte ihm bestimmt eine bissige Bemerkung entrissen, wäre er nicht in Gedanken bereits ganz woanders gewesen.

Als sich der Rauch im Raum ein wenig lichtete, konnte Erwin sehen, dass er das Vorwort zu *Was ist Leben?* las. Das hatte noch gefehlt in der Fassung des Manuskripts, die er ihm vor zehn Tagen gegeben hatte. Er registrierte, wie Paddys Gesicht sich verfärbte, je länger er las. Im Gegensatz zur Strahlung von schwarzen Körpern, die heller wurden, je heißer sie waren, bis zur Weißglut, dunkelte Paddys Gesicht mehr und mehr ein, während er heiß lief, konstatierte Erwin mit proportional wachsender Besorgnis; wobei es alle Nuancen der Farbe Rot und des heiligen Zorns durchlief, für den dieser Koloss von einem Mann ebenso bekannt war wie für seinen derben Witz. Erst im Übergang zum Violett stabilisierte sich seine

Verfassung. Die großen Hände, die das fragliche Blatt hielten, zitterten leicht.

»Was ist los?« Er ahnte es schon, als er fragte, und er wusste, dass Gefahr im Verzug war.

»Ich fasse es nicht!« Das Blatt segelte aus Paddys Händen zu Boden. Für einen Moment, als er ausatmete, nachdem er beim Lesen die Luft angehalten hatte, wich alle Kraft aus ihm und er sackte in sich zusammen. Aber nur, um sich, erfüllt von einer größeren Wut, die jetzt nach ihrer Ursache suchte, wieder ganz aufzurichten.

Fast wie der Riese Polyphem auf der Suche nach Menschenfleisch, wenn er aus seiner Höhle trat, kam es Schrödinger vor.

»Dass du es wagst! Nein, ich kann es nicht fassen!« Er hörte nicht auf, seinen riesigen Schädel zu schütteln.

Schrödinger hatte ein mulmiges Gefühl im Magen. Nichtsdestotrotz beschloss er, wenigstens seinen Whiskey auszutrinken, bevor ihn der Zorn des Gerechten mit aller Wucht treffen würde. Ob in rhetorischer Form oder in körperlicher, war noch nicht abzusehen. Das hing an einem dünnen Faden und ganz davon ab, ob Paddy in den nächsten Sekunden die Sublimierung seiner Enttäuschung gelingen würde. In diesen scheinbar endlosen Momenten tat sich in Raum und Zeit eine Falte auf, und er schlüpfte, ohne lange zu überlegen, einfach hinein, um zu sehen, was dort los war. »Kristalle«, murmelte er, mehrere Male, während Paddys Gestalt auf ihn zukam, die er schon nicht mehr richtig wahrnahm.

Er erfährt, dass Professor Boltzmann sich nicht umgebracht hat und er doch bei ihm studieren kann. Jedes Titelblatt in Wien schreit es in dicken Lettern hinaus: Lüge! Falschmeldung! Missverständnis! In den folgenden Jahren gibt der manchmal lustige und bisweilen traurige Mann sein tiefes Verständnis der Natur der Dinge an ihn weiter. Als er doch irgendwann stirbt, eines natürlichen Todes, rehabilitiert, respektiert und anerkannt, nimmt er sich vor, das Beste aus dem zu machen, was er von ihm gelernt hat.

Lange versteht er nicht, wie sich das Lebendige immer wieder nahezu identisch organisiert, ohne gegen den zweiten Hauptsatz von Boltzmanns Thermodynamik zu verstoßen: Jedes sich selbst überlassene System folgt demnach einer Tendenz zur Unordnung, Auflösung, zur Entropie. Das Heiße kühlt ab, das Feste löst sich auf, die Nebel verziehen sich, derart strebt alles irgendwann seinem Finale zu, und mag es Tausende, Millionen oder gar Milliarden Jahre dauern. Das ist schließlich der Pfeil der Zeit, der vom Beginn bis ans Ende der Zeit fliegt. Ob dieses Ende zugleich ein neuer Anfang ist, und wer oder was den Pfeil abschießt, kann (noch!) niemand wissen.

Und lange leuchtet ihm nicht ein, warum Materie nicht auseinanderfällt. Was bindet die Teilchen ans Zentrum und verleiht Atomen und Dingen Stabilität? Und noch länger bleibt ihm ein Rätsel, was da im Innersten der lebendigen Materie vor sich geht, die ja dem zweiten Hauptsatz Boltzmanns in jeder Hinsicht zu widersprechen scheint. Feste Körper bauen auf eine sich periodisch wiederholende Struktur aus stets denselben Elementen auf. Aber was sorgt für die Stabilität von Molekülen und damit auch Genen? Vom ersten Organismus an werden Informationen weitergereicht, durch Mutationen erweitert und so stabil erhalten, dass sie sich im Laufe von Milliarden Jahren zum komplexesten Gebilde im Universum auswachsen, dem menschlichen Gehirn. Was aber, fällt ihm eines Tages wie aus heiterem Himmel ein, wenn auch Moleküle im Innersten nichts als Kristalle sind? Aperiodische Kristalle jedoch, die nicht einfach immer dieselben Informationen wiederholen, sondern vielmehr hochkomplexe Muster aus unterschiedlichen Informationen zu etwas Lebendigem verweben, das mithilfe von Energie, Ordnung und Information, die Pflanzen, Tieren und Menschen aus der damit anwachsenden Unordnung der Sonne zuströmen, zu immer höheren Ordnungen gelangt. Naturgemäß aber auch nur so lange, bis unser Mutterstern ausbrennt und dem zweiten Hauptsatz Boltzmanns erliegt; was die Unordnung in unserem vornehmen Viertel am Rand der Milchstraße wohl ein wenig vergrößern wird.

Als er es endlich zu verstehen glaubt, wird er das Gefühl nicht los, dass er es schon lange gewusst haben muss, obwohl es ihm erst jetzt bewusst geworden ist. Nie aber ist ihm klar geworden, ob es die kristallinen Strukturen aus der Physik waren, die ihn auf diese Spur gelockt haben, oder vielmehr das wunderschöne Bild, das Stendhal in seinem Werk Über die Liebe *ins Spiel bringt, wenn er das Entstehen der Liebe eine Art* Kristallisation *nennt. Jenes Buch, das ihm Maya vor vielen Jahren bei ihrem zweiten Treffen geschenkt hat …*

Maya öffnete die Tür zur Studierstube im selben Moment, als Paddy sich vor ihm aufbaute. Zum Zeichen, dass er nicht anders könne und obendrein unbewaffnet sei, streckte Erwin instinktiv beide Arme von sich, die Handflächen nach oben. Auf einer lag, wie ein Angebot, Frieden zu schließen, die Pfeife, aus der ein feiner Faden Rauch aufstieg, und auf seinem Gesicht lag ein Lächeln, das, wenn auch nicht um Entschuldigung, so doch um Verständnis warb. Mit ihrem Auftritt fuhr Maya dem Monsignore in die Parade, denn er hielt, mitten in der Vorwärtsbewegung, plötzlich inne. Er verfolgte jede ihrer Bewegungen, als sie ins Zimmer kam und zwei Gläser Whiskey abstellte, mit Argusaugen.

»Ist was?« Maya musterte die beiden Männer von oben bis unten, konnte fast nicht glauben, was sie da sah, ging ans Fenster und schob es hoch. »Frische Luft wird euch helfen, bei der

Arbeit kühlen Kopf zu bewahren«, sagte sie, indem sie Paddys Blick standhielt, bis er ihn senkte und eine andere Haltung einnahm. »Vertragt ihr überhaupt noch einen Whiskey?«

Maya blieb, bis Paddys Zorn, der in der Luft lag wie etwas Physisches, sich so weit verzog, dass nicht mehr zu befürchten war, er würde sich auf Erwin stürzen und ihm den Hals umdrehen. Sie ging herum, rückte ein paar Dinge zurecht, guckte aus dem Fenster auf die Wicklow Mountains, deren Umrisse sich durch den Regen abzeichneten, und machte Bemerkungen, die nichts mit der Situation zu tun hatten, während den Männern allmählich bewusst wurde, in welcher Lage sie sich befanden. Erst als sich die Situation entspannt hatte, verließ sie die Stube mit den Worten: »Wenn Sie so lieb sind, Monsignore, und mir nachher noch helfen, den besten Platz für ein Kreuz im Dining Room auszuwählen!«

Paddy brachte kaum ein Murmeln heraus, das alles Mögliche bedeuten konnte. Mit einem Ächzen ließ er sich auf einem Stuhl in seiner Nähe nieder, während Maya an ihm vorüberrauschte und die beiden Männer verdutzt zurückließ, ohne noch auf die Bemühungen des Monsignore zu reagieren, etwas sagen zu wollen.

Erwin versenkte sein Lächeln im Whiskeyglas. Die Pfeife in seiner Hand schrieb immer noch Rauchzeichen in die Luft. In der Stille, die mit Mayas Abgang im Raum zurückblieb, manifestierten sich allerhand Vorwürfe.

Paddy räusperte sich. »Mach doch, was du willst, aber halte mich da raus, wenn ich bitten darf! So wie du im Epilog über die christliche Religion urteilst, kann und darf ich keinen Wert darauf legen, im Vorwort lobend Erwähnung zu finden. Was du dir dabei gedacht hast, weiß ich nicht, und ob Cahill & Co das drucken wird, offen gestanden, ich glaube eher nicht, mein Freund!«

»Kannst du oder *darfst* du nicht?«

»Wie bitte?« Paddys Widerwillen gegen die ganze Sache setzte den logischen Verstand des gelernten Mathematikers außer Kraft.

»Wert darauf legen«, sagte Schrödinger mehr zu sich selbst. Ihm dämmerte, dass Monsignore Paddy Browne, sonst durchaus ein Mann der großen Worte, der in freien Stücken über Gott und die Welt befand, nicht einmal über seinen Schatten springen würde, wenn es möglich wäre. Reden schwingen, ja, im Kreis der Freunde, im Pub, vor den Studenten, war das eine, doch dazu stehen, wenn's drauf ankam …? Womöglich aber verlangte er von dem Freund etwas, das ihm der ohnehin nie in Aussicht gestellt hatte: etwas, das er um jeden Preis in ihm sehen wollte, weil er ihn mochte. Diesen bramarbasierenden Kerl, der dem Kosmos Rabelais' entsprungen zu sein schien. »Reg dich wieder ab, Paddy«, sagte er und gab ihm, indem er aufstand, auch zu verstehen, dass es Zeit war, ihn in Ruhe zu lassen, wenn er ihm schon nicht helfen wollte. »Ich werde dir mit meinen Ketzereien keine Schwierigkeiten bereiten, das verspreche ich dir!«

»Wie du überhaupt darauf kommst, mich zum Teufel noch mal im Vorwort zu erwähnen, bleibt mir ein Rätsel, Erwin! Bist du so naiv, oder tust du nur so?« Paddy schlug mit der Hand auf den Schreibtisch, sodass alles, was dalag, abhob und verrutschte. Er erhob sich mit einem Kopfschütteln. Als könnte er noch immer nicht glauben, was er im Manuskript gelesen hatte. Immerhin war der giftige Farbton aus seinem Gesicht verschwunden.

Schrödinger lachte auf. »Du hast ja recht. Ich weiß auch nicht. Manchmal tu ich einfach Dinge, die nicht so gemeint sind.«

Paddy polterte die Stiege hinab. »Was war noch mal mit dem Kreuz, das Maya erwähnt hat?«

»Sei du bloß nicht so naiv, Monsignore«, sagte Erwin.

Er klopfte ihm, als er sich aufs Rad schwang, zum Abschied den Rücken. »Wir sehen uns!«

Inmitten des Krieges, der Europa an den Rand des Abgrunds brachte, erschien ihnen die grüne Insel wie ein seltsamer Planet, auf dem zufällig Frieden herrschte. Sie spürten die Auswirkungen, als vieles knapper wurde, in den Geschäften und Pubs, auf den Märkten: Lebensmittel, Importwaren, Rohstoffe, wozu manche auch Alkoholika rechneten, die aus dem Ausland kamen. Doch im Grunde ging der Alltag in Dublin seinen, wenn auch bisweilen schwankenden, Gang.

Indes dauerte auch der Boykott der inneren Feinde an, der in den Vororten stattfand, wohin es ihn manchmal mit dem Rad verschlug. Und dieser Kampf, das war ihm bald klar, wurde mit den Waffen der Ignoranz geführt. Wenn es darauf ankam, zwang der Klerus die Regierung allemal vor seinen *höheren* Interessen in die Knie. Was machte es da schon aus, wenn die Betroffenen von den Hostien nicht satt wurden und in Slums vegetierten? Was zählte schon das irdische irische Leid gegen die Freuden im Jenseits! Niemand verirrte sich in diese Viertel, um mit einem Fisch Tausende zu speisen und die Mühseligen, Beladenen und Kranken von ihren Übeln zu erlösen.

Seit er Sheila Greene getroffen hatte, eine Schauspielerin am Olympia Theatre, die nebenbei ihren Master in Sozialarbeit machte, radelte er noch öfter durch diese Zonen zivilen Notstands an den Rändern der Stadt. Sie war es, die den Idealisten in hitzigen Disputen davon überzeugte, dass es notwendig war, auch Essen, Kleider und Medikamente zu bringen, wenn er wollte, dass die Stifte, Hefte und Bücher, die er für die Kinder am Institut mitgehen ließ, Verwendung fanden.

Was Leben war, hatte er in seiner letzten Arbeit vielleicht ein wenig gelüftet, wie er hoffte: *Wie* aber das Leben (auch!) war, zeigte sich, wenn er in diesen Tagen eine Zeitung aufschlug, wo die Kriegsberichterstattung alles dominierte; und es zeigte sich, immer unverblümter, auch bei den Abstechern in die Vororte, wohin ihn Sheila seit Neuestem mit ihrem Rad begleitete.

Die deutsche Wehrmacht steckte im russischen Winter fest, was die Hoffnung nährte, der imperialistische Wahn der Nazis könnte bald an sich selbst scheitern. Was nicht in den Zeitungen stand, immer wieder aber von Flüchtlingen aus Deutschland kolportiert wurde, war allerdings so befremdend, dass nur wenige es ernst nahmen; während die meisten es für Übertreibungen hielten, die den Zweck verfolgten, die Amerikaner dazu zu bringen, Deutschland den Krieg zu erklären. Da war von Lagern die Rede, wo systematisch und industriell gemordet wurde, und von einer *Agenda*, der alle Juden zum Opfer fallen sollten.

Unter dem Eindruck dieser beklemmenden Gerüchte, die auch in Princeton kursierten, hatte sogar der Pazifist Einstein beschlossen, wie Schrödinger erfuhr, bei Roosevelt für die Entwicklung der Atombombe zu intervenieren. Lise Meitner hatte vor Kurzem, von ihrem schwedischen Exil aus, mit Otto Hahn jene Grundlagen entdeckt, die derartige Bomben erst ermöglichten: Atombomben mit der Sprengkraft Zigtausender konventioneller Bomben: Bomben, von denen man nicht wusste, ob sie nicht in Deutschland schon gebaut wurden.

Trotz allem funktionierte die Post. Briefe und, wenn es die Umstände und das Timing erforderten, Telegramme nach Übersee und Kopenhagen kamen immerhin einigermaßen verlässlich an. Er blieb auch während der Arbeit zu *Was ist Leben?* mit Einstein in Verbindung, der noch lange nicht gewillt war, die Suche nach der *Theorie von Allem* aufzugeben, die alle Grundkräfte der Natur unter einen Hut bringen sollte. Einstein und er dachten dabei freilich an etwas Elegantes, während Pauli und von Neumann in Princeton vom Zylinder eines Illusionisten redeten, der nach Belieben Kaninchen (oder Katzen?) aus seinem Hut zauberte und wieder verschwinden ließ, während das Publikum von den Reizen der frivolen Assistentin geblendet wurde.

Waren die Formeln der Zauberer, um die Beziehung zwischen dem Kleinsten und Größten zu zeigen und eine Verbindung zwischen den Kräften in Atomen und den Kräften zwischen Himmelskörpern zu finden, auch noch so eindrucksvoll, das Abrakadabra, Hokuspokus und Simsalabim der Gleichungen von Einstein und ihm selbst, so waren die Aussichten auf eine Verifikation, oder immerhin Falsifikation, in entsprechenden Experimenten zu diesem Zeitpunkt gleich null. Die Einheit der Natur, die im Gedankenspiel von den miteinander verschränkten Elementarteilchen zum Ausdruck kam, das Einstein und seine Mitstreiter in Princeton entworfen hatten, ähnelte jener Einheit, die in den Schriften des Vedanta ihren symbolischen Ausdruck fand. Allein, und Schrödinger kam, trotz unermüdlicher Bemühungen, immer wieder an diesen Punkt: Es ließ sich (noch?) nicht beweisen!

Er spielte auf dem mathematischen Instrumentarium die virtuosesten Stücke, die eine rätselhafte Schönheit offenbarten, und scheiterte doch immer wieder an der Unmöglichkeit, diese virtuellen Stücke auch auf der Weltbühne der Wirklichkeit zur Aufführung zu bringen.

Manchmal, wenn er in der Dachstube aufblieb, während Anny, Maya und Ruth längst schliefen, war er nahe dran zu glauben, dass womöglich die Gleichungen selbst allem zugrunde lagen, als reine Information, auf der alles beruhte. Bis ein

Brief oder Telegramm Einsteins ihn davor warnte, einen solchen Schluss zu ziehen, mit dem sie den sicheren Grund der Physik verlassen und in den Sumpf der Metaphysik geraten würden, aus dem es kein Entkommen gebe.

Er schätzte den alten Einspänner noch immer über alles, neigte seit Kurzem aber auch zum Widerspruch gegen dessen starre Haltung. Und wenn nun der Materie tatsächlich etwas zugrunde lag, das selbst nicht materiell war? Wenn die Zahlen und Gleichungen so wirklich waren wie die Dinge, die sie beschrieben? Als ob in allem nur ein *Etwas* steckt, dachte er immer öfter, das sich mal so, mal anders zeigt. Wie immer man dieses Etwas auch nannte, vieles sprach dafür, dass er mit ihm rechnen musste, wenn er in Zukunft ein Modell der Welt entwarf.

Ein paar Wochen nachdem Paddy Browne das Haus der Schrödingers erzürnt verlassen hatte, kam Anny von einem ihrer »romantischen Ausflüge«, wie sie selbst ihre Abstecher nach Belfast nannte, vollkommen deprimiert nach Hause. Was Erwin längst befürchtet hatte, war nun eingetreten. Sie hatte ihren Geliebten, über den er nie Näheres erfahren hatte, endgültig verlassen. Oder war er es gewesen, der sich von ihr getrennt hatte? Anny zog sich in ihr Zimmer zurück, wortlos, so wie früher seine Mutter, wenn sie an ihrer Migräne litt, das Schlafzimmer mit Tüchern verhängte und oft erst nach Tagen wieder zum Vorschein kam. Ruth und er kümmerten sich um sie, soweit sie es zuließ. Maya hielt sich eher bedeckt. Sie zog es vor, ans Ufer der Liffey zu radeln, wenn ihr zu Hause alles zu viel wurde. Dort hockte sie so lange über ihren Skizzen von Stromschnellen, Strudeln, Wellen und Fischen, die sie gar nicht sah, bis sie mit der Dämmerung verschmolz.

Ruth war zu einem lebhaften, etwas altklugen Mädchen herangewachsen. Sie war ihrer Mutter fast wie aus dem Gesicht geschnitten, hatte die Figur und das Temperament Erwins, fühlte sich aber von klein auf am meisten zu Anny hingezogen, die der Rolle einer Mutter wohl am nächsten kam.

Während Anny durchs Haus schlurfte und sich die Treppen auf und ab schleppte, flatterte Ruth durch Raum und Zeit wie ein Schmetterling, von einem zum andern, ganz außer sich, was auch mit Stephen zu tun haben mochte, ihrem Landsmann, der ihr beim Lernen half; und wer weiß wobei sonst noch, wie Erwin dachte. Ihr Leichtsinn wirkte ansteckend, auch auf Anny, der es besser ging, solange Ruth bei ihr war.

Sie beschlossen, nächstes Wochenende einen Ausflug zu den Cliffs of Moher zu machen. Vielleicht konnte ja die Begegnung mit dieser grandiosen Landschaft die Verstockung lösen, der Anny verfallen war, seit sie aus Belfast zurückgekommen war. Ruth war begeistert, schränkte aber ein, sie komme nur mit, wenn auch Stephen mit von der Partie sei.

In einem alten Ford, den Stephen aufgetrieben hatte, fuhren sie quer über die Insel und über das karge Hochland des Burren, das von einer anderen Welt zu sein schien. Bis in ein Kaff, wo jedes Jahr, wie auf einem Jahrmarkt, willige Bräute an zugereiste Junggesellen vermittelt wurden. Dort nahmen sie in einer alten Pension Quartier, deren Komfort nur durch die Feuchtigkeit getrübt wurde, die hier überall in der Luft lag und, trotz der Kamine im Haus, in die letzten Winkel und bis unter die schweren Decken kroch.

Am Samstag besuchten sie einen Pferdemarkt ganz in der Nähe, wo Ponys, Arbeitstiere, aber auch einige Rennpferde gehandelt wurden, deren Preise in einem, wie Erwin fand, fast unanständigen Verhältnis zur Armut des Landes standen. Maya hielt dagegen, dass es gerade die Pferdezucht sei, die den Iren in diesen Zeiten einen Rest Stolz belasse. Ruth zog Stephen an der Hand von einer Koppel zur nächsten. Sie stieß Schreie des Entzückens aus, wenn es ihr gelang, ein Pferd zu sich zu locken, ihm die Stirn zu kraulen und den Hals zu tätscheln, während Stephen nur Augen für sie hatte.

Anny hing an Erwins Arm. Sie bewegte sich langsam und mechanisch, wie in Zeitlupe, und reagierte auf alles, was er ihr zeigte und sagte mit der Verzögerung, die ihre Gedanken auf dem Umweg über ihre gescheiterte Liebe erlitten.

Manchmal drückte er sie an sich, damit sie spürte und wusste, dass er für sie da war. Er fragte sich, was es damit auf sich hatte, dass seine Zuneigung zu ihr dann am größten war, wenn sie an der Enttäuschung über einen anderen litt. Und er fragte sich, warum sie sich überhaupt für andere geöffnet hatten. Für Flirts, Affären und Liebschaften, um dann, vor allem in Krisenzeiten, doch immer wieder zueinander zu finden. Und Maya? Sie schien von der Geliebten zur Gefährtin, die ihr gemeinsames Kind zur Welt gebracht hatte, und mittlerweile zu einer Art Tante geworden zu sein, die sich damit abfand, dass Ruth sich, wenn es darauf ankam, als Annys Tochter sah.

Als er bemerkte, wie Maya mit Ruth umging, wie eine ältere Freundin, dachte er an die Tage mit ihr in Arosa. Er spürte, ganz plötzlich, als Stich in der Brust, ein Nachglühen des Begehrens, das sie damals in ihm entfacht hatte: die Leidenschaft, mit der sie einander dort in den winterlichen Bergen geliebt hatten, und der Mut und die Kraft, die nur sie ihm geben konnte. Er wusste jetzt, dass er einen guten Teil dieser Kraft darauf verwendet hatte, den Rätseln der Natur auf die Schliche zu kommen. Sie warf ihm nicht länger vor, dass er sich doch nie von Anny getrennt hatte, was sie für selbstverständlich gehalten hatte, nachdem sie schwanger geworden war. Als es ihr Probleme zu bereiten begann, war es schon zu spät. Nachdem sie ihre Ehe annulliert hatte, nicht auf dem Papier, aber in ihrem Kopf und Herzen, um alles hinter sich zu lassen, blieb sie mit Ruth bei Anny und Erwin, die längst, ohne dass sie das je gewollt hatte, zu ihrer Familie geworden waren. Wenn der Krieg endlich vorbei wäre, dachte sie jetzt immer öfter, würde sie noch einmal mit ihren Arbeiten an die Öffentlichkeit gehen. Die letzte Ausstellung mit ihren Zeichnungen, vor Jahren in Oxford, war ein passabler Erfolg gewesen. Inzwischen hatte sie ein halbes Lebenswerk zu Papier gebracht.

Abends, in einem Pub im Ort, schauten sie zu, wie junge Frauen und Männer einander zugelost wurden, wie bei einer Tombola. Alte Männer, manche mit langen Bärten, spielten und sangen traditionelle Songs, *Carrickfergus*, *The Irish Rover*, *Seven Drunken Nights*, andere tanzten dazu. Was bei der Verlosung der Brautleute wie Zufall aussah, war tatsächlich ein bestens choreografiertes Stück irischen Entertainments. Die Paare kannten einander nämlich bereits, und es wurde nur so getan, als bliebe alles dem Zufall überlassen. Weil es im Grunde immer noch wichtiger war, jemanden zu haben, als sich *nur* zu verlieben.

Erwin, der dem Ale und dem Jameson zusprach und sich köstlich amüsierte, hielt diese ganze Show für ein Glanzstück irischen Pragmatismus', das sich aus der wechselhaften Geschichte des Landes erklären mochte. Aus großen Hungersnöten, politischen Krisen und Emigrationswellen.

Ruth durfte zwei Gläser Wein trinken, den es zu Hause nur zum Essen und mit Wasser verdünnt gab. Anny sprach kaum. Ihre Blicke schienen sich im Unendlichen zu verlieren. Maya belächelte die Naivität, mit der Ruth flirtete, während der immer wieder von ihr in Verlegenheit gebrachte Stephen zu verstehen versuchte, worum es Erwin in seinem Essay *Was ist Leben?* ging, der nun, nachdem Cahill & Co tatsächlich einen Rückzieher gemacht hatte, in Cambridge erscheinen sollte.

Nach Mitternacht verkrochen sie sich in ihren Betten. Maya gab die Parole aus, man müsse sich in der Vorstellung auf eine Hütte in den Bergen bei Schlechtwetter versetzen, um der Lage etwas abzugewinnen. Wenn man sich einrollte wie ein Hund und seine Energie ganz nah bei sich behielt, trotzte man der feuchten Kälte, die hier noch im Mai überall herrschte. Niemand wusste schließlich, mit welchen Bildern im Kopf die andern einschliefen, doch die Stimmung in der Finsternis der zwei Zimmer, die eine geöffnete Tür verband, erschien ihnen so vertraut, als würden sie sich hoch in den Tiroler Bergen befinden.

Ruth und Stephen, die gar nicht im selben Raum lagen, flüsterten noch immer miteinander, als Erwin bereits schlief und tief und ruhig atmete, während Anny, auf dem Rücken wie eine Leiche im Sarg, mit auf der Brust überkreuzten Händen, weiter in diese Dunkelheit starrte, die ihren Kummer verschluckt hatte. Sie fürchtete den nächsten Tag, der wieder ans Licht bringen würde, was sich jetzt in der Finsternis verbarg.

Anderntags brachen sie gleich nach dem Frühstück auf. Stephens Fahrstil mit dem Ford über die holprigen, kurvigen Straßen, der zweifellos Ruth geschuldet war, erinnerte Erwin zu sehr an Einsteins Assistenten Mayer, mit dem er in Amerika oft mitgefahren war.

Nach der ersten Rast löste er Stephen unter dem Vorwand ab, dieses Modell noch nie gesteuert zu haben. Ziemlich umständlich zwängte sich der große Junge zwischen Anny und Ruth hinein. Erwin beobachtete im Rückspiegel, wie er errötete. Ob vor Ärger, weil er ihn als Fahrer abgelöst hatte, oder weil es ihn verunsicherte, ganz nahe bei Ruth zu sitzen, konnte er nicht ausmachen. Er steuerte den Wagen so umsichtig über die steilen Serpentinen auf die Küste zu, die sie mehr ahnten, als sahen, dass die Fliehkräfte und der Zustand der Straße kaum zu spüren waren. Anny war noch immer ein Schatten ihrer selbst. Er wusste, dass das wenige, was sie sagte und tat, nichts mit ihren Gedanken und Gefühlen zu tun hatte.

Es nieselte, als sie aus dem Wagen stiegen und den schmalen Pfad zur Küste erklommen. Die Landschaft sah aus wie von William Turner gemalt. Roh, erhaben, unwirklich und unberührbar. Andere Besucher, über die Hänge zu den Klippen hin wie zufällig verstreut, erschienen als impressionistische Tupfer im Raum, von Nebel und Regen verwischt und einem Licht umflort, das trotz der dunklen Wolken vom Himmel strahlte, der da und dort aufriss.

Sie passierten ein Schild, das in mehreren Sprachen davor warnte, den Weg zu verlassen und der Steilküste zu nahe zu kommen. Die Warnung in deutscher Sprache war nur halbherzig übermalt. Je näher sie dem Abgrund kamen, desto stärker wurde der Wind, den sie im Rücken hatten, und umso näher rückten sie zusammen. Als sie die Linie des Horizonts bemerkten, weit draußen, leuchtend wie eine frische Naht zwischen den Elementen, verschnauften sie kurz.

»Sollten wir bei diesem Wetter nicht lieber umkehren?« Stephen fragte es mit Rücksicht auf Ruth, um die er einen Arm gelegt hatte. Mayas Blick billigte es, weil es sich hier um eine Situation handelte, in der dies angehen mochte.

»Nicht meinetwegen«, sagte Ruth, die spürte, dass es um sie ging, und kam damit anderen Antworten zuvor. »Anny, wie geht's dir? Wird dir das hier nicht zu viel?«

»Kümmert euch einfach nicht um mich.« Mit diesen Worten verbat sie sich die Fürsorge und wandte sich der Wetterfront zu, die alle Voraussetzungen für einen Sturm und eine Sturzflut in sich barg. Über dem Horizont draußen leuchteten die Blitze auf wie ein Nervensystem. Es schien sogar, als würden sich die

Entladungen in Annys Augen und ihrem Gesicht spiegeln, in das nun wieder etwas Leben kam. »Ich mag Gewitter in den Bergen«, sagte sie, drehte sich um und stapfte weiter.

Erwin nahm Maya an der Hand und folgte Anny. Er wusste schon lange nicht mehr, wann, wie und warum ihre Leidenschaft sich verflüchtigt hatte. Es musste noch vor dem Krieg in Oxford passiert sein, dachte er, dass Maya ihn über der Beziehung, die sie damals erst mühsam zu ihrer kleinen Tochter aufbauen musste, aus dem Blick verloren hatte. Zu jener Zeit, als er auf seinen Ausflügen in die Londoner City der Verblendung erlegen war, um jeden Preis seine Jugend zu wiederholen. Maya hatte es ihm zwar nachgesehen, doch etwas war damals zwischen ihnen zerbrochen, vielleicht für immer. Seither fragten sich beide mitunter, und das nicht ohne Bitterkeit, ob ihre gemeinsame Zeit schon zu Ende war. Eine Zeit allerdings, deren Folgen in Gestalt der ungestümen Ruth eine unwiderlegbare Gegenwart zeitigte, der Stephen nun vor ihren Augen in Echtzeit erlag. Ohne selbst recht zu wissen, wie ihm geschah. Erwin registrierte genau, wie er sie auf die Wange küsste, während er glaubte, niemand sehe ihnen zu.

Indem sie sich gegen den Sturm stemmten, der über dem Abgrund tobte und orgelte, erreichten sie den Pfad, der parallel zum Abbruch verlief. Eine schmale Spur voller Felsen und Pfützen, die man nicht aus den Augen lassen durfte, führte auf eine Anhöhe, die einen Ausblick versprach. Hier, fiel ihm ein, als er einen Blick riskierte, dort unten, an diesen Klippen, hatte Paddy einmal voll Stolz erzählt, war seinerzeit die Hälfte der spanischen Armada zerschellt, als wären die Schiffe aus Streichhölzern gewesen. Sie wollten den Engländern zu Hilfe eilen, die Insel zu unterwerfen, waren aber so dreist gewesen zu glauben, das Ganze sei nicht viel mehr als ein Ausflug, den man getrost auch ohne Landkarten machen konnte.

Auf dem Scheitel des Hügels gingen sie, Hand in Hand, in die Hocke, um nicht fortgeblasen zu werden, und schauten sich, vor Nässe und Kälte schlotternd, um. An diesem Ort, wo die Bühne der Natur, die rundum bis zum Horizont reichte, nur dazu diente, dem Wetter zu seinem stürmischen Auftritt zu verhelfen, schrumpfte alles, was einem zusetzen mochte, auf ein relatives Maß: seine ewigen Grübeleien über die Ursachen des Lebens und die große, alles erklärende Theorie, Mayas Enttäuschung über den Lauf der Zeit, der ihre Liebe in etwas verwandelt hatte, mit dem sie noch nicht umgehen konnte, Annys Schmerz, den sie der reinigenden Kraft der Elemente ausliefern wollte, indem sie sich den Klippen und dem Abgrund näherte, bis er ihr folgte, um sie festzuhalten, bevor sie den Rand erreichte.

Er umarmte sie von hinten, während sie am ganzen Körper zitterte und in den Wind heulte. In den Sturm, der den Regen in ihr Gesicht peitschte und ihre Tränen wegspülte. Bei einem Blick in den Abgrund, auf die sich hoch auftürmenden Wellen, in das Tosen der Brandung und die Gischt, die an den Felsen leckte, schob sich ein Bild aus seiner Jugend vor sein geistiges Auge. Duino, er war nach Italien gereist, um zu erfahren, warum Boltzmann sich umgebracht hatte, und war dann dort, vom Wein benebelt, fast über die Klippen ins Meer gestürzt. War das wirklich Rilke gewesen, fragte er sich noch manchmal, jener Mann mit der sanften Stimme, der ihn festhielt, als ihn der Schwung mit sich riss, mit dem er die Flasche ins Meer schleuderte?

Jetzt hielt er seine Frau, fest umschlungen, bis ihr Heulen und Zucken in ein Seufzen und Beben überging. Nach einer Weile, als sie ganz ruhig und still geworden war, half er ihr auf. Sie machten ein paar Schritte nach hinten, weg von der Anhöhe, um sich vor dem Sturm in Sicherheit zu bringen.

Die andern hatten sie die ganze Zeit kaum aus den Augen gelassen. Wieder zur Gruppe vereint, stiegen sie wortlos die Flanke des Hügels bis zum Auto hinab. Anny schaute nicht mehr so finster drein wie in den letzten Tagen. Als wäre eine Last von ihr genommen worden. Maya setzte jeden Schritt ganz bewusst als einen Schritt in ihre Zukunft, die sie wieder, was ihr jetzt endlich klargeworden war, selbst in die Hand nehmen musste. Ruth und Stephen ließen sich immer wieder einmal ein ganzes Stück zurückfallen. Sie turtelten miteinander, als wären sie allein auf der Welt.

Auf der Heimfahrt hielten sie in der Nähe von Killarney, um etwas zu essen. In diesem großen, alten, dunklen, von Rauch, Gesprächen und Bierdunst durchzogenen Pub ging es schon zu Mittag rund. Eine Band spielte auf und es wurde geklatscht, auf die Dielen gestampft, geschrien und getanzt. Viele der Männer kamen direkt von der Sonntagsmesse. Gleichwohl waren sie vollkommen davon überzeugt, sich jeden ihrer zahlreichen Schlucke redlich verdient zu haben.

Als Erwin den Weg vom Klo zurück zum Tisch suchte, kam er an einem Raum vorbei, aus dem die knisternde Stimme eines Nachrichtensprechers drang. Er lehnte sich in den Rahmen der Tür, rauchte eine Zigarette und verfolgte, über die Köpfe der andern hinweg, die irische Wochenschau.

Der Projektor surrte, ein Strahl durchschnitt die Dunkelheit, unzählige Partikel schwebten im Licht. Die Bilder flackerten über die Wand, das Schwarz-Weiß erschien wie ausgewaschen, und sie liefen viel zu schnell, diese Bilder aus der Hölle des Krieges und der Propaganda. Sogar das tödliche Pathos Hitlers wirkte derart ziemlich lächerlich. Dass der Wahnsinn Methode hatte, kam jedoch durch die beschleunigten Bilder, fast wie aus Versehen, ganz klar zum Vorschein.

Ein Schmunzeln erlosch auf seinem Gesicht, noch bevor es ihm bewusst wurde.

Als wäre es gestern gewesen, erinnerte er sich daran, welches Glück sie gehabt hatten. Glück im Unglück. Bevor sie über Umwege durch halb Europa von Graz, wo sie ihres Lebens nicht mehr sicher gewesen waren, nach Irland geflüchtet waren, war ihm eine Einschätzung der allgemeinen und persönlichen Lage unterlaufen, die ihm noch immer zusetzte, wenn er nur daran dachte; oder von Einstein in Briefen daran erinnert wurde.

Er nahm einen langen Zug von der Zigarette und inhalierte, so tief er konnte. Als er den Rauch, bevor er husten musste, aus Mund und Nase quellen ließ, legten sich die Schwaden über die viel zu schnell laufenden Bilder der Wochenschau. Sein Blick trübte sich, aber seine Gedanken schärften sich und schweiften ab. Etwas zog seine Aufmerksamkeit in eine andere Zeit, an einen anderen Ort.

ALPBACH AROSA BERLIN DUBLIN DUINO GÖRZ **GRAZ**
OXFORD PRINCETON SEMMERING WIEN ZÜRICH

Mittlerweile waren sie es ja schon fast gewohnt, unterwegs zu sein und sich in fremden Ländern an neuen Orten einzurichten; aber nun waren sie zum ersten Mal auf der Flucht.

In Österreich zu bleiben konnte unberechenbare Folgen für sie haben. Maya und Ruth, die nicht in Gefahr waren, würden vorerst in Graz bleiben. Anny wollte unbedingt mit ihm kommen. In nur drei Koffern verstauten sie, was für den Anfang in Irland zunächst reichen musste. Besonderen Wert legte er dabei auf seine Notiz- und Tagebücher. Fast alle anderen Bücher und die Auszeichnungen, darunter auch die Medaille für den Nobelpreis, blieben zurück. Die Romane von Joseph Roth stopfte er nachträglich in einen der prallen Koffer.

Auf dem Weg zum Flughafen klimperte er mit den zehn Mark in der Tasche, wie um sich der Dringlichkeit ihres Aufbruchs zu vergewissern. Mehr Bares hatten sie nicht bei sich. Mit einer größeren Summe in eine der Kontrollen zu geraten, die hier überall und zu jeder Zeit stattfanden, konnte der überstürzten Flucht ein jähes Ende setzen. Um die Häscher der Gestapo von ihrem Vorhaben abzulenken, hatten sie Rückflugtickets gekauft.

Seit Monaten haderte Schrödinger mit sich, und nun war seine Stimmung auf dem Tiefpunkt. Aber gar nicht so sehr, weil es höchste Zeit war, das von den Nazis okkupierte Land zu verlassen, sondern weil er bis zuletzt geglaubt hatte, sich mit einem beiläufig aus dem Ärmel geschüttelten Bekenntnis zu den Machthabern jene Ungestörtheit zu verschaffen, die er für seine

Arbeit benötigte. Unter dem Druck der Verhältnisse hatte er in der *Grazer Tagespost* einen Artikel veröffentlicht, in dem er das Regime hofierte, das bereits viele seiner Kollegen und Freunde vertrieben oder eingesperrt hatte. Aber nicht genug damit, dass man dem von der Führung als politisch unzuverlässig Eingestuften seine späte Bekehrung nicht mehr abnahm, eilte ihnen nun sein, wenn auch nur erfundener, Verrat bis nach England voraus, wo Lindemann schäumte: In Oxford brauche er sich unter diesen Umständen erst gar nicht mehr blicken zu lassen!

Er hasste es, in politische Dinge verwickelt zu werden. Und er verachtete sich dafür, dass er seine Freundschaft mit Einstein aufs Spiel gesetzt hatte, um sich vor den Machthabern hinter seiner Arbeit zu verschanzen. Warum, fragte er sich trotzig, sollte ausgerechnet ihm nicht zustehen, was Planck, Heisenberg und seinen anderen Kollegen in Berlin durchaus möglich war? Unbehelligt zu arbeiten. Nicht mehr und nicht weniger. Sich abseits einer Politik, die alles kontrollieren wollte, nur der *Theorie von Allem* zu widmen.

Das war nun gründlich in die Hose gegangen! Was Lindemann in Oxford von der ganzen Sache hielt, war ihm im Grunde egal. In ihren Elfenbeintürmen dort, dachte er, während er eine Zigarette anrauchte, hatten sie keine Ahnung davon, was hier, unter der Herrschaft der Nazis, wirklich los war.

Er umarmte Maya, dann küsste er Ruth auf die süßen Backen, die feucht waren und nach Salz schmeckten.

Anny drückte Ruth an sich. »Gib auf deine Mama acht«, flüsterte sie ihr ins Ohr, »und wenn wir uns wiedersehen, nähe ich dir das Kleid, das du dir so wünschst, mein Schatz!« Sie erhob sich, seufzte und küsste Maya auf beide Wangen.

Mit dem Gefühl, in jedem Moment ertappt und aus der Reihe der Passagiere geholt zu werden, passierten sie alle Kontrollen. Nachdem sie den letzten Schalter hinter sich hatten, trat ein Bursche, auf dessen korrekter Adjustierung die Insignien der Partei prangten, auf sie zu und pflanzte sich mit einem Hitlergruß und knallenden Hacken vor ihnen auf. Anny gab ihm die Tickets, auch die für den Rückflug, und die Einladung zu einem Kongress in Rom. Hinter den funkelnden Gläsern seiner Brille hielt Schrödingers blitzblauer Blick dem bohrenden Starren des Jünglings stand, der sich weder in der Uniform noch in seiner mit Pickeln übersäten Haut wohlzufühlen schien.

»Herr Professor, einen guten Flug«, sagte er endlich, nicht ohne bis über beide Ohren zu erröten, als ihm die Anmaßung seines Auftritts bewusst wurde. Ebenso mechanisch wie er aufgetreten war, trat er wieder ab und schaute sich sogleich nach anderen Opfern um.

Sie traten auf das windige Rollfeld hinaus.

»Beeil dich!« Anny drängte ihn, endlich in den Flieger zu steigen, während er die Augen nicht von zwei Männern in dunklen Ledermänteln lassen konnte, die, mit einen Schäferhund an der Leine, über das Flugfeld patrouillierten. Die Uhr über dem Flughafengebäude tickte lautlos die Sekunden weg.

Schrödinger war bereits über die Gangway in die Maschine geklettert und schaute, ganz in sich versunken, aus der ovalen Luke auf die heulenden Motoren, als würde er Berechnungen über die Flugfähigkeit dieses metallenen Vogels anstellen. Aus seinem Mund strömte der helle Rauch einer Zigarette.

Maya und Ruth winkten aus der ersten Etage des Gebäudes, bis das Flugzeug aus dem tiefen Blau des Himmels in einen Haufen Wolken eintauchte, um nur wenig später, in ihrem Rücken, weit weg und hoch oben, wieder aufzutauchen.

Anny holte ihr Strickzeug aus der Tasche und machte sich mit klappernden Nadeln an einer Weste für Ruth zu schaffen. Schrödinger schlug ein Buch über Kosmologie auf, wurde aber immer wieder von der Aussicht nach unten, auf eine sich aus der Vogelperspektive ständig verändernde Landschaft, abgelenkt. Die Ahnung, alles auf unbestimmte Zeit zu verlieren, setzte ihm zu. Als er einen ganz gegen die Jahreszeit mit Schnee bedeckten Gipfel über dem V eines Tals aufleuchten sah, überließ er sich den lästigen Gedanken, die ihm seit Tagen zusetzten …

Jetzt wusste er, dass es keine gute Idee gewesen war, Oxford zu verlassen, um in diesen Zeiten nach Graz zu gehen. Anny und Maya hatten ihn oft davor gewarnt, doch die Sehnsucht nach einem Ort, an dem sie endlich, nach vielen Jahren, zu Hause sein konnten, war stärker gewesen als sein Verstand, der ganz von den Problemen seiner Theorie vereinnahmt wurde.

Während er sich, in Übereinstimmung mit dem Astrophysiker Eddington (und zum Verdruss der Kopenhagener), durchaus vorstellen konnte, dass die Schrödinger-Gleichung sich nicht nur auf den Mikrokosmos, sondern auf das ganze Universum anwenden lasse, vermochte er sich lange nicht vorzustellen, dass die Nazis sich auch in Österreich einnisten würden; und noch weniger mochte er sich ausmalen, was das bedeuten würde. Bis vor ein paar Tagen jedenfalls, als er, einen Brief vom Ministerium in Händen, der ans Institut adressiert gewesen war, in den dritten Stock gestiegen war, um nach Ruth zu sehen. Im Institut hatte er soeben erfahren, dass sein Kollege Hess, Nobelpreisträger wie er, nach seinem Freund Hans Thirring, als Nächster entlassen worden war. Fristlos. An diesem Abend spürte er die Müdigkeit vom Kampf gegen Windmühlen, deren Flügel die Form von Hakenkreuzen hatten, wie eine mysteriöse Krankheit in seinem Blut kreisen.

Er küsste das offensichtlich träumende Mädchen auf die Stirn und zog ihm die Decke unters Kinn. Nein, dachte er: Nein, hier ist kein Bleiben! Das war kein Land, in dem sein Kind aufwachsen sollte. Er schloss die Tür hinter sich und bemerkte den Brief in seiner Hand, den er noch gar nicht geöffnet hatte. Als er ihn aufschlitzte, erinnerte er sich an jenen Brief, den er vor Jahrzehnten im Stiegenhaus der Gluckgasse geöffnet hatte: die Einladung zu Einsteins Vortrag über Gravitation, bei dem er dann Maya kennengelernt hatte. Als hätte sich das alles in einem ganz anderen Leben ereignet. Er neigte sich ins Licht, rückte die Brille zurecht und las, was da stand.

Wien, der 16. August 1938

An: Herrn Professor Dr. Erwin Schrödinger

Auf der Grundlage von Abschn. 4, Paragraph 1 der Anordnung zur Wiederherstellung des österreichischen Beamtentums vom 31. Mai 1938 sind Sie entlassen. Die Entlassung wird mit dem Eingangsdatum der Mitteilung wirksam. Sie sind nicht ermächtigt, der Entlassung auf Rechtswegen zu widersprechen.

Bis spät in die Nacht hatte er mit Anny und Maya beratschlagt, was nun zu tun sei. Als de Valera, Premierminister Irlands und selbst ein Mann der Wissenschaften, der gerade damit beschäftigt war, den Aufbau des Institute for Advanced Studies zu organisieren, in der Zeitung davon las, unternahm er alles, um der gefeuerten Koryphäe eine Einladung nach Dublin zukommen zu lassen. Unter Umgehung der Zensur und über Lindemann gelangte die stille Post bis nach Konstanz, zu Freunden der Schrödingers, und wurde von einem diskreten Holländer, einem Freund der Freunde, prompt nach Wien zu Annys alter Mutter gebracht, die das Wichtigste auf einem kleinen Zettel notierte, den sie einer Getreuen nach Graz mitgab. Sie lasen die Nachricht und verbrannten die Notiz. Auf einmal begannen alle Uhren um sie herum laut zu ticken. Ihre Zeit lief ab. Nun war kein Hierbleiben mehr! Sie schickten ihre Zusage den Weg zurück, den das Angebot genommen hatte, und bereiteten, still und heimlich, ihre Abreise vor.

Dass Lindemann, der ihm noch immer wegen seiner Familienverhältnisse und nun auch wegen des offenen Briefes in der *Tagespost* grollte, geholfen hatte, ihre Flucht zu organisieren, mochte mit dem Hinweis des britischen Außenministers Halifax zu tun haben, der ihm mitgeteilt hatte, der Außenminister des Deutschen Reiches, von Ribbentrop, habe diesen Schrödinger als fanatischen Gegner des Nationalsozialismus eingestuft und angeordnet, seine Ausreise unter allen Umständen zu verhindern …

Das Flugzeug näherte sich unter Turbulenzen im Sinkflug seinem Ziel. Anny konnte es nicht glauben. Er war tatsächlich eingenickt. Als ob sie in die Ferien fliegen würden! Erst als sie mit einem Rumms landeten und über die Piste des Flughafens Ciampino rumpelten, fuhr er hoch und schaute sich entgeistert um. Dann lächelte er, seit Langem wieder einmal, wie er als Bub oft gelächelt hatte. Versonnen, verschmitzt und ziemlich frech.

Mit bloß zehn Mark in der Tasche konnten sie auf dem Flughafen den Gepäckträger nicht bezahlen, der sich ihnen trotzdem aufdrängte, und schon gar nicht den Taxifahrer, der sie zu ihrem Hotel in einer Seitengasse des Campo de' Fiori brachte. Immerhin befanden sie sich jetzt in der Hauptstadt der Improvisation. Also bezahlte, begleitet von Kaskaden von Worten, deren Bedeutung sie nur ahnten, der Taxifahrer den Träger, und der Taxifahrer wiederum wurde vom Portier entlohnt, der mit einer noblen Geste einwilligte, die Summe vorläufig auf die Rechnung zu setzen: »Nessun problema, Signore! Benvenuto a Roma!«

Als sie im Schritttempo durch Trauben lärmender Menschen über den Campo gerollt waren, hatte die erratische Figur Giordano Brunos, die dort aufragte, wo der Philosoph vor mehr als dreihundert Jahren aufgrund seiner Überzeugungen von der Inquisition bei lebendigem Leib verbrannt worden war, einen tiefen Eindruck auf Schrödinger gemacht. Er musste an einen Satz des Mannes denken, dessen Intuition bereits damals eine interessante Vorstellung vom Ganzen offenbart hatte. *Im All ist weder Mitte noch Umkreis, sondern wenn du willst, ist in allem eine Mitte und jeder Punkt kann als Mittelpunkt irgendeines Umkreises gelten.*

In den folgenden Tagen schrieb er an Einstein, Lindemann und de Valera, der das irische Konsulat in Rom beauftragte, sie mit allem zu versorgen, was sie noch für die Reise benötigten. Der Konsul ließ ihre Hotelrechnung bezahlen und verschaffte ihnen ein Bahnticket erster Klasse nach Genf, über das sie zunächst nach Oxford und dann bis nach Dublin weiterreisen sollten. Da es bereits streng verboten war, aus Italien Geld auszuführen, machten sie sich mit Visa für fast ganz Europa und je einer Pfundnote, die ihnen der Konsul mit einer gewitzten Bemerkung überreichte, auf die Reise.

Im Zug verflog seine Heiterkeit, die in Rom zum Vorschein gekommen war. Er konnte sich weder auf das Buch auf seinen Knien konzentrieren, noch auf seine Notizen, sondern starrte die ganze Zeit wie hypnotisiert durch das rußige Fenster auf die Landschaft draußen, ohne dass Anny hätte sagen können, was er dort suchte. Wahrscheinlich hing er Gedanken nach, die nichts mit der Reise und auch nichts mit seiner Arbeit zu tun hatten. Vermisste er seine Tochter? Maya? Seine Heimat, die ihn verstoßen hatte? Sie war es nicht gewohnt, ihren sonst doch souveränen Mann in Selbstzweifel verstrickt zu sehen.

Sie ließ ihre Zeitschrift sinken und schaute ihn an, bis er auf sie aufmerksam wurde. »Denkst du noch immer an diesen Brief, den du für die *Tagespost* geschrieben hast?«

Nach einer Pause, die vom Rattern der Eisenräder über die Nahtstellen der Schienen in fast identische Intervalle zerstückelt wurde, wandte er sich ihr zu. »Ich verstehe nicht, was ich mir davon versprochen hab. Wie konnte ich nur so verrückt sein zu glauben, dass mir die das abkaufen würden, was ich selbst nicht ernst gemeint habe! Ich hoffe nur, dass Einstein diese ganze Farce auch nicht ernst nimmt und sich weiter mit mir über die große Theorie austauscht, wenn wir erst einmal in Irland und in Sicherheit sind.«

»Politik ist eben kein Spiel«, sagte sie. »Jedenfalls das, was dabei herauskommt. Die spielen zwar mit dem Leben von Millionen Menschen, aber die Folgen dieses Spiels sind todernst. Also kannst du auch nicht einfach mitspielen, ohne für die Folgen und das, was du sagst, schreibst und tust, Verantwortung zu übernehmen.«

»Ich will nur in Ruhe arbeiten!« Er wusste ganz genau, was sie meinte, doch der Widerstand des trotzigen Buben in ihm war stärker als diese Einsicht.

»Du weißt und kannst sehr viel«, sagte sie, »Dinge, von denen kaum jemand eine Ahnung hat, und bist aber trotzdem derart naiv, wenn es um Politik geht. Und um Beziehungen«, fügte sie mit dem Lächeln Mona Lisas hinzu. Ein Lächeln, das die seltsamen Erfahrungen ihrer Ehe auf den Punkt brachte.

Er nahm, was ihm nicht zum ersten Mal und auch schon von anderen gesagt worden war, mit einem unwilligen Brummen zur Kenntnis. »Wenn alle nur machen würden, wovon sie etwas verstehen, wäre die Welt ein besserer Ort. Die Politik ist ja zweifellos eine jener seltenen Domänen, wo man allein mit Geschwätz reüssieren und in die höchsten Ämter gelangen kann!«

»Jedenfalls hat sie wenig mit Philosophie und noch weniger mit Wissenschaft zu tun, mein Lieber. Das sollte dir doch klar sein.« Sie führten diese Debatte nicht zum ersten Mal, und Anny war immer wieder erstaunt darüber, wie er nicht sehen konnte oder wollte, dass es in der Politik vor allem um das Spiel mit Emotionen und Vorurteilen ging und kaum um so etwas wie Objektivität oder gar Wahrheit.

Die Landschaft veränderte sich in der Abenddämmerung im Zeitraffer. Der lange Schatten des rollenden Zuges zog über sie hin. Eine Zeit lang sah es so aus, als würden Kaskaden flüssigen Goldes über ihr ausgeleert. Auf den beiden lastete das Wissen, dass sie erst in Sicherheit wären, wenn sie die Grenze zur Schweiz passiert hätten. Italien tanzte nach der schrillen Pfeife Mussolinis, der unter dem Einfluss Hitlers aus dem Völkerbund ausgetreten war und einen Pakt mit Deutschland und Japan geschlossen hatte. Seit Kurzem galten auch hier die Rassengesetze des Deutschen Reiches. Trotzdem wäre es für sie noch um einiges gefährlicher gewesen, direkt von Österreich in die Schweiz reisen zu wollen.

Während sie stets weiter nach Norden rollten, verdichtete sich die Dämmerung zu einer undurchdringlichen Dunkelheit. In der tiefen Finsternis stand der Neumond am Himmel wie ein schwarzes Loch, das nirgendwohin führte. Er blickte nur stur aus dem Fenster, so als erwartete er sich davon Aufschlüsse über ihre Zukunft; oder jene vertrackten Probleme der Physik, die ihm nicht einmal in diesen Tagen ganz aus dem Kopf gingen.

»Wir sollten ein wenig schlafen«, sagte Anny, der das aber ebenso wenig gelang wie ihm. Wenn sie die Augen schloss, stiegen allerhand Befürchtungen in ihr hoch, die erst wieder verschwanden, wenn sie sich einen Ruck gab und sich auf etwas im Coupé konzentrierte. Wenn draußen jemand vorüberging, hielt sie den Atem an, bis die Schritte sich wieder entfernten. Einmal riss ein Mann die Tür zu ihrem Abteil auf und murmelte nur, dass er sich geirrt habe, während sie nichts anderes denken konnte, als dass man sie jetzt gefasst habe. Maya und sie hatten es von vornherein für gefährlich gehalten, in solchen Zeiten nach Graz zu gehen. Aber Erwin, der nun nicht aufhörte, mit seiner Naivität und dem opportunistischen Brief in der *Tagespost* zu hadern, war nicht davon abzubringen gewesen. Sie fragte sich, und nicht zum ersten Mal, ob die Beschäftigung mit einer so komplexen Materie wie Quantenphysik und Kosmologie den Hausverstand zum Verschwinden brachte, der nötig war, um die Gefahren in dieser verrückten Welt einigermaßen richtig einzuschätzen.

»Der Schlaf der Vernunft gebiert Ungeheuer«, sagte er und schaute sie, durch die Gläser seiner Brille, groß an. »Ich glaube, ich verstehe erst jetzt, was Goya damit gemeint hat.«

»Denkst du an Ruth und Maya?« Sie wollte sich an etwas Konkretes halten, um zu verhindern, dass ihre Sorgen sich in Angst verwandelten. »Hoffentlich lässt man sie in Ruhe.«

»Minnie hat versprochen, sich um die beiden zu kümmern, sobald sie in Wien sind.« Er räusperte sich und schaute wieder aus dem Fenster in die Dunkelheit. »Ich frage mich aber, ob Maya überhaupt noch nachkommen wollen wird, falls man sie unbehelligt lässt.«

»Zweifelst du auf einmal an der Art der Beziehung, für die wir uns entschieden haben?« Anny sagte es mit einer Wehmut in der Stimme, die anklingen ließ, dass sie sich ihr Leben mit ihm bisweilen auch anders vorgestellt hatte. Wenn sie zurückblickte, was sie immer seltener tat, kam sie fast immer zu dem Ergebnis, dass sie sich im Laufe der Zeit an seine Bedürfnisse und Überzeugungen angepasst hatte. Dass sie nun schon so lange eine Art offene Ehe führten, konnte sie aber auch nicht darüber täuschen, dass sie ihm auf seinen verschlungenen Wegen gefolgt war, immer weiter und weiter, wenn auch mehr oder weniger freiwillig, wohin und worin auch immer. Mittlerweile mochte sie sich gar nicht mehr vorstellen, ihn zu verlieren, aber auch nicht Ruth oder Maya, mit der sie die Liebe zu ihrer Tochter und die Zuneigung zu diesem Mann verband. Sie suchte in seinem Gesicht nach jener Antwort, die sie erwartete.

»Ich hab kein Recht mehr, Maya an mich zu binden«, sagte er, »nur weil Ruth da ist.«

Das war es nicht, was Anny erwartet hatte. »Mach dir keine Sorgen, Erwin. Sie werden nachkommen, ob du es für richtig hältst oder nicht.« Sie lachte kurz auf und befreite sich einen Moment lang von der Anspannung, die ihr im Nacken saß, seit sie in diesen Zug gestiegen war. »Wir machen nämlich, was wir wollen, falls dir das noch nicht aufgefallen ist, und wenn wir mit dir kommen und bei dir bleiben, dann nicht, weil du es willst, sondern weil wir es so beschließen.«

Die Andeutung eines Lächelns huschte über sein düsteres Gesicht. »Na dann«, sagte er und spähte weiter in die Nacht hinaus.

Das monotone Rattern der Räder, begleitet von den schrillen Pfiffen der Lok, wenn sie in einen Tunnel einfuhren oder daraus auftauchten, suggerierte ihnen, dass sie sich durch Raum und Zeit bewegten, alle Gefahren hinter sich ließen und sich endlich der Freiheit näherten, die irgendwo, am Ende dieser Nacht, auf sie warten würde. Während sie allen möglichen Gedanken nachhingen, schliefen sie irgendwann doch ein, erschöpft von den Ängsten um ihre Zukunft, die jetzt sogar Zweifel an der Vergangenheit heraufbeschworen. Annys Kopf sank immer wieder auf ihre Brust, bis sie ihn abfing, erneut aufrichtete und, mit geschlossenen Augen, widerstrebend nach hinten sinken ließ. Sein Kopf pendelte mit der Regelmäßigkeit eines Metronoms gegen das kühle Fenster …

So sehr er sich auch anstrengt, einen Fuß vor den anderen zu setzen, der Gipfel weit über ihm scheint einfach nicht näherzurücken. Entweder ist das ein unglaublich hoher Berg, denkt er, ein weiteres Mal innehaltend und verschnaufend, oder er tritt auf der Stelle. Wogegen aber spricht, dass er sieht, wie er sich durch die Umgebung bewegt, die sich mit jedem Schritt verändert. Er kann sich selbst sehen, wie er sich durch den Raum bewegt, doch der Raum scheint sich auch mit ihm zu verändern. Alles, was er tut, pflanzt sich irgendwie fort und wirkt weiter bis an die Peripherie seiner Wahrnehmung. Es ist, als würde er diesen Gipfel, auf den er sich doch so gefreut hat, vor sich herschieben und so erst, Schritt für Schritt, vor sich auftürmen. Die Gestalt seines Freundes Tonio vor ihm ist nur ein paar Meter weit weg, aber unmöglich zu erreichen und ganz für sich. Nur sein Keuchen und Schnaufen dringt bis zu ihm durch. Manchmal lösen sich Steine aus dem Geröll am Wegrand, und indem sie den Berg hinabrollen, dehnen sie den Raum zugleich bis ins Unendliche. Sie kommen nie unten an, so lange er ihnen auch nachschaut.

Er wird das Gefühl nicht los, dass Lotte sie auf dem Gipfel erwartet: Tonios Schwester, der er aus dem Weg geht, weil sie ihn immer nur hinhält. Und er spürt, mit jeder Faser seines Körpers, dass Raum und Zeit untrennbar miteinander verwoben sind. Zwei Formen desselben Phänomens. Wenn er das eine beeinflusst, verändert sich auch das andere. Sie steigen höher und höher, aber der Gipfel rückt nicht näher. Wolken ziehen auf. Er erkennt, dass zwischen dem Wind, der zum Sturm anschwillt und auch seinen Körper fest im Griff hat, und der Thermik, die jetzt Wolken über den Gipfel jagt, eine Verbindung bestehen muss. Wenn er sich nur vorstellt, diese Beziehung rechnerisch zu erfassen, türmen sich in seiner Vorstellung Zahlen auf und formieren sich zu dem Berg, auf den sie immer weiter steigen, ohne jedoch vom Fleck zu kommen. Ein ganzes Gebirge aus Zahlen! Bei jedem Schritt knirschen die Zahlen unter seinen Bergschuhen, und er sinkt bis über die Knöchel in sie ein.

Vor ihm steigt Tonio leichtfüßig darüber hinweg. Es muss einfach, denkt er immer wieder, sich Schweiß aus den Mundwinkeln leckend, der in Schlieren über sein Gesicht rinnt, irgendeine Möglichkeit geben, die Zusammenhänge zwischen hier und dort oben zu verstehen, ohne sich durch diese Halden aus Zahlen zu quälen. Es muss doch so etwas wie eine Abkürzung geben! Wenn es einen Zusammenhang zwischen dem Wind hier und dem Sturm da oben gibt, sind Raum und Zeit nur Modifikationen von etwas Einfacherem, das allem zugrunde liegt.

Tonio steigt zügig bergan, aber er tritt, so scheint es, weiter nur auf der Stelle. Er versinkt im Zahlenschutt, während ihm der Schweiß in den Kragen und, unter dem Hemd, kühl und kälter werdend, über die Brust bis auf den Bauch läuft, wo er sich in der Höhlung seines Nabels sammelt. Jetzt kann er einfach nicht mehr weiter, bleibt stehen und stützt sich, um das lästige Seitenstechen zu veratmen, mit den Händen auf seinen Schenkeln ab …

Als er mit letzter Kraft den Mund öffnete, um zu rufen, er wolle nun endlich umkehren, schreckte er hoch. Er wusste nicht, wo er sich befand. Völlige Dunkelheit umgab ihn. Überall um ihn war da dieses Rauschen, wie von einem Sturm, der den wackligen Raum, in dem er hin und her wankte, vor sich her blies. Er sprang auf und fummelte, ohne überhaupt zu wissen, was er eigentlich wollte, an dem Ledergurt zu seiner Rechten herum. Rasselnd krachte etwas nach unten, und im selben Moment fuhr ein Schwall Luft in sein verschwitztes Gesicht. Es roch nach dem Rauch eines Kohlefeuers. Die Wand des Tunnels raste knapp an seinem Gesicht vorüber. Er sah sie nicht, konnte es aber deutlich spüren. Mit einem lang gezogenen Pfiff dampfte der Zug nun ins Freie hinaus. Der Fahrtwind trocknete den letzten Schweiß auf seiner Stirn.

Er sank in seinen Sitz zurück und schaute sich, immer noch entgeistert, in der Dunkelheit um. Als er in den Konturen der Gestalt schräg gegenüber seine Frau erkannte, beruhigte er sich. Sie schlief, mit dem Kopf im Nacken. Auf einmal konnte er sie sogar atmen hören. Er musste geträumt haben. Die alte Ordnung stellte sich, nach und nach, wieder ein, und mit ihr kamen die Sorgen um den Ausgang ihrer Flucht. Er fischte sein Taschentuch aus dem Rock, feuchtete es mit Spucke an und wischte sich mit einem Zipfel Ruß aus den Augen. Sie mussten längst im Piemont sein, dachte er und lehnte sich erschöpft zurück.

»Signori!«

Fast zugleich fuhren sie beide aus dem seichten Schlaf hoch, der sich, nachdem alle Sorgen aufgebraucht gewesen waren, irgendwann auch bei ihm eingestellt hatte. Ein Uniformierter stand in der Tür des Coupés. Seine fast ins Groteske überhöhte Uniform mit all dem Gold, den vielen Tressen, Bändern, Spiegeln und Orden hätte leicht lächerlich wirken können, wären da nicht diese Augen gewesen. Anny richtete sich im Rücken steif auf und mit flinken Fingern ihr Haar, das ihr in Strähnen übers Gesicht hing. Erwin starrte den Mann an, dessen aalglattes, wie über einen Leisten gespanntes Gesicht mit keiner Miene verriet, was seine Absichten waren. Er rechnete mit allem, versuchte aber, es sich nicht anmerken zu lassen.

»Passaporto!« Eine hauchdünne Schicht Höflichkeit überlagerte eine ölige Stimme, die anklingen ließ, dass sie keinerlei Widerspruch duldete.

Anny kramte die beiden Pässe und die Visa aus ihrer Tasche, die ihnen der irische Konsul in Rom besorgt hatte. Jetzt würde sich zeigen, dachte sie, ob die Visa mit den vielen Stempelmarken, Stempeln und Unterschriften auch das Papier wert waren, auf das sie gedruckt waren. Der Polizist studierte sie, als hätte er die Ergebnisse einer schriftlichen Prüfung in Händen, blickte zwischendurch immer wieder auf und ihnen in die Augen, als könnte etwas nicht stimmen, bevor er Anny die Papiere schließlich mit einem »Allora, Signori, buon viaggio« aushändigte. Zeige- und Mittelfinger an die operettenhafte Mütze gelegt, zog er die Tür des Abteils zu und stelzte, das Ruckeln des Waggons ausbalancierend, mit breiten Schritten von dannen.

Sie schauten einander verblüfft an und atmeten erleichtert durch. Was war nun das gewesen? Ein Carabiniere? Oder vielmehr ein Fetischist, der sich am Fundus der Opera buffa bedient hatte? Trotz der gefährlichen Situation schüttelte Erwin, etwas amüsiert, den Kopf, und auch Anny konnte sich ein Lächeln nicht verkneifen. Es tat gut, die Anspannung, die ihnen in den Gliedern steckte, mit einer Anspielung auf die Aufmachung dieses Polizisten zu lösen, mochte ihnen auch im Grunde überhaupt nicht zum Scherzen zumute sein.

»Wo sind wir?«

Sie rückten zum Fenster hin, legten ihre Hände ineinander und blickten still in die Morgendämmerung hinaus. Nach einer Weile fuhren sie durch einen verlassenen Bahnhof.

»Domodossala«, sagte Anny.

»Bald sind wir in Sicherheit«, sagte er. »Wenn ich an Graz denke, wird mir schlecht. An der medizinischen Fakultät haben sich zuletzt viele Studenten freiwillig gemeldet, um als Henker für die Nazis Regimegegner auf dem Schafott liquidieren zu dürfen. So viel zu deren Verständnis des hippokratischen Eides.«

Sie sah ihm an, wie ihn dieses Regime, das ihn dazu gezwungen hatte, sich vor sich selbst zu entblößen, mit einer Abscheu erfüllte, für die er noch immer kaum Worte fand. Er kämpfte mit dieser unnennbaren Scham, in etwas verwickelt worden zu sein, das sich immer mehr als programmatisches Verbrechen an der Humanität entpuppte. Dass er, zu dessen Handwerk es gehörte, den Dingen auf den Grund zu gehen, die Mechanismen der monströsen Macht nicht von vornherein durchschaut hatte, setzte ihm unentwegt zu; und dass er am Ende auch darauf hereingefallen war, nagte an seinem sonst nicht gerade geringen Selbstbewusstsein.

Sie drückte seine Hände, um ihm zu zeigen, dass er mit seinen Zweifeln und Problemen nicht allein war. Er küsste sie auf die Stirn. Über dem Horizont im Westen kündigte sich bereits die Sonne an. Bald würde sie sich still über den Rand der Welt schieben und die jetzt noch graue, kalte und eintönige Landschaft mit allen möglichen Farben und der Energie und Wärme eines neuen Tages versorgen.

Langsam fuhren sie in den Bahnhof von Iselle di Trasquera ein. Das Potenzial des schönen Herbsttags, der angebrochen war, litt unter der Gefahr, die keineswegs ausgestanden war. Von hier aus ginge es durch den längsten Eisenbahntunnel der Welt, den Simplontunnel, geradewegs in die Schweiz. Sie verfolgten die Vorgänge auf dem Perron. Der Polizist in seiner albernen Uniform stakste gebieterisch über die Gleise. Er sagte etwas zum Bahnhofvorstand, der nur nickte und kurz auflachte. Jedoch so, wie man aus Höflichkeit lacht, oder aber aus Abhängigkeit. Ein paar Leute waren ausgestiegen und hielten auf den Bahnhof zu, doch offenbar stieg niemand ein, was sie mit Erleichterung vermerkten.

Nachdem die Lok verschoben und, begleitet von Pfiffen,

Dampfstößen und metallischen Geräuschen, getauscht worden war, setzte sich der Zug mit einer Reihe von Rucken langsam und schnaufend wieder in Bewegung.

»Geschafft«, flüsterte Anny an seinem Ohr und strich ihm die von der wirren Nacht zerzausten Haare glatt.

»Ja«, sagte er. »Wahrscheinlich.«

Als auf einmal die Bremsen griffen, Stahl auf Stahl, stoben die Funken bis zu ihrem Fenster hoch. Das Quietschen ging ihnen durch Mark und Bein. Kurz vor dem Tunnel kam der Zug, der gerade noch Fahrt aufgenommen hatte, zum Stehen.

»Nein«, sagte Anny, »nicht jetzt!«

»Wir können nichts tun«, sagte er, »außer dasitzen und abwarten.«

Sie schlug die Illustrierte auf und er nahm das Buch zur Hand, auf das er sich die Fahrt über nicht hatte konzentrieren können. Während sie vortäuschten, ganz entspannt darauf zu warten, dass es endlich weiterginge, hörten sie, wie sich, den Flur ihres Waggons entlang, Schritte näherten. Sehr schwere Schritte. Zweifellos Schritte von Stiefeln an Beinen, die nur zu genau wussten, wohin sie wollten.

Diese Schritte verstummten, und die Tür des Abteils wurde aufgerissen. Der Mann, der sie nun aufforderte, sich ein weiteres Mal auszuweisen, bemühte sich, alles wie Routine wirken zu lassen. Er hielt sich äußerst distanziert. Wie einer, der nichts als seine Pflicht tut und darüber gelernt hat, seine persönlichen Interessen hintanzustellen. Anny kam nun sogar vor, er würde schmollen, weil ihn diese Pflicht dazu nötigte, ihre Papiere so genau zu studieren, als gälte es, eine Geheimschrift zu entziffern.

Ihr Blick ermahnte Erwin, sich auf jeden Fall zurückzuhalten, wie auch immer man sie behandeln würde. Am liebsten wäre sie ausgestiegen und an seiner Hand zu Fuß über die

Berge bis in die Schweiz geflohen. Sie war sich nicht sicher, ob es ein gutes Zeichen war, dass dieser Polizist, bis auf seine wuchtigen Stiefel, ganz in Zivil gekleidet war. Er legte ihre Visa in die Pässe, klappte sie zusammen, steckte sie in eine Tasche seines Mantels und zog zugleich einen Zettel aus der andern, auf dem, wie er ihnen, immerhin nicht unfreundlich, zeigte, ihre Namen standen. Anny und Erwin schauten einander verunsichert an. Nun forderte er sie mit dringlichen Gesten auf, ihm mitsamt dem Gepäck nach draußen zu folgen, wo man sie zwei Gehilfen in Uniform übergab.

Auf dem Weg zurück zum Bahnhof wurden sie getrennt. Ein Carabiniere zog Erwin von ihr weg. Anny wurde von einer Frau in einen separierten Raum gebracht. Sie gab sich Mühe, keine Schwierigkeiten zu machen und alles zu befolgen, was man von ihr wollte, obwohl sie kaum ein Wort verstand. Sie hatte sich hier aufzustellen, umzudrehen, die Hände zur Seite gestreckt, dann da und dort, dasselbe Prozedere, dann wieder mit dem Rücken zur Wand, wo sie fotografiert wurde, und dann alles noch einmal im Profil. Wie eine Verbrecherin, so kam es ihr vor, während sie nicht aufhörte, darauf zu achten, ob der Zug draußen abfuhr. Bis sie schließlich noch dazu angehalten wurde, sich selbst und alles, was sie bei sich hatte, den Strahlen eines Röntgenapparats auszusetzen. Sie stellte sich genau vor, was die Maschine alles sah, wusste aber nicht, ob das gut oder schlecht für sie war. Da war so eine Art Sog im Unterleib. Dunkles Blut, das an ihren Eingeweiden zog. Noch mehr als physikalische Probleme, das wusste sie ja, vermochten ihn die Schikanen einer infamen Bürokratie in Aufruhr zu versetzen.

Eine Zigarette im Mundwinkel, hievte er die drei schweren Koffer in den Zug zurück, als sie über die Gleise stieg und auf ihn zuging, bemüht, sich weder vor der Polizei, deren Blicke ihr weiter folgten wie etwas Physisches, noch vor den wegen der Verspätung vorwurfsvollen Mienen der Gaffer, noch vor Erwin anmerken zu lassen, wie sehr sie sich danach sehnte, endlich von hier weg und in diesen Tunnel hineinzukommen, an dessen Ende sie das Versprechen der Freiheit erwartete.

Noch einmal bezogen sie dieselben Plätze. Erst als sich der Ruck, wie eine gute Nachricht, durch den trägen Körper des Zuges bis in ihr Abteil fortpflanzte, klirrend von Stahl und Eisen, das von den entfesselten Kräften der Moderne zu seiner vollen Länge gestreckt wurde, und sie sich lärmend in Bewegung setzten, entspannten sie sich.

Sie atmete aus, als hätte sie zu lange die Luft angehalten. Als er ihr Gesicht in seine Hände nahm, um ihr zu sagen, dass sie nun wohl bald endgültig in Sicherheit seien, dieses Gesicht, das er im Licht der überstandenen Gefahr seit Langem wieder einmal wahrnahm, wie in ihren frühen Tagen, da bemerkte er, dass ihr Tränen über die Wangen liefen, und weil er sah, dass es Tränen der Erleichterung waren, lächelte er und wischte sie mit seinen Daumen weg.

Unter den gellenden Tönen der unter Dampfdruck stehenden Pfeife der Lok fuhren sie endlich in den Tunnel ein. Das junge Licht dieses Tages und der Lärm des Zuges wurden augenblicklich von der Dunkelheit verschluckt. Sie lehnten sich zurück, vertrauten sich der undurchdringlichen Finsternis an, von der, nach den hinter ihnen liegenden Fährnissen, keinerlei Gefahr mehr auszugehen schien. Im Gegenteil. Die Dunkelheit öffnete einen Raum, den sie mit den Hoffnungen bevölkerten, die ihnen nach den Enttäuschungen in der Heimat geblieben waren. Die Zukunft war offen wie ein Tunnel, der von einem Land in ein anderes führte, ja von einer Welt in eine andere, wo, wie Schrödinger dachte, zwar dieselben Naturgesetze, aber ganz andere Grundrechte galten. Rechte, die immerhin verbürgten, dass man mehr war als nur eine Nummer, die von jedem x-beliebigen Parteisadisten nach Gutdünken ausradiert werden konnte.

Je tiefer sie in den Tunnel vordrangen, desto weniger konnte er sich des Eindrucks erwehren, die Masse dieses Berges, der bis in die Wolken reichte und sie in seinem Inneren einschloss, könnte sich immer weiter verdichten. Die Felsen und die in ihnen abgelagerten Metalle würden unter ihrem eigenen Druck schrumpfen und ganz in sich zusammenstürzen. Bis die Atome dem ins Unendliche wachsenden Druck nicht mehr standhielten und sogar entgegengesetzte Ladungen, die einander im bekannten Universum unter keinen Umständen zu nahe kamen, zu etwas verschmolzen, wofür es noch keine Vorstellung gab. Keine Idee, keinen Begriff und auch keine Formel, die beschrieb, welche Kraft in einer solchen bis zum Äußersten verdichteten Masse gespeichert war! Ein derartiges Objekt, überschlug er erstaunt, würde die Raumzeit in sich selbst krümmen und somit eine unvorstellbare Anziehungskraft auf seine Umgebung ausüben.

Mit Einsteins und Eddingtons Hilfe könnte er vielleicht beschreiben, sagte er sich, welche Rolle seine Gleichungen unter derart weltfremden Bedingungen spielen würden. Während sie immer weiter durch die Finsternis rollten, versetzte ihn dieses Gedankenspiel in die Tiefen des Kosmos. Seine wieder erwachende Vorstellungskraft wiegte ihn in Sicherheit. Wenn sie sich erst einmal im irischen Exil eingerichtet haben würden, könnte er diesen Dingen in Ruhe auf den Grund gehen, dachte er, und würde endlich auch jene Arbeit über die Grundlagen des Lebens in Angriff nehmen, die ihm vorschwebte, seit ihn der Vater mit diesen Fragen infiziert hatte. Er schloss die Augen. Die Erschöpfung von den Strapazen der letzten Tage überkam ihn wie eine Erleichterung. Endlich konnte er loslassen, was ihn so bedrückte.

Anny fragte sich im Schutz der Dunkelheit zum monotonen Rattern der Räder ein weiteres Mal, wie es mit ihnen allen weiterginge, wenn es ihnen gelänge, sich bis nach Irland durchzuschlagen und Maya mit Ruth dann auf legalem Wege nachkäme. Hatten sie überhaupt noch eine gemeinsame Zukunft? Der Eros zwischen Erwin und ihr war längst dahin, auf der Strecke geblieben, von Affäre zu Affäre und von Land zu Land. Aber auch Maya liebte ihn nicht mehr auf diese sinnliche Art wie in jenen Berliner Tagen, als sie, Anny, sich noch von deren Leidenschaft für ihren Mann verletzt gefühlt hatte; obwohl sie nur mehr eine platonische Beziehung unterhalten hatten. Würde sie bis ans Ende ihrer oder seiner Tage bei ihm bleiben, fragte sie sich, weil ihre Zuneigung alle Launen des Fleisches überdauerte? Etwas war an diesem Mann, das sie schätzte und liebte, was immer er tat. Etwas, das ihr fehlte. Etwas, das nicht einmal Hermann hatte; aber auch sonst keiner, mit dem sie sich je eingelassen hatte. Wenn sich in Dublin noch einmal alle unter einem Dach einfinden würden, dann vielleicht nur, weil Ruth zu ihrem Zentralgestirn geworden war, um das sie kreisten wie Trabanten. In unterschiedlichen Abständen und Zyklen. Ruth hielt sie mit ihrer Anziehungskraft all die Jahre auf ihren Bahnen, mochten sie auch mitunter ins Trudeln geraten. Wie sie dieses Mädchen vermisste! Den Geruch ihres Haares, den Glanz ihrer Augen, ihre Stimme und die Süße ihrer Wangen, wenn sie Ruth, obwohl die sich immer öfter zierte und sträubte, mit Zärtlichkeiten überhäufte. Maya würde also bald nach Irland kommen, dachte sie, obwohl sie den Vater ihrer Tochter nicht mehr so liebte wie früher. Und sie würde kommen, hoffte Anny in dem durch den Berg und die Dunkelheit ratternden Zug, weil sie bei ihrer exzentrischen Familie den Mut finden würde, das zu zeichnen, was sie wirklich zeichnen wollte. Hermann Weyl, der nach Amerika geflohen und in Princeton geblieben war, würden sie wohl nicht so bald wiedersehen. Plötzlich empfand sie diesen Schmerz, der auf der Flucht ganz in den Hintergrund getreten war. Sie würde sich eben zwingen, schwor sie sich, wie schon oft, die Dinge zu nehmen, wie sie kamen. Das Vergangene loslassen und nach vorne blicken, um bald wieder irgendwo Tritt zu fassen.

Sie wussten beide nicht, wie lange sie in der Finsternis schon ihren Gedanken, Hoffnungen und Befürchtungen nachhingen, als sie mit einem Mordsgetöse ins Freie hinausdampften. Als hätten sie nicht nur einen mächtigen Berg durchquert, sondern eine Zeitreise gemacht. Von einer öden Welt in eine bessere, von der bedrückenden Gegenwart in eine offene Zukunft, von einer Tyrannei in die Freiheit. Dass sie von der Freiheit mit Blitz, Donner und einem Nieselregen empfangen wurden, mochte ein Vorgeschmack auf ihr noch fernes Ziel sein.

Sie rissen das Fenster auf und ließen sich die Zweifel der letzten Tage vom warmen Regen aus den erschöpften Gesichtern waschen.

ALPBACH AROSA BERLIN DUBLIN DUINO GÖRZ GRAZ OXFORD PRINCETON SEMMERING **WIEN** ZÜRICH

Seit sie ihn im Morgengrauen mit der Ambulanz, quer durch das winterliche Wien, von einer Klinik in die andere gebracht hatten, ging es in seinem Kopf drunter und drüber. Alles schien so weit weg zu sein. Er versuchte, Ordnung in die Abfolge seiner Gedanken und damit auch die letzten Jahrzehnte seines Lebens zu bringen. Doch die Erinnerung hielt sich nicht an die Chronologie der Ereignisse. Wie in der *Theorie von Allem*, über die er sich von Irland aus noch bis vor Kurzem (oder ein paar Jahren?) mit Einstein ausgetauscht hatte, schien nun sogar in seinem Lebenslauf das Gesetz von Ursache und Wirkung seine Gültigkeit zu verlieren.

Misstrauisch schaute er sich um. Nun musste er alle Kräfte des moribunden Körpers mobilisieren, um seine Überlegungen und Aufzeichnungen zu Ende zu bringen, bevor es zu spät war.

Er lag in einem weißen Kittel auf einem blütenweißen Bett, in einem Raum mit Wänden, deren Weiß ihm in die Augen stach. Weshalb hatte man ihn an diesen Ort gebracht? Ein Kasten, ein Tisch, das Nachtkästchen zu seiner Rechten, auf dem ein Teller mit Kuchen stand, und sein Bett. Mehr gab es hier nicht. Keine Gabel, um den Kuchen zu essen, kein Kreuz über der gepolsterten Tür und keine anderen spitzen Dinge, an oder mit denen man sich verletzen konnte. Er klopfte mit einem Knöchel auf das Kästchen neben sich. Es schepperte. Das Mobiliar war aus Stahlblech, weiß, mit einem Stich ins Gelbe.

An der Decke war keine Lampe, auch nicht an den Wänden,

als er sich umsah. Aber hoch oben, in einer Nische, aus der Licht ins Zimmer fiel, musste ein Fenster sein. Er schlug diese raue Decke zurück, die wohl aus einer Kaserne oder einem Lazarett stammte, und setzte sich auf. Von den Ärmeln seines Hemdes baumelten Schnüre, deren Zweck nur darin bestehen konnte, jemandem die Arme auf den Rücken zu binden. Er stützte sich mit einer Hand am Kopfende des Bettes ab und stand auf. Auf schwachen Beinen wankte er zum Tisch und schob ihn unter die Nische. Ein Quietschen, das ihm durch Mark und Bein ging. Er kletterte auf den Tisch und schaute, wie durch einen Schacht, aus dem kleinen Fenster ins Freie. Kein Park, keine Lichtung und auch (er wusste nicht, warum er das dachte) kein einziges Reh weit und breit. Doch es schneite. Die Flocken fielen wie in Zeitlupe durch das Bild, das er sah, auf die mit Kies bedeckten Wege eines Innenhofs. Er erinnerte sich, dass es geschneit hatte, bevor man ihn hierher gebracht und in einen tiefen Schlaf versetzt hatte.

»Herr Professor!«

Diese Stimme. Er wusste, wer das war, noch bevor er sich umdrehte und mit linkischen Bewegungen vom Tisch kletterte. Schwester Helene stützte ihn, lenkte ihn zum Bett, schüttelte sein Kissen auf und half ihm unter die graue Decke. Offenbar blieb sie ihm auch hier, an diesem neuen Ort, erhalten.

»Ihr Anblick«, sagte er und versuchte sein Lächeln, das ihm schon so manches Herz geöffnet hatte, »kuriert mich von all den Übeln, die ich mir auf der krummen Bahn meines Lebens zugezogen habe.« Der Hustenanfall, mit dem er diesen Satz beendete, feucht, hohl und rasselnd, wie aus dem Inneren einer kaputten Maschine, klang aber gar nicht nach dem, was er sagte.

»Man hat es für ratsam gehalten, wenn ich hierbleibe, bis es Ihrer Frau so gut geht, dass sie mich ablösen kann«, sagte sie, nachdem diese Kraft, die ihn wieder einmal schüttelte wie eine willenlose Puppe, von ihm abgelassen hatte.

»Wie geht es ihr?« In seinem Blick und dieser Frage lag jene Zärtlichkeit, die immer größer wurde, seit sie Irland vor ein paar Jahren verlassen hatten. Inzwischen emeritiert, hatte er, solange es ihm besser gegangen war, fünf Semester am Wiener Institut gelehrt, das noch bis vor Kurzem von seinem alten Kollegen Hans Thirring geleitet worden war.

»Sie wissen ja, dass sie fast erstickt wäre«, sagte Schwester Helene. »Soviel ich weiß, kann sie aber schon in ein paar Tagen kommen.« Sie setzte sich auf den Bettrand, um ihm mit einer Hand Tabletten in den Mund zu stecken und mit der andern seinen Kopf im Nacken zu stützen, während er Stift und Heft verlangte, um sich Notizen machen zu können. Als sie, ohne auf seine Forderung einzugehen, ein Glas Wasser an seine Lippen führte, spuckte er die Tabletten aus und wehrte das Glas so heftig ab, dass sie die Hälfte über ihm verschüttete.

»Entschuldigen Sie«, sagte sie und wich zurück. »Ich wollte Ihnen nur …«

»Egal«, sagte er, »ich war nie wasserscheu!« Er lachte und freute sich wie ein Kind, dem es gelungen war, sich gegen die Mutter durchzusetzen. »Und wissen Sie was? Ich hab sogar einen Teil meines Lebens damit verbracht, herauszufinden, was mit dem Elektron eines Wasserstoffatoms geschieht, wenn es mit einem anderen kommuniziert, das zum Ende des Universums fliegt.«

Die Schwester nahm ihr silbernes Tablett und ging zur Tür. »Und? Haben Sie es herausgefunden?«

Plötzlich, während er überlegte, wurde er ganz ernst. »Was ich entdeckt habe, zusammen mit Einstein und Eddington«, sagte er, als würde jemand mithören, den das nichts anging, »ist so ungeheuerlich, dass es sich noch fast niemand vorzustellen wagt.«

»Bald wird Professor Hoff zu Ihnen kommen«, sagte sie zwischen Tür und Angel, ohne noch auf das zu antworten, was er gesagt hatte. Was dieser alte, kranke Mann in den letzten Tagen und Nächten so alles von sich gegeben hatte, kam ihr mitunter doch ziemlich verrückt vor. Mitansehen zu müssen, wie jemand, der es zu höchsten Ehren gebracht und Großes geleistet hatte, sich unter dem Einfluss des Alters und der Krankheit in einen Idioten verwandelte, nahm sie mehr mit, als sie zugeben mochte. Aber womöglich tat sie ihm ja unrecht! Vielleicht verstand sie, die doch nicht die geringste Ahnung davon hatte, was ihn tatsächlich beschäftigte, bloß nicht, wovon er in den Nächten fantasierte, wenn er keinen Schlaf fand. Sie nickte ihm kurz zu, ging hinaus und schloss sachte die Tür hinter sich.

»Der gute alte Hoff«, stöhnte er und wälzte sich auf die andere Seite, um zu beobachten, welche Muster das Licht im Raum erzeugte, das hoch oben durch den Schacht fiel. Dieser Hoff war zwar kein Freud, wie er dachte, aber immerhin eine Kapazität auf dem Gebiet der Psychiatrie, der es schon ein paar Mal geschafft hatte, Anny zu stabilisieren, wenn sie, wieder einmal, in ein dunkles Loch gestürzt war. Er erinnerte sich an jene Tage, vor nun fast fünfzehn Jahren in Dublin, als sie sich die Handgelenke aufgeschnitten hatte, nachdem Maya mit Ruth Irland verlassen hatte, weil Sheila ein Kind von ihm bekommen hatte, und Kate, eine seiner Studentinnen, von ihm schwanger geworden war. Er starrte, ohne auch nur einmal zu blinzeln, ins Licht, bis ihm Tränen in die Augen traten. Damals lebten sie alle bereits ihr eigenes Leben. Allein Ruth war ihnen allen annähernd gleich nahe: Ruth, die sich aber lieber mit ihrem Stephen traf, als sich von der wachsenden Asymmetrie der Verhältnisse, die zu Hause herrschte, die Laune verderben zu lassen. Alles war längst aus dem Lot, als Anny Hand an sich legte, und er war das Gefühl nie mehr ganz losgeworden, zu wenig getan zu haben, um es zu verhindern.

Seine Stimmung heiterte sich auf, als ihm einfiel, dass ein Freund Bücher, die sie auf der Flucht zurückgelassen hatten, vor den notorischen Bücherverbrennern gerettet hatte. Darunter etliche Kostbarkeiten aus der Bibliothek des Vaters. Wieder einmal fragte er sich, was der wohl zum großen Erfolg seines Essays *Was ist Leben?* gesagt hätte, von dem sogar Watson und Crick zugaben, inspiriert worden zu sein, die vor sieben Jahren die Struktur des genetischen Codes entschlüsselt hatten. Und noch immer fragte er sich manchmal, ob die Mutter glücklich geworden wäre, wenn der unduldsame Vater ihre musikalischen Ambitionen unterstützt hätte, anstatt sie zu unterbinden, und ob sie dann dem viel zu frühen Krebs ausweichen oder gar Paroli hätte bieten können. Mutationen, dachte er und schloss müde die Augen, natürlich: *Mutationen*. Aber was hieß das schon?

Er spürte eine große Müdigkeit, die sich auf sein Bewusstsein senkte wie der Schnee draußen auf den Kies. So sanft und lautlos, dass er erschrak, als er dachte, dies sei womöglich schon der Tod, der ihm nachschlich wie ein zweiter Schatten, seit die Tuberkulose nach Jahrzehnten wieder ausgebrochen war. In der Physik gab es keinen Tod! Nur ewige Verwandlung. Bald würde er womöglich selbst erfahren, am eigenen Körper und Geist, was dieses Rätsel für einen Menschen bedeutete. »Auch das bist du«, flüsterte er, heiser vom chronischen Husten, bevor er endlich einschlief.

Plötzlich war sein Kopf voller Stimmen. Die aber gar nicht aus ihm sprachen, sondern auf ihn einzureden schienen. Als er zu sich kam und die Augen öffnete, war er von Leuten umringt, die alle weiße Kittel trugen und, wie er feststellte, weniger auf ihn einredeten, als sich vielmehr über ihn unterhielten. Er blinzelte ins Licht und zog sich am Triangel, das da über ihm baumelte, in die Höhe. Um dieser Neugier nicht so ausgeliefert zu sein.

Inmitten der seinen Fall analysierenden Gruppe, Studierende, Assistenzärzte, Schwestern, sonnte sich Professor Hoff. »Wie geht es Ihnen heute, Schrödinger?« Jetzt erst schienen die anderen zu bemerken, dass hier jener Mann lag, der zu der Krankengeschichte gehörte, über die sie ihre Spekulationen anstellten.

Ein Wort schwirrte durch sein Bewusstsein und löste in ihm, obwohl er lag, ein Schwindelgefühl aus. *Unheilbar*. Er konnte nicht sagen, ob er es geträumt oder im Halbschlaf aufgeschnappt hatte. »Hoff! Sie wollen doch nicht an mir ein Exempel statuieren.« Die wilden Blicke, die Schrödinger mit diesen Worten in die Runde warf, stimmten die lebhaften Mutmaßungen von Hoffs Gefolge zu einem Tuscheln herab. Sie umzingelten sein Bett, als gälte es in der Tat, einen Verrückten am Durchbrennen zu hindern. Schrödinger rang sich einen ruhigen Tonfall ab und fragte, wie es seiner Frau gehe.

»Den Umständen gemäß«, sagte Hoff, indem er den Rahmen am Fußende des Bettes mit seinen Händen umklammerte. »Sie wird sich schon bald um Sie kümmern. Apropos, verehrter Kollege! Wir experimentieren zwar mit Ratten, bisweilen sogar mit *Katzen* (süffisanter Blick in die Runde), aber natürlich nur, um unsere Patienten von diesen Versuchen profitieren zu lassen.«

Katzen?

Diese Anspielung hätte er sich sparen können, dachte er, da war der Doktor schon dabei, seinem Tross zu erklären, mit wem sie es nun hier zu tun hatten. Das Gedankenspiel mit der Katze, die in der Kiste so lange tot *und* lebendig ist, bis jemand nach ihr sieht, war auf dem besten Weg, zu einem Stück Allerweltskultur zu werden. Das allerdings so unbedarft benutzt wurde wie die leidige Rede vom Quantensprung. Nämlich total falsch! Er hatte im Streit zwischen Einstein und Bohr, dachte er, nur zeigen wollen, in welches Dilemma man gerät, wenn man das, was im Mikrokosmos vor sich geht, auf große Maßstäbe überträgt. Die Überlagerung aller Möglichkeiten der Katze in der Superposition, der Gesamtheit ihrer atomaren Schwingungen, kann es in Wirklichkeit niemals geben, hatte er immer gedacht, weil ja schon der geringste Kontakt mit irgend*etwas* bedingt, dass die Manifestation dieser Katze alle anderen Schwingungen (und damit auch Möglichkeiten) zum Verschwinden bringt. Bis auf die eine eben, die sich in unserer Welt und Wahrnehmung realisiert.

Während der Doktor und die anderen sich, gleichsam über ihn hinweg, über das Katzenparadoxon hermachten, ergriff eine Vorstellung von ihm Besitz, die derart ungeheuerlich war, dass ihm der Schweiß ausbrach. Was, überlegte er, ohne auf die Fragen einzugehen, die nun auf ihn niedergingen, was wäre, wenn es den Kollaps der Wellen gar nicht gäbe? Und was, wenn sich alle Dinge: Wellen, Katzen, Menschen, Gedanken, Welten und nicht zuletzt Universen immer weiter aufspalten und ewig verzweigen würden, sodass alles, was im Kleinsten möglich war, im Großen und Ganzen auch wirklich geschah? Was dann? Im Ringen um die *Theorie von Allem* hatte Eddington schon vor Jahren versucht, diese Möglichkeit in Betracht zu ziehen. Doch Einstein und er, von ihren Gegnern gar nicht zu reden, hatten nicht einmal daran zu denken gewagt. Das Bewusstsein im Modus der Vernunft war nicht dazu bestimmt, derartige Dinge für möglich zu halten. Und auf keinen Fall für wirklich! Obwohl sich diese Möglichkeit, sobald man sich kein Denkverbot auferlegte und die Kausalität bis zum Äußersten trieb, sogar zwanglos, und zugleich zwingend, aus den entsprechenden Gleichungen ergab.

Er hörte sein Herz um sein Leben pumpen. Schwester Helene beugte sich über ihn und wischte Schweiß von seinem Gesicht. Und was, konnte er nicht aufhören zu denken, wenn wir von den vielen anderen Welten, die dann ebenso wirklich sind wie unsere, nur deshalb nichts mitbekommen, weil sie von unserer Wirklichkeit entkoppelt sind? Wie Radiosender, die auf verschiedenen Frequenzen funken und einander nicht in die Quere kommen.

Der Mut, diese Gedanken zum ersten Mal zuzulassen, kostete ihn so viel Kraft, dass seine Hand, die noch immer den Haltegriff über seinem Kopf umklammerte, zu zittern begann. Er verschloss die Augen vor dieser Möglichkeit, die alles, was man sich bisher vorzustellen gewagt hatte, um eine Verbindung zwischen dem Kleinsten und dem Größten herzustellen, bei Weitem überstieg. In seiner Brust baute sich ein böser Druck auf. Sein Gesicht sträubte sich gegen diesen stechenden Schmerz. Doch seine Augen begannen zu glänzen, wie die eines staunenden Kindes, als ihn das Fieber in Wellen überkam.

»Wenn ich bitten darf!« Mit diesen Worten und einem lässigen Wink schickte Hoff sein Gefolge aus dem Raum.

In der Stille atmete Schrödinger auf. Der Druck in seinen Lungen ebbte ab. Er ließ sich mit einem Seufzen in die Kissen zurückfallen. Jetzt, da er mit dem Doktor allein war, würden sie wohl Tacheles reden. »Also«, sagte er, um das Unvermeidliche nicht länger aufzuschieben. »Wie sieht's aus?«

»Wir sind ja beide Wissenschaftler …«

Schnöde Worte, die Schrödinger in diesem Moment vorkamen wie der Auftakt zu seiner Grabrede.

»... und als solche auch jenen Wahrheiten verpflichtet«, fuhr Hoff fort, »die uns nicht in den Kram passen.« Der Doktor wich dem glänzenden Blick seines Patienten aus, um anderswo in dem kahlen Raum nach den richtigen Worten zu suchen.

Schrödinger kam ihm ein Stück entgegen. »Unheilbar?« Ein Wort, das in der gesamten Physik nicht vorkam.

Hoff schaute ihm in die Augen, kurz nur, bevor er nickte und, die Hände im weißen Kittel vergraben, im Krankenzimmer umherzutigern begann, wo es nach und nach finster wurde. Als würde er mit einem Kollegen über einen Patienten reden, klärte er Schrödinger über alles auf, was er wusste. Rücksichtslos. Die Befunde, die noch im Lainzer Krankenhaus gemacht worden seien, bevor man ihn quer durch die Stadt in die Psychiatrie verfrachtet habe, sprächen allesamt Bände. Da sei gar nichts mehr zu machen, sagte der Doktor. Definitiv! Voll Blut, Eiter und Wasser sei seine Lunge, wo die Tuberkulose vierzig Jahre lang geduldig auf die Schwäche des Alters gewartet habe, stimuliert vom Gift viel zu vieler Zigaretten, Pfeifen und dieser irischen Nässe, um ihr tödliches Werk spät, aber doch noch, zu Ende zu bringen ... Hoff dozierte vor einem imaginären Auditorium. Dabei riskierte er ab und zu einen Blick, um zu sehen, wie der Patient die Diagnose aufnahm.

Schrödinger hatte die Augen geschlossen, um besser zu hören, was der Doktor sagte. Je länger er zuhörte, desto mehr kam ihm vor, Hoff spräche über jemand ganz anderen, der nur entfernt mit ihm zu tun hatte. Darüber, was mit einem x-beliebigen Menschen geschah, der Tuberkulose im Endstadium und Probleme mit dem Herzen hatte. Dass nun gerade er dieser Mensch war, spielte im Großen und Ganzen doch kaum eine Rolle. Nachdem er jetzt wusste, womit er schon gerechnet hatte, schweifte er in Gedanken ab. Zurück zu jenen Überlegungen, die ihn mit der Wucht einer Erkenntnis getroffen hatten, wie er sie nicht mehr erlebt hatte, seit ihm in Arosa, im Schneetreiben am Weisshorn, seine Gleichung erschienen war.

»Ich brauche Papier und Stift«, unterbrach er die Ausführungen Hoffs, der bereits engagiert über die Segnungen des Morphiums referierte.

»Was? Wozu denn? Wenn Sie meinen«, lenkte der Arzt ein, den das Verhalten seines Patienten angesichts der bitteren Wahrheiten, die er ihm zumutete, doch etwas befremdete.

»Um zu arbeiten.«

»Ich werde veranlassen, dass Sie bekommen, was Sie wollen«, sagte Hoff. »Man wird Ihnen sogar eine Leselampe neben das Bett stellen. Sie müssen mir aber versprechen, dass Sie alle Medikamente einnehmen, die Ihnen Schwester Helene verabreichen muss. Und dass Sie Ihre berechtigte Empörung über die Diagnose, die sich einstellen wird, wenn der Schock nachlässt, weder am Personal, der Einrichtung und schon gar nicht an sich selbst auslassen. Ich werde Ihrer Frau ausrichten, dass es Ihnen besser geht. Den Umständen entsprechend halt«, fügte er hinzu, um nur ja keine Hoffnung aufkommen zu lassen, nachdem der Patient das letale Urteil so fügsam geschluckt hatte. Er klopfte ihm sanft auf die Schulter und sagte: »Kopf hoch, Herr Professor, wir kommen alle dran. Das ist schließlich die einzige Gerechtigkeit, die es hier auf Erden gibt.« Er ging aus dem Krankenzimmer, ohne sich umzusehen.

Inzwischen war es dunkel geworden. Schrödinger drehte sich auf die Seite und zog sich zusammen, bis die mageren Schenkel seine Brust und die spitzen Knie fast sein Kinn berührten. Sobald mit den Wellen des Fiebers die Hitze in seinem Körper verebbte, fröstelte ihn. Mit dem Abgang des redseligen Doktors, kam ihm nun vor, blieben eine Menge Fragen im Raum zurück, um die er sich noch würde kümmern müssen. Und zwar bevor ihn die Zeit in etwas verwandelte, von dem er noch nicht wusste, wie und was es sein würde.

Während er in die Dunkelheit blickte, aus der kaum Rettung zu erwarten sein würde, schweifte er in Gedanken ab. Erinnerungen kamen und gingen, ohne Spuren zu hinterlassen, manche aber kehrten immer wieder. Dass ihm Lotte und Felicie, die beiden Jugendlieben, nicht aus dem Sinn gingen, nervte ihn. Doch irgendwann gab er zu, dass sich manche Probleme eben nicht lösen ließen; umso mehr, wenn sie in der Vergangenheit lagen, wohin mittlerweile, theoretisch jedenfalls, zwar ein Weg führte, der jedoch praktisch vielleicht niemals beschritten werden würde. Weil die Energie, die nötig war, um eine Abkürzung zwischen zwei Orten im gekrümmten Raum zu öffnen, außerhalb der menschlichen Möglichkeiten lag. Und dann gab es da ein nicht zu vernachlässigendes Paradoxon: Denn könnte er tatsächlich in die Vergangenheit reisen, um endlich mit Lotte und Felicie ins Reine zu kommen, würde seine eigene Geschichte ganz anders verlaufen.

Folgte er aber den Vorstellungen, die er mit Eddington in den dreißiger Jahren diskutiert hatte und die, wie er erst vor Kurzem von Lise Meitner erfahren hatte, zuletzt der Physiker Hugh Everett auf die Spitze getrieben hatte (zum blanken Entsetzen der Kopenhagener und deren Gefolge), dann war damit zu rechnen, dass seine Lebensläufe in jenen Welten, die von seiner entkoppelt waren, ganz anders verliefen. Alles, was demnach im Mikrokosmos möglich war, entwickelte sich, gemäß den Gesetzen der Natur, folglich auch im Großen und Ganzen. Von einem Kollaps der Wellen und Möglichkeiten an den Gestaden unserer Wirklichkeit, dachte er, konnte also keine Rede mehr sein. In einer der Myriaden von Welten, die geradezu zwangsläufig Wirklichkeit wurden, wenn man seine Gleichungen nur ernst genug nahm, was Eddington seit Langem gefordert und dieser Everett nun offenbar getan hatte, glückte demnach auch das, was in der eigenen Welt schiefging.

Suchte er etwa Trost in dieser Vorstellung? Um die Worte des Doktors nicht so endgültig im Raum stehen zu lassen womöglich. Um sich einen Ausweg offen zu halten? Er wusste es nicht. Wenn er in sich ging, stieg er in einen Fluss, der ihn mal da, mal dort ans Ufer spülte. Ob dieser Strom in ein Meer münden oder versiegen würde, wer konnte das schon sagen? Er durfte jetzt nicht nachlassen, sagte er zu sich, und mit seinen Bedenken alles infrage stellen. Was die Physik offenbarte, war ebenso rätselhaft wie die Mysterien der Menschen, die sich ihrer bedienten, um diese Rätsel zu lösen. Wieder einmal kam ihm vor, dass es nur ein einziges *Etwas* gab, das sich immer wieder anders ausdrückte.

Seine Gedanken rasten im Kreis, bis sich das Zimmer um ihn drehte. Oder drehte er sich im Raum? Welchen Bezugspunkt, in den nahezu unendlichen Weiten seiner Vorstellung, sollte er denn einnehmen? Fast gegen seinen Willen ließ er sich irgendwann von der Monotonie der Bewegung beruhigen.

Als Schwester Helene kam, um ihm Tabletten, Schreibzeug und eine Lampe zu bringen, schlief er. Sein Kopf war zur Seite gekippt, die Brille verrutscht, das schon schüttere Haar hing ihm tief in die Stirn. Er röchelte, als würde er von innen überflutet. Sie wechselte das mit Blut gesprenkelte Kissen. Diesmal spülte er, was sie ihm zwischen zwei Hustenanfällen in den Mund steckte, mit kaltem Tee hinunter. Sie wusste, dass er von Hoff über seinen Zustand informiert worden war. Ihre Stimme, ihre Blicke und ihr Gehabe verrieten sie.

»Nicht so salbungsvoll, Schwesterchen«, sagte er, als sie ihm den Fiebermesser in die Achselhöhle steckte, »noch bin ich am Leben.«

Zu ernst erschien ihr die Lage, als dass sie sich auf diesen Ton einlassen mochte. »Sie müssen tun, was der Doktor sagt«, sagte sie nur und legte eine Hand auf seine Stirn.

»Noch bin ich Herr in meinem Haus«, sagte er.

»Sie sind aber hier nicht zu Hause, sondern in der psychiatrischen Abteilung der Universität«, konterte sie.

»Aber nicht mehr lange! Anny wird mich von hier wegbringen«, sagte er und drehte sich beleidigt weg.

»Ja, natürlich«, sagte sie. Aus Erfahrung wusste sie, dass es oft besser war, den Patienten recht zu geben, als sie auf die Tatsachen hinzuweisen. Als die Zeit um war, zog sie das Thermometer sanft aus seiner Achsel, warf einen kurzen Blick darauf und schüttelte es, aus dem Handgelenk, wie sie es schon so oft getan hatte. Dann erhob sie sich, seufzte, als wäre ihr das alles zu viel, und trug die Temperatur in die Tabelle am Fußende seines Bettes ein.

»Schwester!«

»Professor?«

»Es wird alles gut!«

Er rief es ihr nach, bevor sie die Tür hinter sich schloss, und dachte, dass er es wohl mehr zu sich selbst hatte sagen wollen; wenn er auch nicht wusste, wozu. Er setzte sich im Bett auf, so gut es ging, nahm Stift und Heft zur Hand und begann mit seinen Notizen. Sollte er sie *Ephemeridae* betiteln, fragte er sich, so wie früher? Zum ersten Mal schien ihm die Trennung zwischen den persönlichen und den physikalischen Aufzeichnungen vollkommen überflüssig zu sein. Was er jetzt noch zu sagen hatte, war wohl alles gleich wichtig, oder eben unwichtig. Bald ließ ihn die Konzentration vergessen, dass man ihm sein Todesurteil ausgestellt hatte.

Er träumte, dass er weinte. Alles war trostlos. Als er zu sich kam, spürte er die Nässe des Kissens an seiner Wange. Aus dem Schacht oben fiel noch kein Licht in sein Zimmer. Er wälzte sich auf die andere Seite. Es war so still, dass er sich sicher war, den Schnee draußen fallen zu hören. Die Reste eines wirren Traumes geisterten durch sein Bewusstsein. Er sah die Reihe der Ordner in seiner Dachstube in Dublin vor sich. Da war dieser Ordner mit der Aufschrift *Einstein-Sauerei*, an dem sein Blick immer wieder hängen blieb. In Gedanken nahm er seine letzten Kräfte zusammen. Er stand auf, holte den Ordner heraus, legte sich wieder ins Bett und begann darin zu blättern …

Als er nach dem Krieg den Briefwechsel mit Einstein und die Arbeit an der *Theorie von Allem* wieder aufnahm, war es zu einem Eklat gekommen. Einstein schickte ihm noch unveröffentlichte Arbeiten, Resultate jahrelanger Bemühungen auf der Suche nach der allumfassenden Theorie, und fügte an: *Ich schicke sie sonst niemandem, da Du die mir einzig bekannte Person bist, die in Bezug auf die fundamentalen Fragen unserer Wissenschaft keine Scheuklappen aufhat* … Pauli, bemerkte Einstein etwas amüsiert, habe ihm bloß die Zunge gezeigt, als er ihm davon erzählt habe.

Er überflog Einsteins Arbeit und ließ ihn schon nach Kurzem wissen, wie sehr ihm sein neuer Ansatz gefiel, hinter die Rätsel der Raum-Zeit-Struktur zu kommen: *Du bist hinter dem Großwild her, wie ich es ausdrücken würde. Du befindest Dich auf Löwenjagd, während ich von Kaninchen rede.*

In den nächsten Monaten tauschten sie ihre Erkenntnisse in Form von Briefen aus, die neben den Fakten immer wieder auch sehr Persönliches enthielten. *Du bist ein raffiniertes Gaunerl*, schrieb Einstein, nachdem dem Kollegen in der vertrackten Sache endlich ein Fortschritt geglückt zu sein schien. Der wiederum verstand das Lob als Aufforderung, einen

Aufsatz über den Stand ihrer Forschung zu verfassen, den er umgehend der Royal Irish Academy präsentierte. Geblendet von der Aussicht auf den lange ersehnten Erfolg, stellte er die nur vorläufigen Ergebnisse ihrer Arbeit der Akademie und der irischen Presse als endgültigen Durchbruch dar. Von nun an sei Einsteins Theorie wohl nur noch ein Spezialfall der neuen *Theorie von Allem*, ließ er einen Reporter wissen, der dafür sorgte, dass sich sämtliche Nachrichtendienste auf die Sensation stürzten. Er sollte doch, bemerkte er vollmundig, wie ein fürchterlicher Depp dastehen, wenn er falsch läge!

Eine ganz andere Sensation witternd, verschaffte sich ein Redakteur der *New York Times* Abzüge der fraglichen Arbeit und schickte sie, mit der Aufforderung zur Stellungnahme, an Einstein, der vom nicht akkordierten Vorpreschen des Freundes und Kollegen gar nicht angetan war. Seine Replik ließ nicht lange auf sich warten. Und ging ebenfalls in Windeseile um die Welt. Höflich, aber bestimmt, wies Einstein darauf hin, dass es sich bei dem sogenannten *Durchbruch* lediglich um mathematische Kunstgriffe handelte. Höhere Spielereien, die jedoch noch keineswegs derart in Übereinstimmung mit den Tatsachen der Erfahrung stünden, dass tatsächlich von einem Durchbruch gesprochen werden könne … Am Ende ließ er keinerlei Zweifel daran, dass es sich, *vom Standpunkt der Wahrheit aus jedenfalls*, wie er schrieb, um zwar notwendige, aber leider doch nichts als nur vorläufige Versuche handle, die teuflisch komplexen Probleme in den Griff zu kriegen.

Schrödinger fiel aus allen Wolken. Und war am Boden zerstört.

Soeben noch himmelhoch jauchzend, über ihren vermeintlichen Durchbruch, war er nun zu Tode betrübt, weil er sich (auch unter dem Einfluss der Euphorie, in die ihn eine Studentin namens Kate in diesen Monaten versetzte) zu etwas hatte hinreißen lassen, das er ja, nüchtern betrachtet, selbst nicht billigte. Einsteins Ablehnung der wohl voreiligen Schlüsse, die er aus ihrer Arbeit gezogen hatte, traf ihn weniger in seiner intellektuellen Eitelkeit, als vielmehr mitten ins Herz. Außer sich vor Scham, suchte er nach Erklärungen für sein Verhalten, die Einstein akzeptieren konnte. Dass er seiner eigenen Hoffnung auf den Leim gegangen war, der Natur ein noch tieferes Geheimnis entlockt zu haben als in den glücklichen Tagen an Mayas Seite in Arosa, brachte ihn schließlich dazu, sich wieder der Philosophie zuzuwenden. Platon, den Upanischaden, Schopenhauer, Mach und Spinoza, Einsteins Lieblingsphilosoph.

Auf jeden Fall, dachte er nach dem Debakel mit Einstein, musste er erst klären, wie es um das Verhältnis des Individuums zur Welt bestellt war, bevor er verstehen konnte, wie in der Physik das Kleinste mit dem Größten kommunizierte. Und dabei konnte er es sich keineswegs leisten, Philosophie, Kunst und Literatur außer Acht zu lassen. Um zu demonstrieren, wie er es sah, griff er einmal sogar auf eine Story Edgar Allen Poes zurück. *Die Maske des roten Todes*. Die Antwort auf die ewige Frage, warum unser Selbst in unserem Weltbild gar nicht vorkommt, folgerte er nach der Lektüre, ist ganz einfach die: Es ist mit unserem Weltbild identisch!

Er ließ seine Erinnerungen fahren, um zu beobachten, wie sich das frühe Licht ausbreitete, das nun durch den Schacht bis in sein Zimmer fiel. Welche Reise hatte es hinter sich? Jetzt erschien es ihm wie ein Vorbote aus jener Welt, in die auch er bald eingehen würde. Es fiel in vier Streifen über seine knöchrige Brust, die sich keuchend hob und senkte. Wenn er sich konzentrierte, konnte er spüren, wie es ihn wärmte. Es suggerierte ihm, dass er keine Angst zu haben brauchte.

Es schneit also nicht mehr, dachte er noch, bevor er in einen seichten Schlaf fiel, der ihm einen leichten Traum bescherte. Minnie, Ruth, Maya, Anny, Fränzel, Einstein, der Vater und er wanderten an einem sonnigen Tag durch die Weinberge am Stadtrand Wiens. Minnie, Einstein, Fränzel und der Vater, die doch alle schon tot waren! Aber alles in diesem schwerelosen Traum geschah ganz natürlich. Jetzt da zu sein, in genau diesem Moment mit diesen Menschen an diesem Ort, ob sie nun tot waren oder nicht, war so schön, dass die Zeit selbst den Atem anzuhalten schien.

Statt mit einem Hustenanfall und Krämpfen, wie oft in letzter Zeit, erwachte er mit einem Lächeln auf den Lippen. Was hatte man ihm verabreicht? Er nahm sich vor, Schwester Helene zu bitten, ihm das Morphium regelmäßig zu geben.

Als er das nächste Mal zu sich kam, spürte er eine Hand auf seiner Stirn, die nicht die Hand der Schwester war. Eine Welle reiner Freude schwappte durch seinen Körper. Er wusste bereits, wer da an seinem Bett saß, bevor er die verklebten Augen öffnete.

»Ich bin's«, sagte Anny, indem sie den Druck ihrer Finger verstärkte.

»Wie geht's dir?« Sein vom Schlaf trunkener Blick suchte in ihrem Gesicht nach der Antwort, dass es ihr gut ging. Viel besser als ihm jedenfalls, der es vorzog, von sich abzusehen, weil da ohnehin nichts mehr zu machen war. Am Gelenk ihrer Hand, in der seine lag, die Narben der Selbstverstümmelung zu sehen, für die er sich mehr denn je verantwortlich fühlte, stimmte ihn trauriger als sein eigenes Los. Das unstete Leben hatte sie gezeichnet, beide. Trotzdem wurde er das Gefühl nicht los, dass etwas Großartiges in der Luft lag. Nicht hier, in der von Medikamenten, Wahnsinn und Desinfektion geschwängerten Atmosphäre, sondern zu Hause, an ihrer Seite. An einem Ort, wo seine Zukunft, trotz der Diagnose Hoffs, voller Möglichkeiten war. Wie die Viele-Welten-Theorie Hugh Everetts, in der alles geschah, was aufgrund der Schrödinger-Gleichungen möglich war. Er schüttelte den Kopf. Dass er es nie gewagt hatte, das zu denken, was doch so klar auf der Hand lag! Das Offensichtliche nicht nur zu sehen, wusste er als erfahrener Theoretiker und Praktiker, sondern auch zu erkennen, gehörte zum Schwierigsten. Im Grunde war unser Gehirn, ein Produkt der Evolution, weder dafür gemacht, das Allerkleinste zu denken, noch das große Ganze. Dass beim Blick durch Mikroskope und Teleskope mehr und mehr sichtbar wurde, hieß noch lange nicht, dass auch jemand verstand, warum alles so war, wie es war. Und erst wenn es sich dabei um etwas handelte, das die Menschen ein weiteres Mal aus ihren Grenzen vertrieb: Grenzen, die sie sich selbst steckten, um sich nicht im Unendlichen zu verlieren.

»Mir geht's wieder gut«, sagte sie. »Das Asthma hat sich gelegt, und um meine Ängste kümmert sich seit Neuestem Professor Lucan.«

»Meine Ängste werden sich bald in ihre Bestandteile auflösen, um irgendwo als frische Kräfte in Erscheinung zu treten.« Er versuchte ein Lächeln, als wäre alles gar nicht so schlimm. »Bring mich von hier weg, Anny!«

»Morgen lass ich dich mit der Rettung nach Hause bringen«, sagte sie. »Hoff hat nichts dagegen. Vorausgesetzt, sagt er, du nimmst die Medikamente, die man mir für dich mitgibt.«

»Vergiss das Morphium nicht«, sagte er. Er hielt nichts davon, aus moralischen Gründen auf Morphium zu verzichten. Schmerzen, so dachte er, verstümmeln das Empfinden und Denken, Opiate setzen es vielmehr frei. Er war froh, dass Hoff ihn noch nicht gefragt hatte, ob er die letzte Ölung durch einen Priester wünsche. Es ist zu spät, erinnerte er sich nun, um noch den Mut zu verlieren, hatte ein Dichter geschrieben. Und was sollte schon einer wie er, der sein Leben lang den Rätseln der Natur auf der Spur gewesen war, mit dem naiven Trost eines Pfarrers anfangen. Von dem, was ihn erwartete, was es auch immer sein würde, wollte er sich selbst ein Bild machen. Dieses Mal, in seinem wohl letzten Experiment, würde er an die Stelle der hypothetischen Katze treten.

»Dank dir für die Briefe«, sagte Anny.

Er hatte ihr Briefe geschrieben, die dort anknüpften, wo jene geendet hatten, die er ihr vor Jahrzehnten in ihren ersten gemeinsamen Monaten geschrieben hatte. Als wäre es ihm jetzt peinlich, daran erinnert zu werden, auf dem Rücken liegend wie Kafkas Käfer, lenkte er davon ab, indem er nach Ruth und Maya fragte.

Maya sei noch immer in Innsbruck, sagte Anny. Sie denke an ihn und bestelle die besten Grüße, werde aber wohl nicht so schnell wieder nach Wien kommen. Sie sei glücklich, mit ihrem neuen Gefährten und ihrer Kunst, die ihr geholfen habe, sich von allerhand alten Zwängen zu lösen.

»Gut«, sagte er, »das ist gut so.« Er wusste, dass ein Teil dieser Zwänge auch von ihm ausgegangen war. Ob ihm das passte oder nicht, ob er es gewollt hatte oder nicht, ob es nun Zufall, Schicksal oder was auch immer gewesen war. »Und Ruth?«

»Scheint recht glücklich zu sein, mit ihrem Kind und ihrem Mann. Allerdings frage ich mich manchmal«, sagte sie, »ob er nicht nur eine Art Ersatz für Stephen ist.« Der war nach seinem Studium und ihrer Heimkehr nach Wien in Irland geblieben, was Ruth zu schaffen gemacht hatte. »Morgen kommen sie dich besuchen.«

»Die Dinge nehmen ihren Lauf«, sagte er.

»Ja«, sagte sie nur, obwohl ihr nicht ganz klar war, was er damit meinte.

Nachdem er eingeschlafen war, blieb sie an seiner Seite. Bis Schwester Helene sie auf die späte Stunde und letzte Straßenbahn hinwies. Während sie den reglosen Kranken beobachtete, dessen Atem nichts Gutes verhieß, ihm die knochige Hand hielt und hin und wieder mit der andern Hand über Stirn und Kopf strich, kamen die Erinnerungen.

Obwohl sie Erwins Affären lange mit dem Verdacht zur Kenntnis genommen hatte, dass sie im Grunde der Ablenkung von der Möglichkeit des Versagens dienten, war sie in Panik geraten, als er Maya, nach einem Skiurlaub in Tirol, zum ersten Mal in ihr Haus nach Berlin mitgebracht hatte. Diese junge Frau, das war ihr gleich klar gewesen, lenkte ihn von nichts ab, sondern konzentrierte ihn auf jene Probleme, die alle Physiker in Atem hielten. Mit Maya war nun zweifellos eine echte Konkurrentin auf den Plan getreten. Dass Maya die labile Konstellation festigte, indem sie sich, als dann Ruth da war, auf das Experiment der erweiterten Kleinfamilie einließ, rechnete sie ihr immer noch hoch an. Ruth, nun selbst Mutter, war seit jeher ihr gemeinsames Kind. Und dass der Mann, der da vor ihr im Sterben lag, dessen Hand leicht wie ein Vogel in ihrer Hand lag, dessen Verständnis für die Natur größer war als das der meisten, dass dieser Mann, den sie trotz allem immer noch liebte, in seiner bei allem Scharfsinn naiven Begeisterung für das Leben, in Irland zwei Töchter gezeugt hatte, wenn auch vielleicht nur, weil Sheila und Kate es so gewollt hatten und um sich zu beweisen, dass er noch fruchtbar genug war, mit Einstein eine *Theorie von Allem* in die Welt zu setzen: Dass nun dieser kranke, alte Mann, der ihr so viel Kummer und Sorgen bereitet hatte, auf einmal nicht mehr da sein würde, ließ ihr Herz schrumpfen und Tränen über ihre Wangen laufen. Ihr Blick konnte nicht mehr unterscheiden, ob die Narben da nun zu ihrem oder zu seinem Handgelenk gehörten … Wäre sie mit Hermann glücklicher geworden?

Das fragte sie sich, und als würde Erwin noch im Schlaf verstehen, was ihr durch den Kopf ging, warf er sich plötzlich auf die andere Seite.

Hermann hatte sie geliebt, ohne wenn und aber. Wie oft hatte sie gedacht, dass Hermann und sie ganz anders waren als sie und dieser seltsame, kranke Mann hier. Der von Zweifeln an seinem Beruf verstörte Mathematiker und die von Zweifeln an ihrem Mann geplagte Frau hatten also einiges gemein. Je rätselhafter es, von außen betrachtet, zu sein schien, desto wirklicher war es in den Gefühlen, die es hervorrief. Sie kramte ein Tuch aus ihrer Tasche und wischte ihre Tränen weg. Es hatte wohl wenig Sinn, dachte sie, das Leben infrage zu stellen. Irgendwann stellte es ohnehin jeden von uns infrage, und dann galt es Antworten zu finden.

Als sie sich schnäuzte, schlug er die Augen auf. Sie wusste nicht, ob er munter war oder offenen Auges träumte.

»Wann reisen wir wieder nach Italien? Oder fahren wir nach Alpbach?«

Am Tonfall seiner Stimme erkannte sie, dass er nicht ganz bei sich war. »Wir fahren nach Alpbach«, sagte sie, und fügte an, »bald, Liebster.« Sie errötete, als sie ihn so nannte, wie früher manchmal.

Er schloss die Augen. »Und die Bombe«, murmelte er noch, bevor er in ein zittriges Schnarchen verfiel.

Schon ein paar Mal, seit sie nun hier war, hatte er etwas gesagt, das sie nicht zuordnen konnte. Ein Wort nur, oder eine kurze Bemerkung. Bruchstücke aus den Tiefen seines Inneren, die sich von dem, was ihn unablässig beschäftigte, losrissen und an die Oberfläche trieben, wie Gesteinsbrocken auf einem Lavafluss, um dann verloren und rätselhaft im Raum zu stehen. Die Schwester hatte sie bereits gewarnt. »Alles, was möglich ist, geschieht auch!« Das hustete er sich einmal aus dem Leib, als sie mit Wasser für die Blumen ins Zimmer kam, und ein anderes Mal, als er wieder wegdämmerte: »Wellen sind doch wirklich …«

Kurz vor Mitternacht kam Schwester Helene und komplimentierte sie hinaus. Morgen, drängelte sie höflich, aber bestimmt, könne sie ihren Mann ja nach Hause bringen lassen.

Wie oft, fragte Anny sich, als sie die Klinik verließ, würde es für Erwin und sie noch ein gemeinsames Morgen geben?

Der Schnee lag auf der Stadt wie eine Decke. Die trockene Kälte und frische Luft ließen sie aufatmen. Sie musste auf die vereisten Wege achten. Wenn sie stürzte und sich verletzte, könnte sie sich nicht um ihn kümmern. Das neue Jahr, sie wusste es, und es hatte keinen Sinn, es nicht sehen zu wollen, würde alles verändern. Bald würde sie übrig bleiben und allein dastehen. Immerhin hatte sie noch Ruth. Doch die hatte jetzt ihre eigene Familie. Sie stellte sich nah zu den andern, die auf die letzte Straßenbahn warteten.

Wiens Straßen und Plätze glitzerten im Licht der Weihnachtsbeleuchtung. Der Schnee, der in der letzten Zeit gefallen war, warf einen Teil dieses Lichtes in die Nacht zurück.

In der Morgendämmerung wachte er auf. Fahles Licht fiel durch den Schacht ins Krankenzimmer. Das Hemd, das er von der Schwester nach dem Abendessen bekommen hatte, klebte ihm am Rücken wie ein Stück Haut, das abgestorben war und sich in Fetzen vom Körper löste. Feucht, klebrig und kalt. Dieser letzte Traum, dessen Schemen noch durch sein Bewusstsein geisterten, hatte ihn zum Schwitzen gebracht.

Nach einer glitzernden Reihe von Tagträumen, durch die er reist wie durch das Leben eines fremden Mannes, schläft er dann doch noch ein. Aus der Distanz, die das Morphium zwischen ihn und die Schmerzen schiebt, passieren Stationen seines Lebens Revue, die Schweiz, Berlin, Amerika, Irland, bis er plötzlich, ganz gegen seinen Willen, in ein Szenario verwickelt wird, das ihm gar nicht geheuer ist. Atomare Explosionen schießen wie Pilze aus der Erde, so weit er ringsum sehen kann. Riesige, expandierende Gebilde, die in ihrer Raserei alles verschlingen, was ihnen unterkommt. Die Welt verdunkelt sich bis hinter den Horizont. Und dann hagelt es aus einem schwarzen Himmel Münzen, Nägel, Frösche und anderes Getier.

Er hat sich den Begehrlichkeiten der Militärs stets verweigert, aus tiefer Überzeugung. Und doch wird er das Gefühl nicht los, dass alles, was er in diesem Traum zu sehen gezwungen wird, etwas mit ihm zu tun hat. Er verspürt Lises Ohnmacht, die noch immer nicht damit klarkommt, dass ihre und Hahns Erkenntnisse in Bomben stecken, die alles Leben von der Erde tilgen können. Und er sieht das Ausmaß der Katastrophe, die Schönheit der Erkenntnis in das Grauen eines atomaren Krieges zu verwandeln, vor seinem geistigen Auge aufblitzen.

Ein blinder Uhrmacher hat, gleichsam als Unruhe, denkt er, den Menschen auf den Plan treten lassen.

Er zog sich am Triangel hoch, unterdrückte einen Hustenreiz, setzte sich auf, fuhr in die Pantoffeln vor dem Bett und stand langsam auf. Mit der Linken langte er nach dem Handtuch, das über dem Stuhl hing, auf dem seine Frau ausgeharrt hatte. Vor Stunden, Tagen oder Wochen? Er wusste es nicht mehr. Die Zeit selbst, kam ihm bisweilen vor, veränderte ihren Rhythmus, und er musste sich anpassen, wollte er nicht auf der Strecke bleiben.

Die Tür war nicht verschlossen. Er schlurfte auf den Gang hinaus, hielt inne, schaute und hörte sich um. Die Lichter der

Alarmanlage und Wegweiser tauchten die verwinkelten Korridore in ein diffuses Rotgrün. Wie durch eine Dunkelkammer, in der Bilder einer verborgenen Wirklichkeit entwickelt wurden, wandelte er durch die Gänge der geschlossenen Abteilung. Es summte der Strom in den Transformatoren, Verteilern und Leitungen und mischte sich mit dem Geflüster, wenn er zu sich selbst sprach, und dem leisen, vielstimmigen Schnarchen, Wimmern und Keuchen hinter den Türen.

Alle paar Schritte blieb er stehen, lehnte sich an die Wand, schloss seine Augen und horchte in den Raum. Wie das Wild auf der Lichtung des verschneiten Tiergartens, dachte er, das er beobachten konnte, bevor man ihn weggebracht hatte. Eine Vertreibung aus dem Paradies! Und um was zu tun? Um ihn hierher zu bringen, in die Geschlossene, und ihn der Neugier Hoffs und seiner Studierenden auszuliefern.

There must be some way out of here, dachte er, auf Englisch, wie noch bis vor ein paar Jahren, als er sich vor der gepolsterten Doppeltür wiederfand, die aus diesem Labyrinth hinausführte. Doch die Tür hatte keine Klinke. Auf seiner Seite jedenfalls, auf der andern vermutlich schon. Damit zwar die einen herein, die andern aber nicht hinaus konnten. Nachdem er eine Weile dort stand, ohne sich zu rühren, machte er kehrt.

Als hätte die Kunde von seinem Ausflug die Runde gemacht, hockten, standen und lehnten die Insassen in den offenen Türen. Sie musterten ihn auf eine Weise, die ihn frösteln ließ. Spieglein, Spieglein an der Wand, wer schleicht hier nachts durchs Narrenland? Er mühte sich ab und kam dennoch kaum vom Fleck. Ein Defilee im Schneckentempo. Während er stumm an den Gestalten vorüberschlurfte, denen, wie ihm selbst, die Anstaltskluft am Leib schlotterte, wurde er angesprochen, ausgelacht, ja berührt, so als wäre er giftig, oder aber imstande, sie von allen Übeln zu erlösen; und immer wieder angespornt, seinen mittlerweile ziellosen Weg fortzusetzen. Ihm kam es so vor, als würde er gegen jemanden (oder *etwas?*) um die Wette laufen.

Er konnte sich kaum auf den Beinen halten. Die Stimmen in den Korridoren schwollen vom Gemurmel zu einem Tosen an. Er wusste den Weg in sein Zimmer nicht mehr. Geschoben, gezogen und gestoßen, gezwickt, geküsst und gestreichelt, ließ er sich immer weiter treiben, begleitet von Lauten, Worten und Satzfetzen, die sich in seinem Kopf zu einem babylonischen Chaos verdichteten. Er wankte und schlingerte den Gang entlang, von der Gravitation des sich aufschaukelnden Irrsinns erfasst, als er gepackt und in ein Zimmer gezogen wurde.

»Schrödinger!«

War er tatsächlich beim Namen genannt worden? Draußen heulte eine Sirene los, rotes Licht spritzte durch die Korridore. Wenn er sich nicht täuschte, schnitt nun die Stimme einer Autorität (Schwester Helene?) durch den Tumult auf der Station und dämpfte den Aufruhr.

Der Fremde schloss die Tür hinter ihnen und drängte ihn, sich auf ein Bett zu setzen. Er warf ihm, weil ihm plötzlich kalt war, sodass er am ganzen Körper zitterte, eine der rauen Anstaltsdecken über die Schultern. Ein Mann mit einem, soweit er im Zwielicht des Morgengrauens sehen konnte, Spitzbart im von Furchen durchpflügten Gesicht. Der Zug um den schmalen Mund und diese Augen mit den kleinen Pupillen erinnerten den Physiker an jemanden, der ihm nicht einfallen wollte. Vielleicht, fragte er sich, stammte das Hinken des Mannes, der zu verbergen suchte, dass er einen Fuß nachzog, von einer Kriegsverletzung, die er sich an der Front von Görz, in der Nähe von Duino, zugezogen hatte.

»Kennen wir einander?«

»Das wäre wohl zu viel gesagt«, sagte der andere. »Sie kennen mich nicht, doch ich weiß, wer Sie sind.«

Seltsam, dachte Schrödinger. Er nahm einen Schluck vom Wasser, das ihm der Mann reichte, der keine Anstalten machte, sich ihm vorzustellen. Auszuschließen war es aber auch wieder nicht, dass man ihn erkannte. Immerhin war er ein berühmter Zeitgenosse, was ihm hier fast entfallen war, und nicht nur Leuten bekannt, die mit Physik zu tun hatten.

Der Tumult draußen schien sich zu legen. Mittlerweile waren fast nur mehr die Antworten der Pfleger zu hören, die von der Schwester dazu angehalten wurden, die Patienten zurück in ihre Zimmer zu lotsen.

»Sind Sie Wissenschaftler?«

Das Gesicht des Fremden verzerrte sich zur Grimasse eines Lächelns. Diese Frage belustigte ihn zweifellos. »In gewisser Weise schon«, sagte er, »wenn ich mich auch keiner Berufsgruppe zurechnen würde. Ich arbeite selbständig und löse Probleme, für die sonst niemand zuständig ist. Und weil Sie soeben noch an die Front bei Görz gedacht haben: Ja, ich war dabei, auch wenn wir uns dort nie direkt begegnet sind.«

»Welches Regiment?«

»In Zivil. Ich war in beiden großen Kriegen für die Statistik zuständig, damit der Nachschub nicht zum Erliegen kam. Munition, Granaten, Giftgas und solches Zeug, und dafür, dass die Geschäfte der Industrie mit den Kriegsherren liefen wie geschmiert, und für die Gefallenen, das heißt, die Rekrutierung und den Nachschub an Menschenmaterial war ich auch verantwortlich, was naturgemäß immer schwieriger wird, je länger ein Krieg dauert.«

»Wie schrecklich«, entfuhr es Schrödinger. Als ob ihm erst jetzt klar würde, dass auch dafür jemand zuständig war. Damit die Geschichte ihren mörderischen Lauf nehmen konnte.

Woher aber wusste der Mann, was er, Schrödinger, soeben gedacht, aber gar nicht ausgesprochen hatte? Oder hatte er etwa laut überlegt, dass sie einander von der Front kennen könnten? Oder von der Zeitung, in der er diesen Artikel veröffentlicht hatte, den er sich nach all den Jahren noch immer übelnahm.

»Vergessen Sie das endlich«, sagte der andere, »Sie waren damals nicht Herr über Ihre Situation.«

»Wovon reden Sie?« Er sollte wohl besser sein Krankenzimmer aufsuchen und sich ins Bett legen, bevor die Schwester das Frühstück brachte.

»Ihr Fall, mein lieber Schrödinger! Ich habe den Chefredakteur gekannt, der Ihnen geraten hat, diesen Artikel zu verfassen, den Ihnen dann aber doch niemand abgenommen hat. Zuletzt nicht einmal Lindemann in Oxford, der aber aus anderen Gründen um jeden Preis glauben wollte, dass Sie ein Schuft sind.«

»Woher wissen Sie, dass ich gerade daran gedacht hab?« Der Mann wurde ihm immer unheimlicher. War er ein Spitzel Hoffs, auf ihn angesetzt, um einen Wahnsinn zu diagnostizieren, der doch nichts anderes war als die Verwirrung über das, was ihm zur Zeit widerfuhr?

»Aber bringen Sie nicht alles durcheinander, werter Professor, sonst lässt man Sie hier nie mehr raus! Nicht Sie, ich habe daran gedacht, und vielleicht haben Sie das gewittert, mit der untrüglichen Nase des schlechten Gewissens, verstehen Sie? Doch nachdem Sie wegen Ihrer Weibergeschichten nie ein schlechtes Gewissen hatten, sollten Sie sich darüber auch keine Sorgen mehr machen. Wir haben nicht alles in der Hand, das sollte Ihnen doch klar sein. Ihre Zunft arbeitet ja sehr erfolgreich daran, den freien Willen zum Verschwinden zu bringen, und wenn alles eine Ursache hat, die sich dem menschlichen Wollen entzieht, dann wohl auch unsere Begegnung hier und jetzt, an diesem öden Ort.«

Ihn fröstelte. Die Decke lag schwer auf seinen Schultern. »Wer«, murmelte er, »… *was* sind Sie eigentlich?«

»Wer oder was, das spielt gar keine Rolle. Ich bin ein Unternehmer, wie gesagt, frei wie ein Vogel, der herumkommt und überall Geschäfte macht. Gute Geschäfte, das lassen Sie sich bloß gesagt sein, und auch mit jenen Behörden, Institutionen und Personen, die ganz gewisse Entwicklungen in den Wissenschaften vorantreiben, von denen wiederum ich profitiere, wie ich zugebe. Dass ich aus allen Krisen gestärkt hervorgehe, mag man mir zwar vorwerfen, es ändert aber nichts daran, dass man auf mich angewiesen ist, wenn es um die Gestaltung der Zukunft geht. Früher war ich der Geschäftsführung unterstellt, aber dann hat man es vorgezogen, mir vollkommen freie Hand zu lassen. Denn nur so, ohne jede störende Bindung«, sagte der Fremde, »kann ich Großes bewegen.« Er klopfte dem Physiker, der seinen Kopf hängen ließ, aufmunternd auf die Schulter.

Schrödinger zuckte zusammen. Er durfte, sagte er sich, auf keinen Fall aus den Augen verlieren, wo er sich befand und dass er es mit einem Verrückten zu tun hatte, der, anders als er selbst, bestimmt aus guten Gründen in der Geschlossenen gelandet war.

»Übrigens«, fuhr der andere fort, »auch an dem Traum, der Sie so beunruhigt hat, dass Sie es in Ihrem Zimmer nicht länger aushalten konnten, habe ich meinen Anteil.«

»Inwiefern?« Schrödinger erinnerte sich an den Alptraum, der ihm die dunklen Folgen ihrer Forschung vor Augen geführt hatte, an von Atombomben verwüstete, tote Landstriche. Dass dieser Mensch sogar über seine Träume Bescheid zu wissen schien, wunderte ihn schon nicht mehr.

»Mein Profit schnellt mit der Sprengkraft der von Ihresgleichen entwickelten Bomben fast bis ins Unendliche. Es war sogar nötig, neue statistische Verfahren zu entwickeln, um die

Anzahl der Zielpersonen hochzurechnen, womit nur die besten Mathematiker beauftragt wurden, wie Sie sich denken können. Ihr Freund Einstein, der eingefleischte Pazifist, hat sich auch engagiert, vergessen Sie das nicht, und von Neumann, den Sie aus Princeton kennen, und Feynman und Hahn waren sich nicht zu gut, für mich zu arbeiten! Die gute Meitner ist da wohl eher nur so reingerutscht. Everett nicht zu vergessen, diesen Erotomanen und Trinker, dessen mutige Theorie Sie, wie ich erfahren habe, seit Neuestem intensiv beschäftigt. Ein winziger Schritt, eine letzte Konsequenz nur, vor der die Kopenhagener zurückschrecken, und nichts ist mehr, was und wie es war. Unsere Welt ist dann kein ach so einzigartiges Ereignis mehr, sondern nur eins von unzähligen, das man unter ›ferner liefen‹ verbuchen muss. Wenn Sie aber jetzt denken, dass ich dann auch bloß ein Spezialfall bin, irren Sie sich gewaltig: Mich gibt es in jeder Welt, und in der besten von allen habe allein ich das Sagen!«

»Ich war an keinen solchen Entwicklungen beteiligt«, sagte Schrödinger mit Trotz in der Stimme.

»Und Ihre schöne Gleichung?«

»Damals dachte man doch, es gelte, den Nazis zuvorzukommen, die mit dieser Technologie sicher nicht zimperlich gewesen wären«, sagte Schrödinger, um von sich abzulenken. Er fragte sich, warum er sich überhaupt mit diesem unverschämten Kerl unterhielt, statt endlich auf sein Zimmer zu gehen. Wahrscheinlich suchte man ihn schon überall im Haus.

Sein Gegenüber gab ihm mit spöttischen Blicken und einem Meckern, das an einen Ziegenbock erinnerte, zu verstehen, was er von solchen Argumenten hielt. »Es findet sich immer irgendeine Ausrede. Ich könnte Ihnen davon erzählen, dass man mich hier wegsperrt und mit Drogen vollstopft, weil man mich durchschaut, aber wenn Sie es genau wissen wollen, und ich sehe es Ihnen an, dass Sie das wollen, dann bin ich hier gelandet, weil ich mich weigere, mich für eine Schwächung des Glaubens einzusetzen. Ein schwächelnder Glaube hilft uns nämlich nicht weiter, verstehen Sie, ganz im Gegenteil! Wenn es mir gelingt, Fanatismus und Gehorsam zu schüren, was andererseits heißt: Dummheit und Niedertracht, steigt mein Kurs und damit auch die Chance, bald wieder ein goldenes Zeitalter zu erleben.«

Schrödinger spürte, wie ein Hustenanfall sich den Weg durch seinen Körper bahnte. Der Reiz pflanzte sich durch die Luftröhre fort, bis er sich in den Bronchien entzündete und im Rachen entlud. Er sah die Figur Giordano Brunos vor sich, wie er über den Campo de' Fiori wachte. Man hatte ihn verbrannt, weil er es gewagt hatte, sich ohne Vorurteile ins Buch der Natur zu vertiefen. Die Eruption des Anfalls riss den Satz, den Schrödinger gerade formulierte, in Stücke.

Der Fremde klopfte ihm auf den Rücken, um den Druck in seiner Brust zu lösen. Er legte ihm ein Taschentuch in die Hand, damit er sich das Blut von den Lippen wischen konnte. »Und weil Sie an Giordano Bruno denken, mein Lieber, atmen Sie, langsam und tief, atmen Sie, ich bin nicht stolz auf das, was damals geschehen ist, das können Sie mir glauben, falls Sie überhaupt je glauben, und wissen Sie warum?«

Schrödinger krümmte sich ein weiteres Mal, atmete tief durch und lehnte sich erschöpft an die Wand. Sein müder Blick hinter den blitzenden Gläsern forderte mit letzter Kraft eine Antwort auf diese Frage.

»Weil ich solche Gegner brauche, um zu meiner Form aufzulaufen! Menschen von solchem Format stärken mir den Rücken. Hitler und Stalin, erst einmal von der Kette gelassen, degradieren mich zum Zaungast, zu einem stillen Teilhaber, der sich immer mehr gehen lässt und schließlich faul, bequem und selbstzufrieden wird: Ein Aktionär, verzeihen Sie mir den Vergleich, für den nur noch das Geld arbeitet. Aber Künstler, Freigeister und Literaten und, womit ich nun zu Ihnen komme, verehrter Schrödinger, natürlich Wissenschaftler, insbesondere Physiker: Das sind Gegner ganz nach meinem Geschmack!« Voller Überdruss schüttelte er seinen hässlichen Kopf, seufzte. Draußen schlurften Schritte von Tür zu Tür.

Schrödinger richtete sich langsam auf. »Weshalb sind Sie hier?« Diese Frage lag ihm schon länger auf der Zunge. Er hatte das Gefühl, der Druck seines Blutes würde ihm den Schädel sprengen, wenn er jetzt aufstünde. Er fragte sich, ob es nicht besser war, den Leuten ihre Wahnvorstellungen zu lassen, als sie in Zweifel zu ziehen, was alles nur noch komplizierter machte.

Das vieldeutige Grinsen im Gesicht des Fremden erlosch. Wie das Grinsen der Katze im Baum jenes Oxforder Gartens, dachte Schrödinger, nachdem er durch die kleine Tür gestiegen war, die ihn auf die andere Seite der Mauer führte. »Nun«, drängte er: »Warum also? Was haben Sie angestellt?«

»Wenn Sie es unbedingt wissen wollen«, zögerte der Mann die Antwort hinaus, wich seinem Blick aus, rutschte auf dem Bett umher und inspizierte seine zu langen, dreckigen Fingernägel: »Ich bin hier, weil Sie da sind.« Kurz flackerte der Blick des Fremden, in dem ein verzehrendes Feuer brannte, über ihn hin, dann fügte er, mit Spott in der Stimme, hinzu: »Ich begleite Sie auf Ihrer letzten Reise. Oder verlangen Sie lieber nach dem Pfarrer dieser seltsamen Anstalt? Ein machtloser, naiver Tropf, ehrlich gesagt, den ich in seinem kindischen Glauben lasse, hier von Nutzen zu sein. Aber Sie sind doch aus einem ganz anderen Holz geschnitzt, Schrödinger. Einer, der Götzen links liegen lässt, um sich mit der Natur selbst anzulegen, alle Achtung! Sie haben es verdient, dass ich mich persönlich um Sie kümmere!« Er lachte und schlug dabei mit einer Hand auf den mageren Schenkel des Physikers, als ob es sein eigener wäre.

»Ich wünsche Ihnen eine gute Besserung«, sagte Schrödinger, der wieder zu Kräften kam. Er wischte die Hand weg, erhob sich, prüfte sein Gleichgewicht und setzte sich in Bewegung, um endlich von hier wegzukommen. Wenn Anny morgen käme, um ihn abzuholen, wollte er ihr keinen weiteren Grund zur Sorge geben. Er war fast an der Tür, als sie aufschwang. Schwester Helene stand im Rahmen, schaute sich missbilligend um, ging auf ihn zu, hakte ihn unter und dirigierte ihn hinaus.

»Auch Sie sollten ins Bett gehen«, sagte sie streng über ihre Schulter zurück. »Heute noch beginnen wir mit einer Therapie.«

Wie er da auf seinem Bett hockte, allein mit sich und seinem Wahn, tat ihm der Fremde auf einmal leid. Er wollte zurück, um ihn zum Abschied zu umarmen, doch die Schwester drängte ihn schon auf den Flur hinaus.

»Was für ein armer Teufel«, flüsterte Schwester Helene. »Ein Theologe, der an den Widersprüchen seines Glaubens zerbrochen ist. Professor Hoff beißt sich die Zähne an ihm aus.«

»Ein armer Teufel, gewiss«, sagte Schrödinger. Er spürte den sanften Druck von Helenes Brust an seinem Arm und dachte, wie schön es doch war, mit einer Frau zu gehen, die es gut mit ihm meinte.

ALPBACH AROSA BERLIN DUBLIN DUINO GÖRZ GRAZ OXFORD PRINCETON SEMMERING WIEN ZÜRICH

Von der Gratlspitze aus mochte es so aussehen, als würde eine schwarze Schlange zum Friedhof kriechen. Sie wand sich vom Zentrum des Dorfes aus durch die Kurven der Landstraße und das eiserne Tor bis auf den mit Toten gedüngten Acker, wo sie, als die Trauernden auf den Wegen zwischen den Gräbern zum Stillstand kamen, in ihre Teile zerfiel.

Wolken segelten im Zeitraffer über den Himmel. Ein trockener, kalter Wind riss sie in Stücke, um sie zu immer wieder anderen Gestalten zu formieren. Vor den das Dorf wie ein Theater einrahmenden Bergen kam auf der Freilichtbühne des Friedhofs der letzte Akt des Dramas zur Aufführung, das sein Leben gewesen war. Vielleicht, dachte Anny, war dieser Epilog ja nichts anderes als der Prolog zu einem neuen Stück, das irgendwo anders spielte.

So schwer die vier einheimischen Träger ihre Schritte auch setzten, so leicht lag der Tote im Sarg, den sie auf ihren von der harten Arbeit auf den Höfen kräftigen Schultern trugen. Der Tote? Ein kleiner, zeitlebens dünner und zäher Mann, der in seinen letzten Tagen, bevor er, an einem Sauerstoffgerät hängend, an der Seite Annys starb, derart mager geworden war, dass sie befürchtete, er könnte sich, sogar noch im Tod, plötzlich auf und davon machen, wenn sie nicht aufpasste, und ihr ein weiteres Mal entwischen. Aber sie blieben einander trotz allem verbunden, Seite an Seite und Hand in Hand, bis zum Schluss.

»Annichen, du bleibst doch bei mir, auf dass ich nicht hinunterstürze.« Letzte Worte, bevor er weggedämmert und nicht mehr zu sich gekommen war.

Was sollte sie jetzt, ohne ihn, hier noch machen? Der Druck von Ruths Hand, die dicht neben ihr stand, düster und schön hinter dem Schleier, der die Umrisse ihres Gesichts vertiefte, erinnerte sie daran, dass ihr Leben nicht zu Ende war. Und an der andern Hand die dreijährige Enkeltochter, vor Kälte von einem Füßchen aufs andere tretend, stellte ihr Fragen, die sie von den eigenen Zweifeln ablenkten. Ob der Opa im Sarg, der jetzt auf einem Balken über der mit glitzerndem Frost beschlagenen Grube abgestellt wurde, nun für immer tot war? Oder ob er nicht mehr aufwache, weil er sich verirrt habe, in einem seiner Träume, und nicht mehr zurückfinde?

»Nein, mein Schatz«, flüsterte Anny, um die Ansprache Hans Thirrings nicht zu stören, der mit klaren Worten auf das Leben des Toten einging: »Der Traum, den Opa gehabt hat, war so schön, dass er nicht mehr aufwachen wollte. Irgendwo lebt er weiter, auch wenn sein Körper für immer in diesem Grab da verschwindet.«

Skeptisch blickte die Kleine mit zu Schlitzen verengten Augen in die blitzblaue Atmosphäre hoch. »Im Himmel?«

Anny überlegte. »Ja, dort auch, aber«, zögerte sie, »irgendwo jedenfalls, wo wir ihn erst entdecken müssen. Wie beim Versteckspielen«, fügte sie hinzu.

Das Kind murmelte etwas, das sie nicht verstand.

Im Gegensatz zu Ruth hatte sie selbst es abgelehnt, einen Schleier zu tragen, und gegen die blendende Wintersonne eine Brille aufgesetzt, die es ihr erlaubte, sich ab und zu umzusehen, ohne in den Verdacht zu geraten, neugierig oder pietätlos zu sein. Hinter den dunkel getönten Gläsern fühlte sie sich all dem nicht so ausgeliefert. Den Bemerkungen, Gesten und Blicken der andern: Bekannte, Kollegen, Freunde ihres Mannes, auch von ihr; ein paar zumindest. Sie ertappte sich dabei, in den über den Friedhof verstreuten Gruppen nach jenem Mann Ausschau zu halten, der ihr in diesen Stunden hätte beistehen können. Wie dumm von ihr, dachte sie dann: Weyl war ja schon vor Jahren gestorben und nur mehr in ihren Gedanken da. Auf einmal lief es warm über ihre kalten Wangen. Ruth, die sich bei ihr untergehakt hatte, spürte, wie Anny in ihrem Wintermantel schlotterte. Sie tupfte ihr mit einem Tuch, das nach Minze roch, die Tränen vom Gesicht und redete leise auf sie ein. Genau so, wie sie es mit ihrer Tochter machte, kam es Anny vor, wenn die Kleine Schmerzen hatte, oder Kummer. Sie straffte und räusperte sich, um sich und all den andern zu zeigen, dass sie sich trotz allem im Griff hatte.

Die Rede des Pfarrers war dunkel, verworren und nebulos. Ganz anders als der Tag im Licht dieser Wintersonne, die Gratlspitze, Galtenberg und Schatzberg zum Greifen nah erscheinen ließ. Nach dem zunächst dogmatischen Widerstand gegen die Beisetzung des Physikers auf einem katholischen Friedhof hatte der Geistliche dem Drängen Thirrings doch noch nachgegeben und dem Wunsch Schrödingers Genüge getan, hier begraben werden zu wollen: hier in den Bergen, wo er sich immer wieder einmal von den Strapazen seines unsteten Lebens erholt hatte.

Ja, hier, dachte Anny und blickte in die Runde, fast ohne ihren gebeugten Kopf zu bewegen. Sah in die, angesichts des Unvermeidlichen, leeren Mienen der Städter, die hinter der Maske ihrer Trauer mit sich selbst beschäftigt waren; und die der Einheimischen, die von düsterer Hingabe an das Rätsel des Sterbens gezeichnet waren, aber auch von einer Menge Trotz gegen die Unzumutbarkeit, die der Tod am Ende für jeden verkörperte.

Er hat kaum einen Unterschied gemacht, dachte Anny, während ihr Blick auf dem Gesicht Lise Meitners ruhte, zwischen den sogenannten einfachen Leuten und seinen Bekannten, Kollegen und Freunden, die über das weite Feld der Kunst, der Literatur, der Philosophie und der Wissenschaft verstreut waren. Immer schon war ihm klar gewesen, dass es im Grunde dasselbe war, was sich hier wie dort zeigte, und dass die Fähigkeiten der Menschen mehr oder weniger zufällige Ausprägungen dessen waren, wozu die Natur imstande war; auch Eitelkeit, Dummheit und Gemeinheit, die an so manchen klebten wie der Schweiß ihrer Bemühungen, aus dem Unwissen über sich und die Natur herauszutreten. Nie, dachte Anny, als sie bemerkte, wie Lise (was ja vielmehr ihr anstünde, der trauernden Witwe) leise vor sich hin schluchzte, während der Sarg zu den Glockenschlägen der Pfarrkirche im gefrorenen Erdboden versenkt wurde: Niemals wäre ihr Mann auf die Idee gekommen, dass die Menschen etwas anderes waren als Teile eines größeren Ganzen, das es erst noch zu fügen galt. Ging man jedoch mit den Teilen des kosmischen Puzzles nicht so um, wie es dem Ganzen entsprach, verstand man die das Geschehen dominierenden Kräfte nie.

Der mit einem Ruck am Grund aufsetzende Sarg ließ sie wieder das Gesicht Lises wahrnehmen, auf das sie die ganze Zeit gestarrt hatte, ohne es zu bemerken.

Anny sah sie am anderen Rand des Friedhofs stehen, als sie einen Blick über den Wald der eisernen Kreuze riskierte. Allein, vereinzelt, einsam. Wie ein Zaungast, den es zufällig zu dieser Zeit an diesen Ort verschlagen hatte.

Bloß am Rande des Friedhofs hatte schließlich auch Erwin, der offensichtlich ein Außenseiter geblieben war, sein einfaches Grab zugebilligt bekommen. Nicht jedoch, bevor Thirring und sie ganz entschieden interveniert hatten. Erst der Umstand, dass der Physiker auch Mitglied der päpstlichen Akademie gewesen war, hatte den Pfarrer doch noch umstimmen können. Den ach so katholischen Pfarrer, wie Anny dachte, der die Seele des Verstorbenen nun mit einem Vaterunser ins Jenseits (oder wohin auch immer) beförderte.

Sie spürte die Hand Ruths an ihrem Arm und die Hand des Kindes in ihrer Hand. Ein paar Herzschläge lang, während sie ans Grab traten, um mit einer kleinen Schaufel Erde auf den Sarg zu werfen und ihn mit Weihwasser zu sprengen, wusste sie nicht, ob sie es war, die der Kleinen die Hand bot, oder ob nicht vielmehr sie an der Hand des Kindes hing. Die schwarze Erde klatschte mit einem eigentümlichen Geräusch auf den Sarg. Einen Moment lang dachte sie, der Sarg sei womöglich leer, so hohl, wie das klang.

Die über den Friedhof verstreuten Leute formierten sich zu einer Menge, die auf das Grab zustrebte. Ruth, das Mädchen und sie nahmen die Beileidsbezeugungen entgegen, eine nach der andern. Gemurmelte Wiederholungen der fast stets gleichen Worte. Die schwarze Schlange kroch an ihnen vorüber. Diskrete Blicke in mehr oder weniger betroffene Gesichter. Der Druck von Händen, deren Kälte sie noch durch die Handschuhe spürte, aber auch die eine oder andere von Schluchzern begleitete Umarmung. Und immer wieder der Dialekt und die harten Hände der Dörfler, die gar nicht anders konnten, als kräftig zupacken.

Nun wand sich die Schlange über den Friedhof und das Tor in Richtung Dorf, wo sie sukzessive in einem Wirtshaus verschwand. Und die ganze Zeit schwangen die Glocken der Kirche über dem Ort. Ruth, ihr Mann, Anny und die Kleine standen noch am Grab, als die Letzten gegangen waren. Jetzt fielen auch noch die Glocken aus den umliegenden Gemeinden in das Geläut ein. Hell und vielstimmig hallten die Echos der einander überlagernden Schwingungen von den Hängen des Tals wider.

»Bis bald«, flüsterte Anny, drehte sich um und ging, eskortiert von ihren drei Verbliebenen, an fremden Gräbern vorbei, über den Friedhof davon. Kam es ihr nur so vor, oder erwachten die Geister der Toten tatsächlich, wenn sie ihre Namen von den Kreuzen las und sich fragte, wer sie wohl gewesen sein mochten?

Während sie sich fragt, ob Erwin bei ihr im Zimmer war, stapft sie im Morgengrauen durch das, bis auf den um die Häuser pfeifenden Wind, stille Dorf bis zum Friedhof. Um durch den die Nacht über gefallenen Neuschnee zu kommen, muss sie alle Kräfte zusammennehmen und die Beine bis zum Äußersten anheben. Die erste Spur durch den Schnee zu ziehen, jagt Kaskaden eines Angst erregenden Glücks durch ihren Körper. Wenn sie innehält, um sich umzusehen, kommt es ihr so vor, als würde ihr jemand folgen. Manchmal kichert sie leise vor sich hin.

Jemand? Sie ahnt, wer das ist. Einmal rutscht sie auf einem glatten Stein unter dem Schnee aus und landet, bis über die Ohren im Pulverschnee, auf dem Rücken. Sie rappelt sich auf, klopft sich den Schnee vom Mantel und hastet, wie von Sinnen, weiter über den Friedhof, zum Grab ihres Mannes, das mit Erde aufgefüllt worden ist. Auf dem Grab liegt ein Hügel aus Schnee, leicht wie eine Decke, nur der obere Teil des Kreuzes ragt heraus: der auf Strahlen aus Gold Gekreuzigte über einer kreisrunden Scheibe aus Stein, auf der die Gleichung ihres Mannes in ihrer allgemeinen Form eingraviert ist.

$i\hbar\dot{\psi} = H\psi$

Die Arme um ihren Körper geschlungen, steht sie da, schaut und erinnert sich, bis ihre Sohlen unter dem Druck ihres Ge-

wichts am Boden festfrieren. Doch sie spürt weder den eisigen Wind noch die Kälte der Dämmerung, als jetzt der Morgen anbricht, und auch nicht den Schmerz dieses Verlusts, der sie in den letzten Tagen und Nächten heimgesucht hat. Fast schämt sie sich, es Glück zu nennen. Du hast es geschafft, denkt sie immer wieder, und ich werde es auch schaffen!

Sie harrt aus und schaut sich an, was sie gestern kaum sehen hat können. Die Berge ringsum, die vom Wind über den Himmel getriebenen Wolken, diesen Friedhof, die Silhouette des Dorfes hinter ihr, dann wie sich, nach und nach, fast alle Nuancen der Farbskala durchlaufend, die Sonne über den Horizont schiebt und das Tal mit Licht überflutet.

Es versprach, ein schöner Tag zu werden, hier in den Bergen. Von Zeit zu Zeit trieb der Wind Kreisel aus Pulverschnee über das Grab. Dann tanzte plötzlich einer auf der Stelle, direkt vor ihren Augen, bis sie sich abwandte und, mit einem steifen Lächeln auf den kalten Lippen, in den eigenen Spuren ins Dorf zurückstapfte. Bald erzählte man sich im Tal, dass manchmal Rotwild an dieses Grab kam, in den frühen Morgenstunden angeblich, doch niemand konnte sich einen Reim darauf machen.